Biodiversidad botánica leonesa:

Los Briófitos

Autores:

Ángel Penas[1]

Luis Herrero Cembranos[1]

Sara del Río González[2]

Colaboradores:

Raquel Alonso-Redondo[1]

Marta Eva Garcia González[1]

Norma-Yolanda Ochoa-Ramos[1,3]

Giovanni-Breogán Ferreiro-Lera[1]

Alejandro González-Pérez[1]

Aitor Álvarez-Santacoloma[1]

Andrea Fernández-Gutiérrez[4]

Beatriz López Medina[1]

María Hernández Gordón[1]

[1] Departamento de Biodiversidad y Gestión Ambiental (Área de Botánica).
Facultad de Ciencias Biológicas y Ambientales. Universidad de León. 24071. León (España).
apenm@unileon.es; luishercem@gmail.com; ralor@unileon.es; megarg@unileon.es;
nochoro0@estudiantes.unileon.es; gferl@unileon.es; agonp@unileon.es;
aalvas@unileon.es; blopem02@estudiantes.unileon.es;
mherng09@estudiantes.unileon.es

[2] Departamento de Biodiversidad y Gestión Ambiental (Área de Botánica).
Facultad de Ciencias Biológicas y Ambientales. Universidad de León.
Instituto de Ganadería de Montaña (CSIC-Ule). 24071. León (España).
sriog@unileon.es

[3] Centro Universitario de Ciencias Biológicas y Agropecuarias (CUCBA).
Universidad de Guadalajara. 45110 Zapopan (Jalisco-México).

[4] Departamento de Biología Molecular (Área de Genética).
Facultad de Ciencias Biológicas y Ambientales. Universidad de León. 24071. León (España).
anfeg@unileon.es

Agradecimientos

Queremos dejar constancia de nuestro agradecimiento a la Sociedad Briológica Británica y en particular a los autores Claire Halpin, Sharon Pilkington, Gordon Rothero, David T. Holyoak, John Norton, Rory Hodd, Jonathan Sleath, Des Callaghan, Richard Lansdown, Paul Bowyer, Young Jun Lee, y Martyn Moore, por su altruismo y generosidad al permitirnos utilizar las fotografías de su colección.

Penas Merino, Ángel

Los Briófitos / [autores, Ángel Penas, Luis Herrero Cembranos, Sara del Río González ; colaboradores, Raquel Alonso-Redondo ... et al.]. – [León] : Universidad de León, Servicio de Publicaciones, [2025].
331 p. : il., tablas, gráf., fot. col. ; 24 cm. – (Biodiversidad botánica leonesa ; 1)
Bibliogr. : p. 303-311. -- Índice de taxa. -- Texto en español, con resumen en español e inglés
ISBN 979-13-87583-28-6
  1. Briófitas. 2. Fitogeografía-España-León (Provincia). 3. Botánica-Clasificación I. Herrero Cembranos, Luis. II. Río González, Sara del. III. Alonso Redondo, Raquel. IV. Universidad de León. Servicio de Publicaciones. V. Título. VI. Serie.

582.32(460.181)
581.961(460.181)

Edita: UNIVERSIDAD DE LEÓN. Servicio de Publicaciones

Diseño y maquetación: DAVID ALLER LLAMERA

Imagen de portada: *Pottia crinita* Wilson *ex* Bruch & Schimp. *in Bryol. Eur.* 2: 43 (fasc. 42 Monogr. Suppl. 1: 1, pl. 1). 1843. Fotografía: CLAIRE HALPIN, SBB.

ISBN: 979-13-87583-28-6

Depósito legal: DL LE 492-2025

Imprime: Lozano impresores

Impreso en España / *Printed in Spain*

León, noviembre de 2025

Resumen

En este volumen presentamos la biodiversidad de los Briófitos conocida hasta el momento en la provincia de León (España). Para ello nos hemos fundamentado en la distribución geográfica recogida en la base de datos del GBIF (Sistema Global de Información sobre Biodiversidad) y en las descripciones previas realizadas fundamentalmente por GUERRA ET AL. (2006, 2007, 2010, 2014, 2015, 2018), FERNÁNDEZ-ORDÓÑEZ & COLLADO-PRIETO (2003) y JOVET-AST & BISCHLER (1976). Se reconocen para el área de estudio 454 *Bryophyta* (Musgos), 86 *Marchantiophyta* (Hepáticas) y 1 *Anthocerophyta* (Antocerotas). El estudio se completa con el cálculo del valor del índice de Shannon para el número de taxa agrupados en cada categoría taxonómica (División, Clase, Orden, Familia).

Palabras clave: Biodiversidad, Briófitos, Índice de Shannon, León, taxa

Abstract

In this volume, the Bryophyte biodiversity known currently in the province of León (Spain) is presented. The geographical distribution of the taxa has been based on the records contained in the GBIF (Global Biodiversity Information Facility) database, in addition to the findings of previous studies by GUERRA ET AL. (2006, 2007, 2010, 2014, 2015, 2018), FERNÁNDEZ-ORDÓÑEZ & COLLADO-PRIETO (2003) and JOVET-AST & BISCHLER (1976). A total of 454 *Bryophyta* (Mosses), 86 *Marchantiophyta* (Liverworts) and 1 *Anthocerophyta* (Hornworts) have been identified within the study area. The study was concluded with the calculation of the Shannon index value for the number of taxa grouped in each taxonomic category (Division, Class, Order, Family).

Keywords: Biodiversity, Bryophytes, León, Shannon index, taxa

Índice general

Listado de abreviaturas:

BCB: Herbario de la Universidad Autónoma de Barcelona. Laboratorio de Briología.

BCN: Herbario de la Universidad de Barcelona.

CHB: Consorcio de Herbarios de Briófitos.

F.B.I.:   Flora Briofítica Ibérica.

FCO: Herbario del Departamento de Biología de Organismos y Sistemas de la Universidad de Oviedo.

Le: Taxon citado para la provincia de León.

(Le):   Taxon citado para la provincia de León, pero no visto por los autores.

LEB: Herbario de la Facultad de Ciencias Biológicas y Ambientales de la Universidad de León "Jaime Andrés Rodríguez".

MA: Herbario del Real Jardín Botánico de Madrid.

MACB: Herbario del Departamento de Biodiversidad, Ecología y Evolución de la Facultad de Ciencias Biológicas de la Universidad Complutense de Madrid.

MGC: Herbario de la Universidad de Málaga.

MNHN: Herbario del Museo Nacional de Historia Natural de Chile.

MO: Herbario del Jardín Botánico de Missouri.

MUB: Herbario de la Universidad de Murcia.

SALA: Herbario de la Universidad de Salamanca.

SANT: Herbario de la Universidad de Santiago de Compostela.

SBB: Sociedad Briológica Británica.

SQB: Sociedad de Briología de Quebec (Bryoquel).

TENN: Herbario de la Universidad de Tennessee.

UBC: Herbario de la Universidad de British Columbia.

VAL: Herbario de la Universitat de València.

1 Introducción

Los *briófitos* constituyen un nivel de organización morfológica intermedio entre los *talófitos* y los *cormófitos*, es decir, se encuentran situados entre aquellos organismos íntimamente ligados al medio acuático o muy dependientes de un abundante abastecimiento líquido (el caso, por ejemplo, de las algas) y aquellos que más exitosamente han colonizado el medio terrestre, como los pteridófitos (entre ellos, los helechos) y los espermatófitos (como las plantas con flores), grupos estos reconocibles no sólo por presentar una estructuración morfológica peculiar, el cormo (diferenciado en la raíz —con poder de captación de agua y nutrientes—, el tallo —con papel de soporte y de conducción— y las hojas —donde se centra la actividad fotosintética—), sino también por poseer una serie de adaptaciones importantes encaminadas a hacer más viable la vida sobre la tierra firme, como la posesión de estructuras de sostén, el desarrollo de protecciones contra la deshidratación o la adquisición de un sistema conductor, entre otras.

Al igual que los talófitos, los briófitos no han desarrollado protecciones eficaces para evitar la pérdida de agua, ni han podido desvincular de ésta su reproducción sexual, ya que todavía necesitan de una mínima cantidad de agua para que los gámetas masculinos puedan llegar hasta los arquegonios y fecundar a la oosfera. Además, en todos los casos las fases dominantes son haploides, con la consiguiente desventaja que ello entraña de cara a la adaptación a un medio tan drástico como es el terrestre. Todas estas razones justifican que el nivel briofítico sólo haya podido colonizar tímidamente los medios emergidos y, casi siempre, en aquellos enclaves acuáticos o con una humedad elevada, donde parecen encontrar, únicamente, las condiciones óptimas para su desarrollo. Por esta razón, en nuestras latitudes, donde la estacionalidad climática es muy acusada, sólo van a prosperar, en general, en medios dulceacuícolas y en enclaves más o menos sombríos y húmedos, a diferencia de lo que ocurre, en las zonas ecuatoriales y tropicales, donde la peculiar climatología propicia una notable diversidad y exuberancia de estos organismos que suelen vivir epífitos sobre troncos y ramas de los árboles, así como formando parte del sotobosque (Fernández Ordoñez & Collado Prieto, 2003).

1.1 Organización y ciclo biológico

Los briófitos (antocerotas, hepáticas y musgos) son plantas terrestres, en general de pequeño tamaño, muchas de ellas con menos de 2 cm de longitud que sólo excepcionalmente pueden alcanzar los 25 cm y que a menudo viven en el suelo y abundan en lugares relativamente húmedos, donde a veces es posible encontrar una gran variedad de especies y exuberancia de individuos. En ocasiones, los musgos dominan en lugares de las regiones australes y boreales en donde no es posible encontrar otras plantas, así como en paredes rocosas que se encuentran en las montañas, por encima del límite de la vegetación arbórea.

Un considerable número de musgos son capaces de resistir los largos periodos de severas temperaturas que se dan en el continente Antártico. Como los líquenes, los briófitos son especialmente sensibles a la contaminación atmosférica, sobre todo al dióxido de azufre, y normalmente en las áreas muy contaminadas están ausentes o representados tan sólo por muy pocas especies. Algunos musgos viven en los desiertos y otros son capaces de formar extensas masas sobre rocas secas y expuestas, donde pueden alcanzar temperaturas muy elevadas. Muchos musgos pueden permanecer vivos durante años en condiciones de sequedad, siendo capaces de recuperarse rápidamente al ser mojados; otras hepáticas y musgos son acuáticos y mueren si permanecen fuera del agua periodos de tiempo largos. Muy pocas especies pueden vivir a orillas del mar, sobre rocas salpicadas por el oleaje, aunque ninguno de ellos es estrictamente marino. Existen aproximadamente 24.000 especies, más que de cualquier otro grupo de plantas, exceptuando las plantas con flores.

Como las plantas vasculares, los briófitos son plantas de color verde, más o menos intenso, debido a su contenido en clorofilas a y b; también presentan ß-carotenos, entre otros pigmentos. Los cloroplastos son numerosos y discoidales (con la importante excepción de los antocerotas, que presentan solamente uno o un número muy reducido); como sustancia de reserva almacenan almidón. Todos estos caracteres coinciden con los de las algas clorofíceas y los de las plantas vasculares; en cambio no presentan lignina.

Los briófitos presentan aún alguna característica primitiva, como es su **ciclo biológico** en el cual alternan dos generaciones morfológicas claramente diferenciadas. No obstante, es en él donde los briófitos manifiestan su carácter más original: el aparato vegetativo o cuerpo del vegetal corresponde al gametófito, de vida independiente desde el punto de vista nutricional, mientras que el esporófito, que se ocupa fundamentalmente de la producción de esporas, vive fijo sobre él y le extrae sustancias nutritivas. En otras palabras, en los briófitos la generación dominante y conspicua es el gametófito, mientras que en las plantas vasculares es el esporófito. Los briófitos ofrecen también características de planta superior, la más notable es la presencia de gametangios pluricelulares, delimitados por una o diversas capas de células estériles protectoras.

Cuando una *espora* cae en un lugar adecuado germina y produce un *protonema*, que puede tener aspecto de filamento verde ramificado o de lámina. Después de un tiempo, corto o largo, el protonema influenciado por hormonas de crecimiento (citoquininas) origina una o varias yemas, llamadas *gametóforos*. Cada yema da lugar a un gametófito, que puede tener aspecto de *talo* fijado al sustrato por medio de unos filamentos hialinos, denominados *rizoides* que no tienen papel de absorción como las raíces (son los conocidos como *briófitos talosos*), o el gametófito puede estar más diferenciado, con un eje, más o menos ramificado, denominado *caulidio*, portador de hojitas o *filidios* encontrándose también fijo al sustrato por medio de *rizoides* (son los *briófitos foliosos*).

Los filidios recuerdan el aspecto de las hojas de las plantas vasculares, pero, normalmente, están formados por una sola capa de células y no tienen epidermis, estomas ni peciolo. El caulidio, también llamado tallito, presenta, de forma parecida, una estructura muy simple, con unas células externas corticales, que suelen ser diferentes de las células centrales, que son más grandes o más pequeñas.

Raramente presentan células conductoras ni tienen tejidos conductores (como son el xilema y el floema, en las plantas vasculares), pero en muchos musgos, los pedúnculos o *setas* de los esporófitos presentan un eje central de células conductoras de agua conocidas con el nombre de *hidroides*; también existen células similares en el gametófito de muchas de estas especies.

Los hidroides son células alargadas con tabiques transversales inclinados, delgados y muy permeables al agua, de forma que constituyen vías preferentes para el paso de ésta y de los solutos que contiene. Al igual que las tráqueas y traqueidas de las plantas vasculares, los hidroides no poseen protoplasto vivo y, por lo tanto, en la madurez, aparecen vacíos. Sin embargo, a diferencia de las células conductoras de las plantas vasculares, no presentan engrosamientos celulares especializados.

En algunos géneros de musgos existen células conductoras de sustancias nutritivas, denominadas *leptoides*, las cuales rodean el eje central de hidroides, de forma similar a como el floema rodea al xilema, en las plantas vasculares. Los leptoides son células alargadas que en la madurez conservan el protoplasto vivo, aunque sus núcleos hayan degenerado. Algunos leptoides se asemejan mucho a las células conductoras de sustancias nutritivas del floema de las plantas vasculares primitivas. Resumiendo, parece como si las células conductoras del agua y de las sustancias nutritivas de los musgos y de las plantas vasculares hayan derivado de células similares que estuvieron presentes en el antepasado común de estos dos grupos.

El gametófito es la parte de los briófitos que normalmente se ve. En general, los gametófitos son pequeños, sobre todo los de lugares secos, pero pueden formar cojinetes o céspedes visibles desde lejos. Los que crecen perpendicularmente al sustrato (*briófitos acrocárpicos*) pueden tener de 1 a pocos milímetros, hasta alcanzar en algunas especies de *Polytrichum*, por ejemplo, unos 60 cm de altura. Los que crecen postrados o viven dentro del agua, tendiéndose sobre el sustrato (*briófitos pleurocárpicos*) son en general más grandes y pueden alcanzar, excepcionalmente, 1 m de longitud.

Sobre el gametófito se forman los órganos sexuales o *gametangios*, denominándose *anteridios* a los masculinos (♂), que son esféricos o en forma de porra y pedunculados, y *arquegonios* a los femeninos (♀), que tienen forma de botella de cuello largo y esbelto.

Estos gametangios pueden aparecer sobre el mismo individuo y entonces se denominan a las plantas monoicas o en individuos separados en cuyo caso se las denomina dioicas. Los gametangios suelen estar protegidos por unos filidios o brácteas especializados denominados *filidios periqueciales* los que protegen a los arquegonios y *filidios perigoniales* los que protegen a los anteridios.

Los anteridios presentan una cubierta de células estériles siendo las células del interior las encargadas de formar los *espermatozoides* que son filamentosos, retorcidos y dotados de dos flagelos. Cuando el anteridio está maduro, la presencia de agua hace que se abra apicalmente permitiendo la salida de los espermatozoides que quedan libres nadando en el agua. El paso de los espermatozoides hasta los arquegonios, a menudo, es ayudado por el impacto de las gotas de lluvia que pueden proyectar en todas las direcciones salpicaduras con espermatozoides. El resto del viaje es activo ya que, gracias al movimiento de sus flagelos, los espermatozoides nadan hacia el cuello del arquegonio, cuyas células se han gelidificado y difunden sustancias químicas que los atraen.

El vientre del arquegonio tiene un solo gámeta femenino, denominado *ovocélula* u *oosfera*. El primer espermatozoide que llega la fecunda dando origen al zigoto, que es diploide. Este no entra en fase de reposo, como suele pasar en muchas algas de agua dulce, sino que comienza enseguida a dividirse y da lugar a un *embrión*, el cual sin frenar su desarrollo (como pasa en los espermatófitos) continúa creciendo, con ayuda de los alimentos que le hace llegar el gametófito.

Este embrión, que es diploide como el zigoto del que procede, crece formando un pie o *haustorio*, absorbente que, como un chupador, se clava en los tejidos del gametófito. De él surge un pedicelo o *seta* (del latín *seta* = crin, filamento rígido), que conduce el agua y los alimentos hasta el esporangio o *cápsula*. Hasta en los casos en los que el esporófito presenta clorofila (como en antocerotas) y tiene, por tanto, una cierta capacidad de fotosíntesis, éste no puede madurar si no se mantiene unido al gametófito.

Al crecer el joven esporófito, las paredes del arquegonio también crecen, pero acaban por desgarrarse debido a la presión que ejerce el embrión al desarrollarse. Esta rotura se produce en las hepáticas por la parte apical, lo que origina una vaina basal que permanece por debajo del esporófito, y en los musgos por la parte basal, dando lugar a una *caliptra* o cofia (haploide) que es arrastrada por la cápsula en su crecimiento, cubriéndola como un sombrero durante un tiempo. Cuando encontramos musgos y hepáticas con el esporófito, decimos que son o están *fértiles*.

El aspecto y funcionamiento de la cápsula es muy diferente según los grandes grupos, pero, típicamente presenta una pared pluriestratificada dentro de la cual está el *arquesporio*, es decir, el conjunto de células que, previa meiosis, se van a convertir en *esporas*. A menudo en ella se forman interesantes estructuras (eláteres, peristoma, anillo...) destinadas a facilitar la dispersión de las esporas.

Estas últimas, como consecuencia de la meiosis, son haploides y, a menudo, su forma refleja que han madurado agrupadas en tétrades (de 4 en 4), produciéndose su dispersión por el viento.

Además de esta forma sexual de reproducción, muchos briófitos se multiplican de forma vegetativa, por la simple dispersión de fragmentos o mediante los denominados *propágulos*, que son cuerpos, de una o varias células, formados en los gametófitos de determinadas especies, ya sea sobre el talo, los filidios o los caulidios. Una vez dispersos por el impacto de las gotas de lluvia o por el viento se desarrollan, si las condiciones son favorables, para dar un nuevo individuo (Fernández Ordoñez & Collado Prieto, 2003).

1.2 Hábitat

Comenzaremos diciendo que los «musgos» desarrollan un papel muy importante dentro de los bosques ya que el revestimiento que forman preserva al suelo de un enfriamiento superficial y de una desecación exagerada, además retienen y almacenan una parte del agua caída de tal forma que actúan moderando la acción diluvial, así mismo son capaces de absorber o de retener una parte importante de la humedad proporcionada por las nieblas, elemento éste muy importante en el crecimiento y desarrollo de los briófitos en parte de nuestro territorio.

En los suelos forestales (robledales, hayedos, alisedas, abedulares...) el estrato muscinal está formado fundamentalmente por musgos pleurocárpicos, como *Hylocomium splendens*, *Thuidium tamariscinum*, *Rhytidiadelphus loreus*, *Plagiothecium undulatum*..., que en bosques relativamente húmedos pueden formar un tapiz continuo. Especies de los géneros *Orthotrichum*, *Ulota*, *Leucodon* y *Frullania*, entre otros, se desarrollan sobre los troncos y ramas de los árboles vivos, mientras que otros, como el musgo *Tetraphis pellucida* o hepáticas de los géneros *Lophozia* o *Lophocolea*, lo hacen sobre madera en descomposición.

Los briófitos prefieren los ambientes donde la humedad se mantiene sin grandes variaciones durante todo el año, pero las exigencias de cada especie con respecto no solamente a la humedad sino también al pH del medio, a la iluminación o a la temperatura son muy variables.

Hay especies que poseen una gran capacidad de adaptación a las distintas condiciones ambientales, son las denominadas *eurioicas*, como, por ejemplo: *Aneura pinguis*, *Bryum argenteum*, *Eurhynchium striatum*, *Plagiomnium undulatum*, *Mnium hornum*..., otras en cambio tienen una capacidad de adaptación muy limitada, por lo que aparecen ligadas a condiciones ambientales muy concretas, son las denominadas *estenoicas*, como: *Tetraphis pellucida, Sphagnum capillifolium, Orthotrichum striatum...* La mayoría viven en ambientes frescos y húmedos, con preferencia sombríos, donde se encuentran agrupadas formando comunidades características.

Como decíamos, no sólo es la humedad el factor ambiental que limita el desarrollo de los briófitos, sino que también otros factores forman parte de este complejo conjunto.

La naturaleza del sustrato es otro factor ecológico primordial en la distribución de los briófitos, respecto al cual distinguiremos, en general, briófitos: **saxícolas**, **terrícolas**, **humícolas**, **corticícolas**, **lignícolas**, y, por último, **muscícolas**, según que el sustrato donde se desarrollen sea: rocas (piedras, roquedos, cantiles), tierra (suelo, taludes), humus, cortezas (troncos y ramas de árboles y arbustos), madera en descomposición y, por último, otras especies de muscíneas.

El pH del sustrato también es un factor determinante en el desarrollo de los briófitos, según el cual podemos distinguir entre: **acidófilos**, aquellos que viven sobre un sustrato ácido, cualquiera que sea su naturaleza, **neutrófilos**, cuando el sustrato apetecido tiene un pH próximo a la neutralidad, y **basófilos** aquellos que se desarrollan sobre sustratos de reacción básica.

Aunque, como sabemos, los briófitos dependen del agua para su reproducción sexual son muy pocas las especies típicamente acuáticas, esto es, aquellas que viven constantemente sumergidas en el agua o que tienen capacidad de nadar o flotar libremente sobre su superficie. Según el nivel de dependencia que presentan respecto al agua, podemos diferenciar especies **hidrófitas**, que son aquellas plantas típicamente acuáticas que tienen sus órganos asimiladores sumergidos o flotantes; se denominan **higrófitas** aquellas que viven en medios muy húmedos, pudiendo soportar solamente cortos periodos de emersión; **helófitas,** aquellas que arraigan en el suelo sumergido o encharcado pero su eje se asoma en el aire; **mesófitas**, son especies propias de medios emergidos y provistos de una humedad en armonía con la temperatura (Fernández Ordoñez & Collado Prieto, 2003).

1.3 Ordenación sistemática

La sistemática hasta el nivel de especie, subespecie, variedad y en ocasiones forma, la establecemos a lo largo de todo el texto, con mayor o menor información dependiendo de la necesidad de ello para comprender la diversidad del conjunto briofítico que exponemos a lo largo de toda la obra.

Inicialmente indicaremos que los briófitos pertenecen al Reino Plantae y comprenden tres grandes grupos: Bryophyta (Musgos), Marchantiophyta (Hépaticas) y Anthocerophyta (Antocerotas), de cuyas características generales y ordenación sistemática pormenorizada nos ocuparemos posteriormente.

2

BRYOPHYTA
(Musgos)

Bryum capillare Hedw.
Claire Halpin

2.1 Características generales

Gametófito siempre folioso y a menudo ramificado, acrocárpico, cladocárpico o pleurocárpico, de simetría radial, pocas veces estas plantas presentan aspecto complanado. Filidios generalmente dispuestos en tres o más filas sobre el caulidio o eje principal, raramente dísticos; a menudo agudos, acuminados y nervados, formados por células isodiamétricas o más largas que anchas y, a veces, con células verdes de pequeño tamaño (clorocistes) y células hialinas de gran tamaño (hialocistes), entremezcladas. Rizoides pluricelulares. Anteridios y arquegonios axilares, a menudo mezclados con paráfisis.

Esporófito con cápsula bien desarrollada, elevada sobre una seta, más o menos larga, de naturaleza esporofítica o sobre un pseudopodio gametofítico, con dehiscencia irregular o, más a menudo, por medio de un opérculo; columela presente y peristoma bien formado, rudimentario o nulo, que controla la salida al exterior de las esporas.

2.2 Ordenación sistemática

La clasificación que presentamos a continuación sigue la propuesta de Guerra et al. (2006, 2007, 2010, 2014, 2015, 2018), que reconoce cinco clases diferentes: *Andreaeopsida*, *Bryopsida*, *Polytrichopsida*, *Sphagnopsida* y *Tetraphidopsida*.

Andreaeopsida. Plantas acrocárpicas. Protonema taloso o acintado. Caulidios irregularmente ramificados; sin cordón central. Filidios con o sin nervio. Cladautoica, raramente dioica. Pseudopodio de origen gametofítico. Cápsula estegocárpica, exerta, sin peristoma; sin opérculo; dehiscencia por 4-6 (10) fisuras longitudinales e irregulares; exotecio sin estomas.

Bryopsida. Plantas acrocárpicas o pleurocárpicas. Protonema filamentoso. Caulidios simples o ramificados; con o sin cordón central. Filidios con o sin nervio. Autoicas o dioicas. Seta larga, corta o aparentemente inexistente. Cápsula estegocárpica, a veces cleistocárpica, de inmersa a exerta; peristoma de dientes nematodontos o artrodontos, simple o doble (con exóstoma y endóstoma), a veces de dientes rudimentarios o inexistentes (8 cápsula gimnóstoma); con o sin opérculo; exotecio generalmente con estomas.

Polytrichopsida. Plantas acrocárpicas. Protonema filamentoso. Caulidios simples, raramente poco ramificados; con diferenciación anatómica compleja, con cordón central. Filidios con lamelas longitudinales en la superficie ventral del nervio y ocasionalmente en la dorsal. Dioicas o monoicas. Seta larga. Cápsula estegocárpica, exerta; peristoma simple, de dientes nematodontos; con opérculo; exotecio con y sin estomas.

Sphagnopsida. Plantas acrocárpicas. Protonema taloso. Caulidios raramente simples; ramas normalmente de dos tipos: péndulas y divergentes, generalmente en fascículos: sin cordón central, con hialodermis y esclerénquima. Filidios con 2 tipos fundamentales (hialocistes y clorocistes), sin nervio. Autoica o dioica. Pseudopodio de origen gametofítico. Cápsula estegocárpica, exerta, sin peristoma; con opérculo; dehiscencia brusca con contración de las paredes de la cápsula; exotecio con pseudoestomas.

Tetraphidopsida. Plantas acrocárpicas. Protonema filamentoso. Caulidios largos o muy cortos (aparentemente inexistentes); generalmente simples, a veces con ramas flageliformes; con o sin cordón central. Filidios con nervio simple o inexistente. Autoicas. Seta larga. Cápsula estegocárpica, exerta; peristoma simple, de 4 dientes nematodontos; con opérculo; exotecio con o sin estomas.

El resto de dicha ordenación sistemática está establecida hasta el nivel de género en la Tabla 1. Así mismo, en el resto del texto relativo a los musgos, el orden establecido es el alfabético por familias y dentro de cada una de ellas, el correspondiente por géneros y especies. De cada familia se hace una descripción general, así como una clave de identificación a nivel de género (si hay varios géneros representados en la misma) o de especies (si sólo existe representación de un género en la misma) indicando los autores en que nos hemos basado para ello. Por último, de cada taxón específico o subespecífico se indican los siguientes datos que se muestran en la siguiente ficha modelo:

Nombre, autor o autores y referencia bibliográfica

Sinónimos entre corchetes

Dicranum scoparium Hedw. *in Sp. Musc. Frond.* 126. 1801.

[Sinónimos]

Suelo, taludes, rocas, madera en descomposición, tocones y base de árboles.

Candín. Pinar de Lillo. Brañacaballo. Santa Lucía. Camposagrado. Hayedo de Chano. Hayedo de Busmayor. Valle del Cuiña (Tejedo de Ancares). Pereda de Ancares. Puerto de Lumeras. Posada de Valdeón (Puerto de Panderrueda).

En BCB, FCO, LEB, MA, MACB, MUB, VAL.

Hábitat Comentario.

Categoría LR: NT.

En ocasiones, no siempre, algún comentario

Fotografía: Claire Halpin, SBB.

Categoría UICN de amenaza según el Atlas y Libro Rojo de los Briófitos amenazados de España (LR) (Ver tabla 2 página 31)

Fotografía y propietario/autor de las mismas en caso de existir (fotografías de la CHB bajo licencia CCBY-SA)

Siglas correspondientes a los herbarios donde están depositados

Localidades en las que ha sido recolectado en la provincia de Léon, de acuerdo a lo expuesto en GBIF

Tabla 1. Clasificación sistemática de los taxa estudiados en la presente obra, con base en Guerra et al. (2006, 2007, 2010, 2014, 2015, 2018).

Clase	Orden	Familia	Género
Andreaeopsida	Andreaeales	Andreaeaceae	*Andreaea*
		Anomodontaceae	*Anomodon*
			Claopodium
Bryopsida	Bryales	Aulacomniaceae	*Aulacomnium*
		Bartramiaceae	*Bartramia*
			Philonotis
			Plagiopus
		Bryaceae	*Bryum*
			Plagiobryum
		Mielichhoferiaceae	*Epipterygium*
			Pohlia
		Mniaceae	*Mnium*
			Plagiomnium
			Rhizomnium
	Dicranales	Aongstroemiaceae	*Diobelonella*
		Dicranaceae	*Dicranella*
			Dicranum
			Paraleucobryum
		Ditrichaceae	*Ceratodon*
			Distichium
			Ditrichum
			Pleuridium
			Pseudephemerum
		Leucobryaceae	*Campylopus*
			Dicranodontium
			Leucobryum
		Rhabdoweisiaceae	*Amphidium*
			Cynodontium
			Dichodontium
			Dicranoweisia
			Hymenoloma
			Kiaeria
			Rhabdoweisia
	Diphysciales	Diphysciaceae	*Diphyscium*
	Encalyptales	Encalyptaceae	*Encalypta*
	Fissidentales	Fissidentaceae	*Fissidens*
	Funariales	Funariaceae	*Entosthodon*
			Funaria

Clase	Orden	Familia	Género
Bryopsida	Grimmiales	Ptychomitriaceae	*Ptychomitrium*
		Grimmiaceae	*Coscinodon* *Grimmia* *Racomitrium* *Schistidium*
	Hedwigiales	Hedwigiaceae	*Hedwigia*
	Hookeriales	Hookeriaceae	*Hookeria*
	Hypnales	Amblystegiaceae	*Amblystegium* *Campyliadelphus* *Campylium* *Cratoneuron* *Depranocladus* *Hygroamblystegium* *Hygrohypnum* *Leptodictyum* *Palustriella* *Sanionia*
		Brachytheciaceae	*Brachytheciastrum* *Brachythecium* *Cirriphyllum* *Eurhynchiastrum* *Eurhynchium* *Homalothecium* *Kindbergia* *Microeurhynchium* *Oxyrrhynchium* *Pseudoscleropodium* *Rhynchostegiella* *Rhynchostegium* *Scleropodium* *Scorpiurium*
		Calliergonaceae	*Hamatocaulis* *Straminergon* *Calliergon* *Sarmentypnum* *Warnstorfia* *Scorpidium*
		Entodontaceae	*Entodon*
		Fabroniaceae	*Fabronia*

Clase	Orden	Familia	Género
Bryopsida	Hypnales	Hylocomiaceae	*Hylocomiastrum* *Hylocomium* *Pleurozium* *Rhytidiadelphus*
		Hypnaceae	*Calliergonella* *Campylophyllum* *Ctenidium* *Homomallium* *Hyocomium* *Hypnum* *Pylaisia* *Vesicularia*
		Lembophyllaceae	*Isothecium*
		Leskeaceae	*Lescuraea* *Leskea* *Pseudoleskeella*
		Plagiotheciaceae	*Orthothecium* *Plagiothecium* *Pseudotaxiphyllum*
		Pterigynandraceae	*Habrodon* *Heterocladium* *Pterigynandrum*
		Rhytidiaceae	*Rhytidium*
		Thuidiaceae	*Abietinella* *Thuidium*
	Leucodontales	Climaciaceae	*Climacium*
		Cryphaeaceae	*Cryphaea*
		Fontinalaceae	*Fontinalis*
		Leptodontaceae	*Leptodon*
		Leucodontaceae	*Antitrichia* *Leucodon* *Nogopterium*
		Neckeraceae	*Neckera* *Thamnobryum*
	Orthotrichales	Orthotrichaceae	*Lewinskya* *Nyholmiella* *Orthotrichum* *Ulota* *Zygodon*

Clase	Orden	Familia	Género
Bryopsida	Pottiales	Pottiaceae	*Aloina*
			Anoectangium
			Barbula
			Bryoerythrophyllum
			Cinclidotus
			Crossidium
			Dialytrichia
			Didymodon
			Eucladium
			Gymnostomum
			Hymenostylium
			Leptodontium
			Microbryum
			Pleurochaete
			Pottia
			Pseudocrossidium
			Syntrichia
			Tortella
			Tortula
			Trichostomum
			Weissia
	Seligerales	Seligeriaceae	*Blindia*
			Seligeria
	Timmiales	Timmiaceae	*Timmia*
Polytrichopsida	Polytrichales	Polytrichaceae	*Atrichum*
			Oligotrichum
			Pogonatum
			Polytrichastrum
			Polytrichum
Sphagnopsida	Sphagnales	Sphagnaceae	*Sphagnum*
Tetraphidopsida	Tetraphidales	Tetraphidaceae	*Tetraphis*

Tabla 2. Categorías de amenaza según la UICN y umbrales de aplicación. Fuente: Atlas y Libro Rojo de los Briófitos Amenazados de España (Garilleti & Albertos, 2012).

	PELIGRO CRÍTICO (CR)	EN PELIGRO (EN)	VULNERABLE (VU)
A - DECLIVE POBLACIONAL			
A1	≥ 90%	≥ 70%	≥ 50%
A2, A3, A4	≥ 80%	≥ 50%	≥ 30%

A1 Reducción poblacional observada, estimada, inferida o sospechada en el pasado, siempre que las causas de la reducción son claramente reversibles y comprendidas y han cesado. Basado en: a) observación directa; (b) un índice de abundancia apropiado para el taxon; (c) reducción del área de ocupación, extensión de presencia y/o calidad del hábitat; (d) niveles de explotación reales o potenciales; (e) efecto de táxones introducidos, hibridación, patógenos, contaminantes, competidores o parásitos.

A2 Reducción poblacional observada, estimada, inferida o sospechada en el pasado, cuando las causas de la reducción pueden no haber cesado, o no ser comprendidas, o no ser claramente reversibles. Basado en (a)-(e) del criterio A1.

A3 Reducción proyectada o sospechada en el futuro (máximo en 100 años). Basado en (b)-(e) del criterio A1.

A4 Reducción observada, estimada, inferida, proyectada o sospechada incluyendo tiempo pasado y futuro, cuando pueden no haber cesado, o no ser comprendidas, o no ser claramente reversibles. Basado en (a)-(e) del criterio A1.

	PELIGRO CRÍTICO (CR)	EN PELIGRO (EN)	VULNERABLE (VU)
B - RANGO GEOGRÁFICO			
B1 - Extensión de presencia (EOO)	< 100 km²	< 5.000 km²	< 20.000 km²
B2 - Área de ocupación (AOO)	< 10 km²	< 500 km²	< 2.000 km²

Y al menos dos de los siguientes subcriterios:

	PELIGRO CRÍTICO (CR)	EN PELIGRO (EN)	VULNERABLE (VU)
(a) Fragmentación severa o número de localidades:	1	≤ 5	≤ 10

(b) Declive continuo basado en: i, extensión de presencia; ii, área de ocupación; iii, área, extensión y/o calidad del hábitat; iv, número de localidades o subpoblaciones; v número de individuos maduros.

(c) Fluctuaciones extremas basado en: i, extensión de presencia; ii, área de ocupación; iii, número de localidades o subpoblaciones; iv número de individuos maduros.

	PELIGRO CRÍTICO (CR)	EN PELIGRO (EN)	VULNERABLE (VU)
C - POBLACIONES PEQUEÑAS Y DECLIVE			
Número de individuos maduros y C1 o C2	< 250	< 2.500	< 10.000
C1 - Declive continuado estimado de:	25% en 3 años o 1 generación	20% en 5 años o 2 generaciones	10% en 10 años o 3 generaciones
C2 - Declive continuo y (a) y/o (b)			
(a) i Individuos en cada subpoblación:	<50	<250	<1.000
(a) ii % de individuos en una subpoblación:	90-100%	95-100%	100%

(b) Fluctuaciones extremas en el número de individuos maduros.

	PELIGRO CRÍTICO (CR)	EN PELIGRO (EN)	VULNERABLE (VU)
D - POBLACIONES PEQUEÑAS Y RESTRINGIDAS			
Número de individuos maduros	< 50	< 250	D1 < 10.000
VU D2 - AOO restringida o número de poblaciones muy bajo			D2 AOO < 20 KM² o localidades ≤ 5

La Lista Roja de los Briófitos de España fue elaborada por Brugués, Cros & Infante. Incluye 272 táxones con algún grado de amenaza (193 musgos y 79 hepáticas). Según las categorías de la UICN*, se reparten en: EX (1 musgo), RE (10 musgos y 2 hepáticas), CR (28 musgos y 18 hepáticas), EN (35 musgos y 17 hepáticas) y VU (119 musgos y 42 hepáticas).

* Categorías UICN: EX (Extinto), RE (Extinto Regionalmente), CR (En Peligro Crítico), EN (En Peligro), VU (Vulnerable), NT (Casi Amenazado), LC (Preocupación Menor), DD (Datos Insuficientes).

Amblystegiaceae G. Roth *in Hedwigia* 38(Beibl.): 6. 1899.

[Bryopsida, Hypnales]

Plantas pleurocárpicas, pequeñas, medianas o robustas, a veces diminutas, muy variables en cuanto al hábitat, que forman tramas o alfombrillas, raramente céspedes, verdes, o de un verde amarillento, pardusco o dorado. Caulidios de postrados o ascendentes a erectos, densa o laxamente ramificados, en general dísticamente, en ocasiones no ramificados; cordón central generalmente diferenciado, esclerodermis de 2-4(5) capas, hialodermis diferenciada o inexistente. Pelos axilares con 1-2 basales cuadradas, a veces parduscas 1-2(8) apicales alargadas, rectangulares, hialinas. Parafilos foliáceos, filamentosos, uniseriados o ramificados, a veces inexistentes. Pseudoparafilos mayoritariamente foliosos, ocasionalmente filamentosos. Rizoides o células iniciales de rizoides situados en los caulidios, bajo la inserción de los filidios, en la base dorsal del nervio u ocasionalmente en la lámina cerca del ápice, lisos, verrucosos o papilosos, a veces formando tomento. Filidios caulinares de rectos a patentes o extendidos en seco y en húmedo; lámina a veces con pequeñas áreas bi-pluriestratificada, con o sin pliegues longitudinales; ápice de redondeado a acuminado. Nervio simple, alcanzando desde 1/3 de la longitud de los filidios hasta el ápice, a veces doble y corto o inexistente, ocasionalmente terminando en espina dorsal. Células superiores y medias de la lámina lineares u oblongas, usualmente sinuosas, raramente rectangulares o hexagonales, lisas, raramente papilosas o proradas; células basales en general más cortas que las medias; células alares diferenciadas o no, hialinas o coloreadas, a veces infladas. Monoica o dioica. Perigonios y periquecios laterales, generalmente dispuestos en la axila de las ramas; filidios perigoniales ovales; filidios periqueciales de lanceolados a ovales u oblongos, generalmente con pliegues longitudinales y nervio bien desarrollado, simple o doble. Seta larga, raramente, retorcida, erecta, recta, flexuosa o sinuosa, lisa o rugosa, de pardusca a rojiza o amarillenta. Cápsula de erecta a horizontal o inclinada, raramente péndula. Células exoteciales de cuadradas a isodiamétricas redondeadas a rectangulares. Anillo de 2-3 filas de células, caedizo o no. Peristoma doble; exóstoma perfecto de 16 dientes de triangulares a triangular-lanceolados, de pardos a un pardo-amarillento; endóstoma especializado de dientes estrechos o cortos. Opérculo cónico, a veces mamilado o apiculado, raramente rostrado. Caliptra cuculada, lisa, a veces fugaz. Esporas mayoritariamente esféricas, ocasionalmente ovoides, de verdosas a pardas, más o menos papilosas o papiloso-verrucosas, a veces casi lisas (Fuertes & Oliván, 2018a, 2018b, 2018c; Jiménez, 2018a, 2018b, 2018c; Oliván, 2018; Oliván & Fuertes, 2018b, 2018c).

Clave de géneros

1. Hialodermis al menos parcialmente diferenciada **2**
1. Hialodermis inexistente **3**

2. Filidios caulinares con pliegues longitudinales, a veces muy marcados; nervio simple y largo..***Sanionia*** Loeske.
2. Filidios caulinares sin o apenas pliegues longitudinales; nervio simple, largo o corto y doble..***Hygrohypnum*** Lindb.

3. Células alares indiferenciadas del resto de células basales; nervio medio simple; filidios sin pliegues longitudinales; rizoides laxamente ramificados, nunca en la superficie dorsal de la base del nervio de los filidios; plantas verdes o parduscas ....***Hygroamblystegium*** Loeske.

3. Células alares más o menos diferenciadas del resto de las basales, pequeñas o infladas, marcada o difusamente delimitadas de las células basales adyacentes; nervio simple o doble..**4**

4. Filidios hasta aproximadamente 1 mm de longitud **5**
4. Filidios mayores de 1 mm de longitud **8**

5. Filidios caulinares de recurvados a escuarrosos a partir de una base erecta, patente o extendida; acumen, si existe, marcadamente acanalado **6**
5. Filidios caulinares extendidos o falcados, pero no de recurvados a escuarrosos; acumen plano o casi **7**

6. Nervio corto y doble; células superiores de la lámina dorsalmente proradas al menos en algunos filidios rameales ....***Hygrohypnum*** Lindb.
6. Nervio largo y simple, a veces corto y doble en algunos filidios; células superiores de la lámina lisas .... ***Campyliadelphus*** (Kindb.) R.S. Chopra.

7. Filidios mayoritariamente orbiculares, anchamente ovales u ovales, en estos casos de ápice anchamente redondeado o células alares en un grupo bien diferenciado ....***Hygrohypnum*** Lindb.
7. Filidios diversamente ovales de ápice acuminado ....***Amblystegium*** Schimp.

8. Filidios caulinares de recurvados a escuarrosos a partir de una base erecta o extendida; acumen marcadamente acanalado...**9**
8. Filidios caulinares de erectos o extendidos a falcados, pero no de recurvados a escuarrosos; plano o acanalado **10**

9. Nervio largo y simple, que normalmente supera la mitad de la longitud de los filidios; células alares ligeramente infladas..............................***Campyliadelphus*** (Kindb.) R.S. Chopra.
9. Nervio normalmente doble y corto o inexistente, que no supera un 1/3 de la longitud de los filidios; células alares netamente infladas ....***Campylium*** (Sull.) Mitt.

10. Parafilos desarrollados; rizoides a veces formando tomento...**11**
10. Parafilos inexistentes; rizoides no formando tomento **13**

11. Filidios con pliegues longitudinales; algunas células medias de la lámina proradas y papilosas...***Palustriella*** Ochyra.
11. Filidios sin pliegues longitudinales; células medias de la lámina lisas...............................**12**

12. Células alares de verdes a un pardo anaranjado, nada o apenas infladas ....***Hygroamblystegium*** Loeske.
12. Células alares la mayoría hialinas o infladas ....***Cratoneuron*** (Sull.) Spruce.

13. Nervio de los filidios caulinares doble o bifurcado, corto o terminando hacia la mitad de la longitud de los filidios o ligeramente por debajo................................***Hygrohypnum*** Lindb.
13. Nervio simple y largo **14**

14. Células alares marcadamente diferenciadas de las células supraalares **15**
14. Células alares no marcadamente diferenciadas de las células supraalares.......................**16**

15. Células alares nada o apenas infladas ....**Hygrohypnum** Lindb.
15. Células alares netamente infladas..............................**Depranocladus** (Müll. Hal.) G. Roth.

16. Ápice de los filidios redondeado u obtuso; nervio alcanzando 1/2-3/4 de la longitud de los filidios..**Hygrohypnum** Lindb.
16. Ápice de los filidios acuminado, si obtuso o redondeado el nervio termina en el ápice o ligeramente bajo el ápice **17**

17. Nervio de los filidios caulinares que alcanzan 2/3-3/4 de la longitud de los filidios; células superiores y medias de la lámina 37,5-120(135) µm de longitud ....**Leptodictyum** (Schimp.) Warnst.
17. Nervio de los filidios caulinares que termina por debajo del ápice, percurrente o subpercurrente; células superiores y medias de la lámina 11,5-55 µm de longitud ....**Hygroamblystegium** Loeske.

Amblystegium serpens (Hedw.) Schimp. *in Bryol. Eur.* 6: 53. 1853.

Sobre *Quercus pyrenaica*.

San Miguel de Arganza (42°38'N, 6°41'O) en Cano & Guerra (2020).

En LEB, MUB.

No citada por F.B.I. para Le.

Fotografía: Claire Halpin, SBB.

Campyliadelphus chrysophyllus (Brid.) Kanda *in J. Sci. Hiroshima Univ., Ser. B, Div. 2, Bot.* 15: 264. 1975[1976].

Generalmente en bosques sobre sustratos calizos.

Balouta.

En MA.

No citado por F.B.I. para Le.

Fotografía: Claire Halpin, SBB.

Campylium calcareum Crundw. & Nyholm *in Trans. Brit. Bryol. Soc.* 4: 198. f. 2: b 198. 1962.

Cabrillanes (Laguna de Las Verdes de Babia).

En MA.

Fotografía: Sharon Pilkington, SBB.

Campylium protensum (Brid.) Kindb. *in Canad. Rec. Sci.* 6(2): 72. 1894.

[*Chrysohypnum protensum* (Brid.) Loeske *in Moosfl. Harz.* 303. 1903].

Suelos húmedos a orillas de arroyos, ríos y lagunas.

Villablino. Cabrillanes (La Babia, Fuente La Bruxa). Cabrillanes (Torre de Babia, Arroyo de Cuetalbo, Torre 3).

En FCO, MA.

Fotografía: Claire Halpin, SBB.

Campylium stellatum (Hedw.) Lange & C.E.O. Jensen *in Meddel. Grønland* 3: 328. 1887.

Taludes, rellanos de roca y base de árboles.

Boca de Huérgano. Puerto de San Isidro. Posada de Valdeón (Pico Gildar, Horcada del Oro, pr. Caldevilla). Cabrillanes (La Babia, Fuente La Bruxa).

En FCO, MA, MACB.

Fotografía: Claire Halpin, SBB.

Cratoneuron filicinum (Hedw.) Spruce *in Cat. Musc.* 21. 1867.

En taludes, suelos y rocas calcáreas húmedas, salpicados por el agua o estacionalmente inundados.

Buiza. Torrestío. Cabrillanes (La Babia, Fuente La Bruxa). Hayedo de Busmayor. Posada de Valdeón (pr. Cordiñanes). Cubillos. Santalla. Posada de Valdeón (Vega de Liordes). Los Bayos, subiendo al puerto de La Magdalena.

En FCO, LEB, MA, MACB.

Categoría LR: NT.

Fotografía: Claire Halpin, SBB.

Drepanocladus aduncus (Hedw.) Warnst. *in Beih. Bot. Centralbl.* 13: 400. 1903.

Suelos húmedos cerca de arroyos o saltos de agua.

Villadangos del Páramo. Valcabado del Páramo. Villablino (Laguna del Fontanón). Cabrillanes (La Babia, Fuente La Bruxa).

En FCO, MA, MACB, SANT.

Fotografía: Sharon Pilkington, SBB.

Drepanocladus aduncus var. ***kneiffii*** (Schimp.) Mönk. *in Laubm. Eur.* 755. 1927.

En una charca.

Villadangos del Páramo.

En FCO, SANT.

Hygroamblystegium varium (Hedw.) Mönk. *in Hedwigia* 50: 275. 1911. (sub *Hygroamblystegium tenax* Jenn.).

Suelos, taludes y rocas húmedas.

Puebla de Lillo (Carretera de Puebla de Lillo).

En FCO.

Fotografía: Sharon Pilkington, SBB.

Hygrohypnum duriusculum (De Not.) D.W. Jamieson *in Taxon* 29: 152. 1980.

Sobre rocas en arroyos de alta montaña.

Hayedo de Chano.

En MA.

Fotografía: Claire Halpin, SBB.

Hygrohypnum luridum (Hedw.) Jenn. *in Man. Mosses W. Pennsylvania* 287. 1913.

[*Hypnum luridum* Hewd. *in Sp. Musc. Frond.* 291. 1801]

Rocas en arroyos preferentemente calcáreas.

Pinar de Lillo. Posada de Valdeón (riega del Pico Cuatatín a Caldevilla).

En FCO, MA.

Fotografía: Sharon Pilkington, SBB.

Hygrohypnum luridum var. **subsphaericarpum** (Schleich. *ex* Brid.) C.E.O. Jensen *in Consp. musc. eur.* 572. 1954.

Posada de Valdeón (monte Corona, pr. Cordiñanes). Posada de Valdeón (Pico Gildar, Horcada del Oro, pr. Caldevilla).

En MA.

No reconocida por F.B.I.

Hygrohypnum molle (Hedw.) Loeske *in Moosfl. Harz.* 320. 1903.

Sobre rocas o cerca de arroyos rápidos de alta montaña.

Pinar de Lillo.

En FCO.

Categoría LR: VU. Criterio: D2.

Hygrohypnum ochraceum (Turner *ex* Wilson) Loeske *in Moosfl. Harz.* 321. 1903.

Sobre rocas húmedas, rezumantes o irrigadas en riachuelos o en turberas con agua en movimiento.

Boca de Huérgano. El Boquerón de Bobias. En MA.

Fotografía: Sharon Pilkington, SBB.

Leptodictyum riparium (Hedw.) Warnst. *in Krypt.-Fl. Brandenburg, Laubm.* 2: 878. 1906.

Citada en F.B.I.

Categoría LR: NT.

Fotografía: Claire Halpin, SBB.

Palustriella commutata (Hedw.) Ochyra *in J. Hattori Bot. Lab.* 67: 223. 1989 var. ***commutata.***

[*Cratoneuron commutatum* (Hedw.) Roth. *in Hedwigia 38 (Beibl.).* 6. 1899].

En fuente sobre calizas.

Valporquero (Río Torío). Posada de Valdeón (Pico Cuatatín a Caldevilla). Cabrillanes (Torre de Babia, Arroyo de Cuetalbo, Torres 1 y 3). Cabrillanes (La Babia, Fuente La Bruxa). Puerto de Somiedo. Hayedo de Busmayor. Cabrillanes (Laguna de Las Verdes de Babia). Posada de Valdeón (pr. Cordiñanes). Burón. Posada de Valdeón (Vega de Liordes). Río Torío, bajo Valporquero. Puerto de Monte Viejo a Besande. Los Bayos, antes de la subida al Puerto de La Magdalena.

En FCO, MA, MACB, SALA.

Fotografía: Claire Halpin, SBB.

Palustriella commutata var. ***falcata*** (Brid.) Ochyra *in J. Hattori Bot. Lab.* 67: 223. 1990.

[*Cratoneuron commutatum* var. *falcatum* (Brid.) Mönk. *in J. Hattori Bot. Lab.* 67: 226. 1989; *Cratoneuron falcatum* (Brid.) G. Roth *in Hedwigia* 38(Beibl.): 6. 1899; *Palustriella falcata* (Brid.) Hedenäs *in Bryophyt. Biblioth.* 44: 136. 1992].

Posada de Valdeón (Pico Gildar, Horcada del Oro, pr. Caldevilla). Puebla de Lillo (por encima de Isoba, hacia el Lago del Ausente). Posada de Valdeón (pr. Cordiñanes). Cabrillanes (Torre de Babia, Arroyo de Cuetalbo, Torre 1 y 3). Puerto de Somiedo. Cabrillanes (La Babia, Fuente La Bruxa). Lago Isoba.

En FCO, MA, MACB, MNHN.

Fotografía: Claire Halpin, SBB.

Palustriella commutata var. ***sulcata*** (Lindb.) Ochyra *in J. Hattori Bot. Lab.* 67: 226. 1989.

Posada de Valdeón (Vega de Liordes).

En FCO.

Palustriella decipiens (De Not.) Ochyra *in J. Hattori Bot. Lab.* 67: 226. 1989.

[*Cratoneuron decipiens* (De Not.) Loeske *in Moosfl. Harz.* 311. 1903].

Terrícola al borde de un regato. Suelos pedregosos básicos o neutros húmedos.

Burón. Cabrillanes (Torre de Babia, Arroyo de Cuetalbo, Torre 1). Cabrillanes (La Babia, Fuente La Bruxa). Puerto de Somiedo. Cabrillanes (Tremeu). Entre el puerto de Tarna y el puerto de Las Señales.

En BCN, FCO, MACB, SALA, SANT, VAL.

Fotografía: Gordon Rothero, SBB.

Sanionia uncinata (Hedw.) Loeske *in Hedwigia*, 46: 309. 1907.

Cortícola. Saxícola sobre rocas ácidas o descarbonatadas y terrícola en suelos ácidos de bosques y matorrales.

Pinar de Lillo. Puerto de Las Señales. Hayedo de Busmayor.

En FCO, MA, MACB.

Fotografía: Claire Halpin, SBB.

Andreaeaceae Dumort. *in Analyse des Familles de Plantes 68. 1829.*

[Andreaeopsida, Andreaeales]

Plantas acrocárpicas, que forman céspedes densos de un color pardo oscuro, rojizo o negruzco. Protonema taloso o acintado. Caulidios generalmente erectos, simples o irregularmente ramificados, sin cordón central. Pelos axilares usualmente desarrollados. Rizoides basales. Filidios de oval-lanceolados hasta panduriformes, de ápice agudo a obtuso, con márgenes planos o incurvados, de enteros a denticulados. Lámina frecuentemente pluriestratificada. Nervio existente simple o inexistente. Células superiores de la lámina redondeadas, diversamente poligonales o cortamente rectangulares, porosas, a veces sinuosas; las células periqueciales alargadas, de paredes gruesas, generalmente porosas. Dioica o autoica. Filidios periqueciales, generalmente diferenciados, más largos que los filidios superiores. Seta inexistente. Células exoteciales rectangulares, más o menos sinuosas. Anillo inexistente. Opérculo inexistente. Caliptra pequeña, normalmente campanulado-mitrada. Esporas de esféricas a angulosas, más o menos papilosas, generalmente en tétradas. (CROS & SÉRGIO, 2007).

Clave de especies y subespecies

1. Filidios sin nervio o poco diferenciado, ausente en la parte basal, cuando existe nervio en la parte media y superior del filidio no converso dorsalmente **2**

1. Filidios con nervio bien diferenciado en toda su longitud; nervio convexo dorsalmente.......**4**

2. Células basales marginales del filidio cuadradas o redondedas; esporas 13-22(25) μm de diámetro... ***Andreaea mutabilis*** Hook.f. & Wilson.

2. Células basales marginales del filidio rectangulres u oblatas; esporas 22-35 μm de diámetro **3**

3. Transición entre las células superiores y basales de la lámina gradual; parte superior de la lámina uniestratificada o irregularmente biestratificada hacia la mitad..***Andreaea alpestris*** (Thed.) Schimp.

3. Transición entre las células superiores y basales de la lámina brusca; lámina uniestratificada ....***Andreaea rupestris*** Hedw.

4. Márgenes de los filidios de irregularmente crenulados a denticulados; lámina papilosa por ambas caras; filidios periqueciales indiferenciados. Dioica ....***Andreaea nivalis*** Hook.

4. Márgenes de los filidios de enteros a crenulados; lámina lisa; filidios periqueciales diferenciados, anchos, convolutos. Cladautoica. Nervio de menos de 90(100) μm de anchura en la base; hasta con 5(6) capas de células; esporas de 30-56 μm de diámetro raramente mayores de 46-50 μm...**5**

5. Filidios periqueciales internos lisos o con papilas bajas en el dorso del tercio superior; filidios nada o débilmente falcados, poco o nada quebradizos...
.... ***Andreaea rothii*** F. Weber & D. Mohr subsp. ***rothii.***

5. Filidios periqueciales internos con papilas altas y densas en el dorso del tercio superior; filidios fuertemente falcados y quebradizos.....................***Andreaea rothii*** subsp. ***falcata*** (Schimp.) Lindb.

Andreaea alpestris (Thed.) Schimp. *in Bryol. Eur.* 6: 146. 1855.

Roquedos ácidos y húmedos.

Ancares.

En MA, MGC, MUB.

Fotografía: Jean Faubert, SQB-Bryoquel.

Andreaea mutabilis Hook.f. & Wilson *in London J. Bot.* 3: 356. 1844.

Roquedos ácidos y húmedos.

Sierra de Ancares.

En BCB, MACB.

Categoría LR: VU. Criterio: B2a(ii, iv).

Andreaea nivalis Hook. *in Trans. Linn. Soc. London.* 10: 395. 1811.

Rocas, fisuras de rocas ácidas y húmedas.

Peña Cuiña.

En BCB.

Categoría LR: VU. Criterio: D2.

Fotografía: Gordon Rothero, SBB.

Andreaea rothii F. Weber & D. Mohr *Bot. Taschenb.* 386. 1807 subsp. ***rothii***.

Areniscas o rocas graníticas en zonas descubiertas y húmedas.

Ancares (Pico Cuiña). Pico Gildar. Pinar de Lillo.

En BCB, FCO, MA, MACB, MGC.

Fotografía: Sharon Pilkington, SBB.

Andreaea rothii subsp. **_falcata_** (Schimp.) Lindb. _in Musci Scand._ 31: 1879.

Saxícola sobre granitos o pizarras muy húmedas.

Proximidades del Pico Cuiña (Ancares).

En BCB, MA.

Fotografía: Claire Halpin, SBB.

Andreaea rupestris Hedw. _in Sp. Musc. Frond._ 47. 1801.

[_Andreaea petrophila_ Fürnr. _in Flora_ 10(2): 30. 1827].

Roquedos ácidos y húmedos.

Proximidades Pico Cuiña (Ancares). Monte Gildar (Posada de Valdeón). Candín. Tejedo de Ancares.

En BCB, MA, MACB, MGC, MUB.

Fotografía: Claire Halpin, SBB.

Anomodontaceae Kindb. *in Gen. Eur. North Amer. Bryin.* 6. 1897.

[Bryopsida, Leucodontales]

Plantas pleurocárpicas, de delicadas a robustas, que forman tapices más o menos densos. Caulidios primarios estoloníferos, rastreros, en ocasiones ascendentes; caulidios secundarios erectos, de irregularmente ramificados a pinnados de forma densa o laxa; ramas de erectas a prostradas; cordón central diferenciado o no. Pelos axilares de 4-7 células, 1-2 basales, ligeramente parduscas o hialinas, 1-4(5) apicales rectangulares, hialinas. Parafilos escuamiformes, escasos o inexistentes. Pseudoparafilos inexistentes o reducidos. Rizoides desarrollados en los caulidios y en las ramas o en los estolones y los caulidios en algunas especies. Yemas y propágulos rizoidales indiferenciados. Filidios estoloníferos generalmente adpresos y escuamiformes, los caulinares y rameales de adpresos a erectos, crespos en seco, de adpresos a erecto-patentes, a veces extendidos en húmedo, en ocasiones complanados, de oval-lanceolados a lingüiformes; lámina uniestratificada; ápice de subulado a redondeado, a veces pilífero. Nervio simple, que termina por debajo del ápice, a veces excurrente en un mucrón o pelo. Células superiores y medias de la lámina cuadradas, redondeadas o de hexagonales a rectangulares, más raramente oblongas o romboidales, a veces porosas, lisas o papilosas, con 1 a varias papilas; células basales de forma diversa. Dioica. Perigonios generalmente laterales en los caulidios y ocasionalmente en las ramas. Seta 1 por periquecio, recta, flexuosa o sinuosa, lisa, rugosa o papilosa. Cápsula estegocárpica exerta, de erecta a inclinada. Células exoteciales irregulares, mayoritariamente rectangulares o subcuadradas. Anillo frecuentemente diferenciado. Peristoma doble o incompleto; exóstoma de 16 dientes de triangulares a lineares, de un blanco amarillento a pardo claro, con papilas más o menos gruesas en el ápice; endóstoma inexistente, rudimentario o bien desarrollado con 16 segmentos. Opérculo cónico o largamente rostrado, a veces oblicuo. Caliptra cuculada, lisa, a veces papilosa o pilosa. Esporas de esféricas a elípticas, de lisas a densamente papilosas (Elías, 2014a; Granzow de la Cerda, 2014).

Clave de géneros

1. Filidios generalmente mayores de 1 mm de longitud, márgenes enteros o crenulados, células de la lámina con múltiples papilas o una sola papila prominente y redondeada ....***Anomodon*** Hook. & Taylor.

1. Filidios generalmente menores de 0,8 mm de longitud, márgenes fuertemente denticulado-dentados desde la base hasta el ápice, células de la lámina con papila única prominente y aguda ....***Claopodium*** (Les. & James) Renauld & Cardot.

Anomodon viticulosus (Hedw.) Hook. & Taylor *in Musc. Brit.* 79. 1818.

Preferentemente saxícola basófila.

Monte Corona (Posada de Valdeón). Balouta.

En MA.

Fotografía: Claire Halpin, SBB.

Claopodium whippleanum (Sull.) Renauld & Cardot *in Rev. Bryol.* 20: 16. 1893.

Preferentemente saxícola silicícola.

Citado por F.B.I. para Le.

Fotografía: Wayne Lampa, CHB.

Aongstroemiaceae De Not. *in Atti Reale Univ. Genova* 1: 30. 1869.

[Bryopsida, Dicranales]

Las plantas son de tamaño pequeño a mediano y forman céspedes de sueltos a densos. En la sección transversal del tallo hay un tallo central. Las hojas suelen ser anchas con la punta roma, los márgenes de las hojas son enteros o ligeramente aserrados a dentados. Las células de la lámina son de forma variable, normalmente lisas. Las células alares de la hoja no están diferenciadas. La nervadura es simple, a veces corta. Las especies son dioicas. Una seta alargada, recta o curva, lleva una cápsula lisa de forma variable. El peristoma está presente o ausente. El sombrero es cónico o en pico, la caliptra tiene forma de sombrero.

Diobelonella palustris (Dicks.) Ochyra *in Biodivers. Poland* 3: 110. 2003.

Fotografía: Sharon Pilkington, SBB.

Aulacomniaceae Schimp. *in Syn. Musc. Eur.* CXXXIX, 411. 1860.

[Bryopsida, Bryales]

Plantas acrocárpicas, de pequeñas a robustas, que forman céspedes laxos o densos de un verde claro, verde amarillento o verde parduzco, en ocasiones glaucescentes, mates. Caulidios erectos, simples o bifurcados, a menudo con ramificaciones por debajo de los perigonios y periquecios; cordón central diferenciado. Pelos axilares de 3-4 células, la basal cuadrado-rectangular, parda, las demás rectangular-alargadas, hialinas cortas. Rizoides rojizos, de lisos a finalmente papilosos, que forman un tomento denso e intrincado en la base, a veces en casi toda la longitud de los caulidios. Yemas rizoidales no desarrolladas. Filidios erectos, de ligera a fuertemente arrugados y contornos o flexuosos en seco, erecto-patentes o patentes en húmedo, oblongos, lingüiformes, ovalados o lanceolados, cóncavos o aquillados; lámina uniestratificada, ocasionalmente pluriestratificada en la base, a veces ligera y desigualmente ondulada; ápice de agudo a redondeado, a veces apiculado. Nervio simple, que termina por debajo del ápice. Propágulos gemiformes frecuentes, agrupados en el extremo de pseudopodios que se desarrollan en el ápice de los caulidios principales o en ramas laterales. Células superiores y medias de la lámina redondeadas, redondeado-hexagonales, elípticas. Autoica o dioica. Perigonios terminales, a veces axilares, gemiformes o discoidales; filidios perigoniales poco diferenciados de los vegetativos, a veces algo más largos o acuminados. Periquecios terminales, gemiformes; filidios periqueciales externos generalmente algo mayores que los vegetativos, los internos en general más pequeños que los vegetativos y largamente acuminados. Seta solitaria, erecta, recta, lisa, retorcida o no en seco. Cápsula estegocárpica exerta, de suberecta a inclinada u horizontal de erecta a péndula. Células exoteciales de redondeadas a rectangulares. Anillo muy diferenciado. Peristoma doble; exóstoma de 16 dientes lanceolado-acuminados, de amarillos a pardos, endóstoma bien desarrollado, de segmentos estrechos, más o menos aquillados, ligeramente papilosos, hialinos, cilios 2-4(5) entre cada par de segmentos filiformes, largos, nodulosos, no apendiculados, membrana basal alta, hasta la mitad del endóstoma o más, generalmente lisa. Opérculo cónico, a veces prostrado. Caliptra cuculada, lisa, fugaz. Esporas esféricas, pálidas, lisas o finamente papilosas. (Ederra, 2010).

Familia con un sólo género que comprende 8 especies, 2 de las cuales se encuentran en la Península Ibérica y ambas en la provincia de León.

Clave de especies

1. Plantas pequeñas, hasta de 2,5(3) cm; pseudopodios frecuentes, desnudos, que portan sólo en el ápice propágulos fusiformes; células basales de los filidios apenas diferenciadas de las del resto de la lámina ....***Aulacomnium androgynum*** (Hedw.) Schwägr.
1. Plantas robustas, hasta de 210 cm; pseudopodios infrecuentes, que portan filidios progresivamente modificados hasta convertirse en el ápice en propágulos oval-elípticos; células basales de los filidios infladas, casi siempre parduzcas ....***Aulacomnium palustre*** (Hedw.) Schwagr.

Aulacomnium androgynum (Hedw.) Schwägr. *in Sp. Musc. Frond., Suppl.* 3, 1 (1): 215. 1827.

Suelos y taludes húmedos, madera en descomposición con preferencia de sustratos ácidos.

Sierra de Ancares. Puerto de las Señales. Pinar de Lillo. Candín. Hayedo de Chano. Hayedo de Busmayor.

En BCN, FCO, LEB, MA, MACB, MGC, MUB, SANT.

Categoría LR: LC.

Fotografía: Claire Halpin, SBB.

Aulacomnium palustre (Hedw.) Schwagr. *in Sp.Musc. Frond., Suppl.* 3, 1(1): 216. 1827.

Suelos muy húmedos o encharcados o turberas siempre sobre sustratos ácidos.

Posada de Valdeón. Vega del Liordes (parte alta hacia el W. Puerto Ventana, a 2,7 km del alto). Subiendo a Villavandín. Truchas. Lago (pr. Truchillas). Posada de Valdeón. Monte Gildar (pr. Caldevilla). Pereda de Ancares. Trampal de Tejedo de Ancares.

En FCO, BCN, MA, MACB, MBU.

Fotografía: John Norton, SBB.

Bartramiaceae Schwägr. *in Species Muscorum Frondosorum* 90. 1830.

[Briopsida, Bryales]

Plantas acrocárpicas, de tenues y pequeñas a robustas, que forman céspedes densos, ocasionalmente gregarias, muy raramente almohadilladas. Caulidios erectos, ascendentes, más raramente decumbentes o procumbentes, simples, bifurcados o irregularmente ramificados, a veces con ramas verticiladas por debajo de los perigonios y periquecios, frecuentemente rojizos; cordón central, a veces, muy poco diferenciado, con esclerodermis, hialodermis diferenciada o no. Pelos axilares uniseriados de bicelulares a pluricelulares, generalmente las células basales trapezoidales, cuadradas o cortamente rectangulares, parduscas, a veces con la pigmentación confinada a las paredes transversales, la apical redondeada o rectangular-elongada, usualmente hialina, a veces papilosa en el ápice. Rizoides de rojizos a parduscos, de lisos a fuertemente papilosos, que frecuentemente forman un tomento denso en la base de los caulidios y los entrelazan. Filidios de adpresos a extendidos, a veces crespos o diversamente recurvados, de erecto-patentes o patentes en húmedo; lámina uniestratificada, ocasionalmente pluriestratificada, a veces longitudinalmente plegada en la base, ápice de agudo a acuminado, raramente obtuso, márgenes de denticulados o aserrados a moderadamente dentados, a veces planos o ligeramente recurvados desde la base hasta el ápice. Nervio simple, de subpercurrente a largamente excurrente, en ocasiones rudimentario o indiferenciado. Propágulos ocasionales, con aspecto de ramas o bulbillos axilares. Células superiores de la lámina de cuadradas a largamente rectangulares, a veces lineares; células medias de subcuadradas a largamente rectangulares o lineares; células alares diferenciadas o no. Sinoica, autoica o dioica. Perigonios usualmente terminales, gemiformes o discoidales; filidios perigoniales generalmente diferenciados de los vegetativos. Periquecios terminales o subterminales, gemiformes; filidios periqueciales generalmente similares a los vegetativos. Seta erecta, ocasionalmente inclinada, recta, arqueada o ligeramente flexuosa, retorcida en seco. Cápsula estegocárpica, raramente cleistocárpica, exerta, en ocasiones de emergente a inmersa, de erecta a horizontal, a veces péndula. Células exoteciales subcuadradas o rectangulares o diversamente poligonales. Anillo indiferenciado. Peristoma doble, simple o inexistente, generalmente insertado por debajo de la boca de la urna; exostoma de 16 dientes triangulares, de pardos a rojizos, endostoma cuando existe, de rudimentario a bien desarrollado, de segmentos más o menos aquillados generalmente de longitud similar a los dientes del exostoma, en ocasiones adherente a éste, cilios desarrollados, rudimentarios o inexistentes, membrana basal de inexistente a diversamente desarrollada. Opérculo de plano a umbonado-convexo a marcadamente cónico, raramente rostrado. Caliptra generalmente cuculada, a veces cónica, usualmente lisa, blanquecina. Esporas esféricas, ovoides o reniformes de amarillentas a parduscas. Diversamente ornamentadas, de superficie verrucosa, papilosa, pilada o baculada pálidas, lisas o finamente papilosas (EDERRA, 2010b; GUERRA, 2010a; GUERRA & GALLEGO, 2010).

Clave de géneros

1. Filidios nada o apenas aquillados, sin pliegues longitudinales, salvo a veces en la base de la lámina; no marcadamente dispuestos en 5 hileras; rizoides de casi lisos a fuertemente papilosos. Células superiores de la lámina estriado-verrucosas; pelos axilares con la célula apical de pared engrosada, a veces papilosa en el ápice....................................***Plagiopus*** Brid.

1. Filidios nada o apenas aquillados, sin pliegues longitudinales, salvo a veces en la base de la lámina; no marcadamente dispuestos en 5 hileras; rizoides de casi lisos a fuertemente papilosos. Células superiores de la lámina usualmente papilosas, raramente lisas; pelos axilares con la célula apical de pared no engrosada en el ápice, lisa **2**

2. Pelos axilares pluricelulares, filamentosos, de célula apical rectangular-oblonga ....***Bartramia*** Hedw.
2. Pelos axilares bicelulares, de célula apical redondeada **3**

3. Márgenes de los filidios uniestratificados; plantas usualmente ligadas a medios húmedos ....***Philonotis*** Brid.
3. Márgenes de los filidios pluriestratificados; plantas no ligadas a medios húmedos. Células basales de la lámina largamente rectangulares a lineares. Filidios linear-lanceolados o triangular-lineares, de base no ovada ....***Bartramia*** Hedw.

Bartramia aprica Müll. Hal. *in Linnaea* 39: 397. 1875.

Hayedo de Busmayor.

En MA.

No reconocida para España por F.B.I.

Bartramia halleriana Hedw. *in Sp. Musc. Frond.* 164. 1801.

En grietas y balmes de rocas preferentemente ácidas y suelos poco profundos sobre o al pie de las rocas.

Valle de Hormas sobre *Fagus sylvatica*. Puerto de Ventana. Puerto de Ancares.

En LEB, MA, MACB.

Fotografía: Sharon Pilkington, SBB.

Bartramia ithyphylla Brid. *in Muscol. Recent.* 2(3): 132. 1803.

Rocas y grietas de rocas ácidas con elevada humedad.

Catoute. Miravalles. Teleno. Hayedo de Busmayor. Posada de Valdeón (Pico Gildar, pr. Caldevilla, Horcada del Oro).

En LEB, MA.

Fotografía: Claire Halpin, SBB.

Bartramia pomiformis Hedw. *in Sp. Musc. Frond.* 164. 1801.

Saxícola y en taludes y suelos pedregosos y ocasionalmente en troncos o tocones bastante descompuestos. Preferentemente acidófila.

Catoute. Bárcena del Bierzo. Tonín. Quintanilla de Somoza. Suárbol. Pico de la Cerra. Pinar de Lillo. Pereda de Ancares. Hayedo de Busmayor. Hayedo de Chano. Candín. Posada de Valdeón (Pico Gildar, pr. Caldevilla).

Pinar de Lillo.

En BCN, FCO, LEB, MA, MACB, MBU, MGC, SANT.

Categoría LR: LC.

Fotografía: Sharon Pilkington, SBB.

Bartramia stricta Brid. *in Muscol. Recent.* 2(3): 132. 1803.

Taludes rocosos, con preferencia en sustratos ácidos y relativamente secos.

Borrenes (Pico de Placias, pr. Orellán).

En MA.

Philonotis caespitosa Jur. *in Verh. K.K. Zool.-Bot. Ges. Wien* 11: 235-236. 1861.

Suelos de zonas encharcadas por donde discurre el agua.

Hayedo de Busmayor.

En MA.

No citada por F.B.I. para Le.

Fotografía: Claire Halpin, SBB.

Philonotis calcarea (Bruch & Schimp.) Schimp. *in Coroll. Bryol. Eur.* 86. 1856.

Suelos calizos de zonas encharcadas o por donde discurre el agua, también sobre rocas calizas rezumantes, tobas calizas y en diversos tipos de bosques y matorrales, así como en juncales.

Buiza. Cabrillanes (Torre de Babia, Arroyo de Cuetalbo, Torre 1 y 3). Cabrillanes (Treméu). Cabrillanes (La Babia, Fuente La Bruxa). Puerto de Somiedo. Posada de Valdeón (Vega de Liordes). Pinar de Lillo. Lena (Puerto de La Cubilla). Cabrillanes (Laguna de Las Verdes de Babia). Posada de Valdeón (pr. Cordiñanes).

En FCO, LEB, MA.

Categoría LR: NT.

Fotografía: Sharon Pilkington, SBB.

Philonotis capillaris Lindb. *in Hedwigia* 6: 40. 1867.

Suelos húmedos o encharcados en formaciones fontinales o lugares donde discurre el agua tanto ácidos como básicos.

Hayedo de Chano.

En MA.

Fotografía: Claire Halpin, SBB.

Philonotis fontana (Hedw.) Brid. *in Bryol. Univ.* 2: 18. 1827.

Suelos silíceos o calizos, zonas encharcadas o por donde discurre el agua, manantiales, prados inundados o taludes rezumantes o muy húmedos y también en distintos tipos de bosques y matorrales.

Cabrillanes (La Babia, Fuente La Bruxa). Hayedo de Chano. Hayedo de Busmayor. Puerto de Somiedo. Posada de Valdeón (pr. Caldevilla, Pico Gildar, Horcada del Oro). Pinar de Lillo. Tejedo de Ancares. Puebla de Lillo (por encima de Isoba, hacia el Lago del Ausente).

En BCN, FCO, MA.

Categoría LR: NT.

Fotografía: Claire Halpin, SBB.

Philonotis seriata Mitt. *in J. Proc. Linn. Soc., Bot., Suppl.* 1: 63. 1859.

Suelos silíceos, zonas encharcadas o por donde discurre el agua, turberas, prados inundados o taludes rezumantes o muy húmedos.

Catoute. Posada de Valdeón (pr. Cordiñanes). Boca de Huérgano (El Boquerón de Bobias).

En LEB, MA.

Fotografía: Gordon Rothero, SBB.

Philonotis tomentella Molendo *in Moosstudien* 170. 1864.

Suelos silíceos o más raramente calizos, zonas encharcadas o por donde discurre el agua, manantiales, prados higroturbosos, turberas o bordes de arroyos.

Castromudarra. Posada de Valdeón (Vega de Liordes). Posada de Valdeón (pr. Caldevilla, Pico Gildar, Horcada del Oro).

En FCO, LEB, MA.

Fotografía: Claire Halpin, SBB.

Plagiopus oederianus (Sw.) H.A. Crum & L.E. Anderson *in Mosses E. N. Amer.* 1: 636. 1981.

[*Plagiopus oederi* (Brid.) Limpr. *in Laubm. Deutschl.* 2: 548. 1895].

Suelos humíferos, grietas de rocas calcáreas, taludes y suelos húmedos, praderas alpinas preferentemente calcáreas.

Puerto de Ventana. Hayedo de Busmayor. Liegos (Pico Yordas).

En MA, VAL.

Fotografía: Claire Halpin, SBB.

Brachytheciaceae Schimp. *in Synopsis Muscorum Europaeorum*, Editio Secunda CXV ["XCV"], 637. 1876.

[Bryopsida, Hypnales]

Plantas pleurocárpicas, de diminutas a pequeñas o grandes, delgadas o robustas, que forman alfombrillas, tapices más o menos laxos o tramas, verdes, verdosas, amarillas, parduscas, en ocasiones brillantes. Caulidios de ramificación generalmente irregular o pinnada, a veces ramificados, ocasionalmente estoloníferos; cordón central diferenciado, o inexistente, esclerodermis por lo común de (1)3-4(5) capas de células pequeñas, hialodermis inexistente o escasamente diferenciada. Pelos axilares con 1-3 células basales más o menos parduscas y 2-5(6) células apicales hialinas. Parafilos inexistentes, ocasionalmente desarrollados. Pseudoparafilos de anchamente ovales a triangulares o lanceolados, de márgenes irregulares. Rizoides simples o poco ramificados, de un pardo rojizo, lisos, más raramente papilosos, que se originan formando generalmente fascículos en los caulidios y base de las ramas. Yemas y propágulos rizoidales en general inexistentes. Filidios caulinares generalmente de adpresos a erectos en seco, a veces complanados, de erectos a erecto-patentes en húmedo; lámina uniestratificada, ocasionalmente biestratificada cerca del nervio, con o sin pliegues longitudinales; ápice variable de obtuso o redondeado a agudo o acuminado. Nervio simple, que generalmente supera la mitad de la longitud de los filidios, a veces llega casi al ápice, en ocasiones termina en una espina dorsal, raramente corto o inexistente. Células superiores y medias de la lámina generalmente lineares, linear-vermiculares, romboidales u ovales generalmente sinuosas, lisas, a veces proradas; células basales en general más cortas y anchas que las medianas. Autoica, dioica, polioica, sinoica. Perigonios laterales, usualmente en la base de ramas, gemiformes; filidios perigoniales generalmente ovales. Periquecios laterales, alargados, situados sobre los caulidios; generalmente oval-lanceolados, con o sin pliegues longitudinales, con o sin nervio, vagínula pilosa. Seta 1 por periquecio, usualmente muy larga, a veces corta, de erecta a más o menos inclinada, flexuosa, sinuosa, recta, más o menos retorcida, lisa o papilosa. Cápsula estegocárpica exerta, muy raramente inmersa o emergente, de erecta a horizontal o inclinada de pardusca a rojiza o anaranjada. Células exoteciales rectangulares, cortamente rectangulares o cuadradas. Anillo diferenciado, formado por 2-3(4) filas de células caedizas por fragmentos, a veces inexistente. Peristoma doble; exostoma perfecto de 16 dientes de triangulares a lanceolado-subulados, de pardos o amarillentos a rojizos; endostoma de 16 segmentos, en general hendidos en la línea media, hialinos o de un amarillo pálido. Opérculo más o menos cónico, en ocasiones oblicuo y largamente rostrado. Caliptra cuculada, más raramente mitrada, glabra, a veces pilosa. Esporas más o menos esféricas, de verdosas a parduscas, diversamente papilosas, a veces casi lisas (Guerra, 2018b, 2018d, 2018e, 2018f, 2018h, 2018i; Guerra et al., 2018; Guerra & Orgaz, 2018a, 2018b, 2018c, 2018d; Orgaz, 2018).

Clave de géneros

1. Filidios plegados longitudinalmente de manera muy marcada **2**

1. Filidios no plegados longitudinalmente o con pliegues poco marcados **3**

2. Filidios caulinares mayoritariamente triangulares o triangular-lanceolados, gradualmente acuminados en una punta larga ....***Homalothecium*** Schimp.

2. Filidios caulinares mayoritariamente de ovales a lanceolados u oval-lanceolados, gradual o abruptamente estrechados en una punta larga o corta..**4**

3. Filidios caulinares en su mayoría oval-lanceolados, acuminados gradual, y a veces estrechamente, en una punta larga; opérculo cónico...................................***Brachythecium*** Schimp.
3. Filidios caulinares de agudos o acuminados en una punta corta y ancha; nervio que generalmente alcanza hasta el 90% de la los filidios ....***Eurhynchium*** Bruch & Schimp.

4. Ramas de 0,025-0,035 cm de anchura; plantas epífitas ....***Scorpiurium*** Schimp.
4. Ramas considerablemente más anchas; plantas no epífitas, a veces cortícolas en base de troncos **5**

5. Filidios caulinares obtusos y de ápice apiculado o abruptamente estrechados en un ápice pilífero **6**
5. Filidios caulinares agudos o acuminados **13**

6. Filidios caulinares más o menos abruptamente estrechados en un ápice pilífero **7**
6. Filidios caulinares no abruptamente estrechados en un ápice pilífero................................**9**

7. Filidios caulinares y rameales muy abruptamente estrechados en un ápice pilífero; células alares opacas ....***Brachythecium*** Schimp.
7. Filidios caulinares muy abruptamente estrechados en un ápice pilífero; células alares apenas opacas o pelúcidas **8**

8. Pelos axilares con 3 células basales; células alares nada o apenas ascendentes por los márgenes ....***Cirriphylllum*** Grout.
8. Pelos axilares con 1-2 células basales; células alares ascendentes por los márgenes ....***Brachythecium*** Schimp.

9. Filidios con células basales mayoritariamente rectangulares, que forman una banda proximal (basal) de (3)4-6(7) filas de células diferenciadas de las medias, de paredes celulares más gruesas; células alares diferenciadas...***Rhynchostegium*** Schimp.
9. Filidios sin banda basal de células mayoritariamente rectangulares, muy diferenciadas de las medias; células alares diferenciadas o no..**10**

10. Caulidios y ramas nada o apenas juláceos.............................***Brachythecium*** Schimp.
10. Caulidios y ramas juláceos...**11**

11. Plantas de ramas complanadas, ramificadas pinnadamente ....
....***Pseudoscleropodium*** (Limpr.) M. Flesch.
11. Plantas de ramas no complanadas, irregularmente ramificadas..**12**

12. Filidios menores de 1 mm de longitud ....***Brachythecium*** Schimp.
12. Filidios usualmente mayores de 1 mm de longitud ....***Scleropodium*** Bruch & Schimp.

13. Filidios rameales diferenciados de los caulinares en cuanto a su forma (homomorfos), los caulinares de anchamente ovales a cordado-triangulares **14**
13. Filidios rameales similares a los caulinares (homomorfos), los caulinares ni anchamente ovales ni cordado-triangulares..**16**

14. Células superiores y medias de la lámina corta (3-6:1, aprox.); células alares mayoritariamente oblatas...***Scorpiurium*** Schimp.

14. Células superiores y medias de la lámina corta (10-20:1, aprox.); células alares no oblatas **15**

15. Caulidios en general ramificados regularmente (de uni a parcialmente bipinnados); seta papilosa; células alares de los filidios caulinares con una porción decurrente de largas células rectangulares .... ***Kindbergia*** Ochyra.

15. Caulidios no ramificados regularmente; seta lisa; células alares de los filidios caulinares sin una porción decurrente de largas células rectangulares...
....***Eurhynchiastrum*** Ignatov & Huttunen.

16. Filidios con células basales rectangulares, que forman una banda proximal (basal) de (3)4-6(7) filas de células diferenciadas de las medias, de paredes celulares más gruesas ....***Rhynchostegium*** Schimp.

16. Filidios sin banda proximal (basal) de células muy diferenciadas de las medias más gruesas **17**

17. Filidios mayoritariamente linear-lanceolados u oblongo-lanceolados; nervio no terminado en una espina dorsal; rizoides lisos; caulidios con cordón central a veces diferenciado ....***Rhynchostegiella*** (Schimp.) Limpr.

17. Filidios de ovales a oval-lanceolados; nervio a veces terminado en una espina dorsal **18**

18. Filidios complanados o subcomplanados ....***Oxyrrhynchium*** (Schimp.) Warnst.

18. Filidios no complanados **19**

19. Filidios muy pequeños (0,6-0,85(1) x 0,25-0,3 mm), oval-lanceolados; plantas diminutas ....***Microeurhynchium*** Ignatov & Vanderp.

19. Filidios más grandes; de forma diversa; plantas medianas o grandes **20**

20. Células medias y superiores de la lámina cortas (3-6: 1, aprox.) ....***Scorpiurium*** Schimp.

20. Células medias y superiores de la lámina largas (10-20: 1, aprox.) **21**

21. Filidios más o menos planos **22**

21. Filidios fuertemente cóncavos **23**

22. Filidios mayoritariamente de ovales a oval-lanceolados; márgenes de los filidios caulinares marcadamente denticulados o dentados; nervio terminando en una espina dorsal conspicua en casi todos los filidios ....***Oxyrrhynchium*** (Schimp.) Warnst.

22. Filidios mayoritariamente de lanceolados a estrechamente oval-lanceolados; márgenes de los filidios caulinares nada o ligeramente denticulados; nervio raramente terminando en una espina dorsal o poco conspicua...***Brachythecium*** Schimp.

23. Nervio (70) 100-120 μm de anchura hacia la base ....***Cirriphylllum*** Grout.

23. Nervio (45) 60-80 μm de anchura hacia la base.................***Scleropodium*** Bruch & Schimp.

Brachytheciastrum velutinum (Hedw.) Ignatov & Huttunen *in Arctoa* 11: 260. 2002 [2003].

Robledales y encinares.

Hayedo de Busmayor.

En MA.

Fotografía: Claire Halpin, SBB.

Brachythecium albicans (Hedw.) Schimp. *in Bryol. Eur.* 6: 23. 1853.

Suelos en claros de bosques, taludes húmedos.

Pinar de Lillo. Tonín. Cuadros. Liegos (Pico Yordas). Pereda de Ancares.

En BCN, FCO, LEB, MA, MGC.

Fotografía: Claire Halpin, SBB.

Brachythecium collinum (Schleich. *ex* Müll. Hal.) Schimp. *in Bryol. Eur.* 6: 19. 1853.

Hendiduras de rocas.

Citado por F.B.I. para Le.

Fotografía: Anij Mackey, CHB.

Brachythecium dieckii Röll *in Hedwigia* 36(2): 41. 1897.

[*Brachytheciastrum dieckii* (Röll) Ignatov & Huttunen *in Arctoa* 11: 260. 2002].

Epífita de árboles y arbustos. Suelo de hayedo ácido.

Puerto de Ventana.

En LEB.

Categoría UICN: LC para España.

Brachythecium glareosum (Bruch *ex* Spruce) Schimp. *in Bryol. Eur*. 6: 23. 1853.

Suelos en claros de bosques o matorrales, en tocones.

Sierra de Ancares. La Bárcena. León. Posada de Valdeón (Caldevilla, arroyo de Raicedo).

En LEB, MA, MGC.

Categoría UICN: LC para España.

Fotografía: Sharon Pilkington, SBB.

Brachythecium mildeanum (Schimp.) Schimp. *ex* Milde *in Bot. Zeitung (Berlin)* 20: 452. 1862.

Pastizales muy húmedos o encharcados.

Cabrillanes (La Babia, Fuente La Bruxa).

En FCO.

Categoría LR: VU. Criterio: D2.

Fotografía: Claire Halpin, SBB.

Brachythecium olympicum Jur. *in Ins. Cypern* 171. 1865.

[*Brachytheciastrum olympicum* (Jur.) Vanderp. et al. *in Taxon* 54: 374. 2005].

Hendiduras de rocas graníticas y cortícola.

Pinar de Lillo.

En FCO.

No citado por F.B.I. para Le.

Brachythecium plumosum (Hedw.) Schimp. *in Bryol. Eur*. 6: 8. 1853.

Suelos en la orilla y taludes cerca de arroyos, regatos y otros cursos de agua.

Posada de Valdeón (pr. Caldevilla, río Cares). Tejedo de Ancares (río Cuiña). Hayedo de Busmayor.

En MA, MACB.

Fotografía: Claire Halpin, SBB.

Brachythecium populeum Schimp. *in Bryol. Eur.* 6: 7. 1853.

Arenisca. Borde de riachuelo con agua fría. Saxícola en rocas húmedas.

Buiza.

En LEB.

No citado por F.B.I. para Le.

Fotografía: Claire Halpin, SBB.

Brachythecium rivulare Schimp. *in Bryol. Eur.* 6: 17. 1853.

Márgenes de ríos y arroyos, sumergidas o sometidas a salpicaduras.

Cabrillanes. Vegas del Condado (medio acuático). Pinar de Lillo. Hayedo de Chano. Hayedo de Busmayor. Palacios del Sil (pr. Salentinos). Posada de Valdeón (arroyo del Pico Cuatatín a Caldevilla). El Morredero (valle de Bouzas). Posada de Valdeón (monte Corona).

En FCO, LEB, MA.

Fotografía: Sharon Pilkington, SBB.

Brachythecium rutabulum (Hedw.) Schimp. *in Bryol. Europ.* 6: 15. 1853.

Corteza de *Ulmus minor*, caliza, con riachuelo muy próximo, esquisto pizarroso.

Pinar de Lillo. Santa María del Río. Buiza. Filiel. Posada de Valdeón (monte Corona, pr. Cordiñanes). Posada de Valdeón (del Pico Cuatatín a Caldevilla). Hayedo de Chano. Puerto de Ancares.

En FCO, LEB, MA, MACB.

Fotografía: Sharon Pilkington, SBB.

Brachythecium salebrosum (Hoffm. *ex* F.Weber & D.Mohr) Schimp. *in Bryol. Europ.* 6: 20. 1853.

Pared de arenisca con suelo.

Tonín. Cuadros. Tejedo de Ancares.

En LEB, MACB.

Fotografía: Claire Halpin, SBB.

Brachythecium salicinum Schimp. *in Bryol. Europ.* 6: 19. 1853.

Taludes, suelos de bosques, sobre rocas y cortícola de árboles y arbustos.

Citado por F.B.I. para Le.

Brachythecium starkei (Brid.) Schimp. *in Bryol. Europ.* 6: 14. 1853.

[*Sciuro-hypnum starkei* (Brid.) Ignatov & Huttunen *in Arctoa* 11: 270. 2002].

Posada de Valdeón (entre el Puerto de Pandetrave y la Horcada Cadriega).

En MA.

No citado por F.B.I. para Le.

Categoría LR: VU. Criterio: D2.

Fotografía: Jean Faubert, SQB-Bryoquel.

Brachythecium tenuicaule (Spruce) Kindb. *in Ottawa Naturalist* 14: 81. 1900.

[*Cirriphyllum germanicum* (Grebe) Loeske & M. Fleisch. *in Allg. Bot. Z. Syst.* 13: 22. 1907].

Posada de Valdeón (pr. Caldevilla, arroyo de Raicedo).

En MA.

No reconocido por F.B.I. para España.

Brachythecium velutinum (Hedw.) Schimp. *in Bryol. Europ.* 6: 9. 1853.

Suelo de hayedo sobre sustrato silíceo.

Puerto de Ventana. Posada de Valdeón (monte Corona, pr. Cordiñanes). Hayedo de Busmayor. Sierra de Ancares.

En LEB, MA.

Fotografía: Claire Halpin, SBB.

Cirriphyllum crassinervium (Taylor) Loeske & M. Fleisch. *in Allg. Bot. Z. Syst.* 12: 22. 1907.

Corteza de *Ulmus minor.* Indiferente edáfico.

Bárcena del Caudillo. Santa María del Río. Buiza.

En LEB.

Fotografía: Claire Halpin, SBB.

Cirriphyllum piliferum (Hedw.) Grout *in Bull. Torrey Bot. Club* 25: 225. 1898.

Suelos generalmente humíferos en bosques.

Hayedo de Busmayor.

En MA.

Fotografía: Claire Halpin, SBB.

Eurhynchiastrum diversifolium (Schimp.) J. Guerra *in Nova Hedwigia* 102: 361. 2016.

Fisuras y hendiduras de rocas en altas montañas, a veces en las cercanías o alrededores de neveros.

Citada por F.B.I. con (Le).

Fotografía: Ries Lindley, CHB.

Eurhynchiastrum pulchellum (Hedw.) Ignatov & Huttunen *in Arctoa* 11: 262. 2002.

[*Eurhynchium pulchellum* Jennings in *Man. Mosses W. Pennsylvania* 350. 1913].

Canchal de cuarcita. Sobre *Quercus pyrenaica* y *Fagus sylvatica.* Suelos muy húmedos de sotobosques, prados, bordes de lagunas, rocas y troncos cerca de cursos y saltos de agua.

Miravalles. Valle de Hormas. Valle de Mirva. En LEB.

Citada por F. B. I.

Fotografía: Wayne Lampa, CHB.

Eurhynchium striatum W.P. Schimper *in Coroll. Bryol. Eur.* 119. 1856.

Sobre *Fagus sylvatica.*

Valle de Hormas. Valle de Mirva. Tejedo (Sierra de Ancares). Hayedo de Busmayor.

En LEB, MA, MACB.

Fotografía: Claire Halpin, SBB.

Homalothecium aureum (Spruce) H. Rob. *in Bryologist* 65(2): 96. 1962 [1963].

Granitos, areniscas, suelo de tapias.

Filiel. Bárcena del Caudillo. Cuadros. Balouta. Hayedo de Busmayor.

En LEB, MA.

Fotografía: Michael Lueth, CHB.

Homalothecium lutescens (Hedw.) H. Rob. *in Bryologist* 65: 98. 1962.

Calizas y areniscas.

Mirantes de Luna. Candanedo. Puerto de Somiedo. Pobladura de la Tercia. Bárcena del Caudillo. Balouta. Tejedo de Ancares. Posada de Valdeón (monte Corona, pr. Cordiñanes).

En LEB, MA.

Fotografía: Claire Halpin, SBB.

Homalothecium meridionale (M. Fleisch. & Warnst.) Hedenäs *in Taxon* 63: 255. 2014.

Base de *Pinus nigra*. Calizas.

Villa de Soto. Santa Lucía.

En LEB.

Homalothecium philippeanum (Spruce) Schimp. *in Bryol. Europ.* 5: 93. 1851.

Rocas calizas preferentemente con suelo acumulado.

Liegos (pico Yordas).

En MA.

Homalothecium sericeum (Hedw.) Schimp. *in Bryol. Europ.* 5: 93. 1851.

Areniscas, cuarcitas, calizas, suelos básicos o no. Muy abundante en toda la provincia.

En FCO, LEB, MA, MGC.

Fotografía: Claire Halpin, SBB.

Kindbergia praelonga (Hedw.) Ochyra *in Lindbergia* 8: 54. 1982.

[*Eurhynchium praelongum* (Hedw.) Schimp. *in Bryol. Europ.* 5: 224. 1854; *Eurhynchium praelongum* var. *stokesii* (Turner) Dixon *in Stud. Handb. Brit. Mosses*: 416. 1896; *Eurhynchium stokesii* Turner *in Bryol. Eur.* 5: 226 (fasc. 57–61. Monogr. 10), 226, 1854; *Oxyrrhynchium praelongum* var. *stokesii* (Turner) Podp *in Consp. Musc. Eur.* 629. 1954].

Terrícola y saxícola en zonas boscosas, zonas de matorrales y brezales densos. Suelo de alcornocal.

Sierra de Ancares. Hayedo de Chano. Hayedo de Busmayor. Pombriego. Pereda de Ancares. Posada de Valdeón (riega del pico Cuatatín a Caldevilla). Candín. Tejedo de Ancares.

En BCN, FCO, LEB, MA, MACB, MGC.

Fotografía: Claire Halpin, SBB.

Microeurhynchium pumilum (Wison) Ignatov & Vanderp. *in J. Bryo.* 31: 219. 2009.

[*Eurhynchium pumilum* (Wilson) Schimp. *in Coroll. Bryol. Eur.* 119. 1856].

Taludes, muros y hendiduras de rocas en zonas boscosas o claros de bosques.

Balouta.

En MA.

No citada por F.B.I. para Le.

Fotografía: Claire Halpin, SBB.

Oxyrrhynchium hians (Hedw.) Loeske *in Verh. Bot. Vereins Prov. Brandenburg* 49: 59. 1907.

[*Eurhynchium swartzii* (Turner) Curn *in Bryoth. Eur.* 12: 593, 593, 1862].

Talud húmedo, suelo, paredes rezumantes.

Pinar de Lillo. Velilla de la Reina.

En LEB.

Fotografía: Sharon Pilkington, SBB.

Oxyrrhynchium schleicheri (R. Hedw.) Röll *in Hedwigia* 56: 249. 1915.

Suelos en taludes húmedos en zonas de sombras.

Posada de Valdeón (del pico Cuatatín a Caldevilla).

En MA.

Fotografía: Claire Halpin, SBB.

Oxyrrhynchium speciosum (Brid.) Warnst. *in Krypt.-Fl. Brandenburg. Laubm.* 2(4): 786, pl. 702, f 3. 1905.

[*Eurhynchium speciosum* (Brid.) Jur. *in Verh. Zool.-Bot. Ges. Wien* 13: 500. 1863].

Talud húmedo.

Candanedo.

En LEB.

No citada por F.B.I. para Le.

Fotografía: Sharon Pilkington, SBB.

Pseudoscleropodium purum (Hedw.) M. Fleisch. *in Musci Buitenzorg* 4: 1136. 1923.

[*Scleropodium purum* (Hedw.) Limpr. *in Laubm. Deutschl.* 3: 147, 1896].

Areniscas, granitos, suelos de alcornocal, suelo húmedo.

Pombriego. Bárcena del Bierzo. Candín. Pinar de Lillo. Buiza. Ancares. Hayedo de Chano. Hayedo de Busmayor. Balouta. Fuente la Bruxa (Cabrillanes). Boca de Huérgano. Valle del río Cuiña (pr. Tejedo de Ancares). Pereda de Ancares.

En FCO, LEB, MA, MGC.

Categoría LR: LC.

Fotografía: Claire Halpin, SBB.

Rhynchostegiella curviseta (Brid.) Limpr. *in Laub. Deutschl.* 3: 211. 1896.

Rocas y suelos húmedos o salpicados, generalmente en sustratos calizos.

Pinar de Lillo. Balouta.

En FCO, MA.

Rhynchostegiella tenella (Dicks.) Limpr. *in Laubm. Deutschl.* 3: 209. 1896.

Suelos en taludes y sobre rocas, lugares generalmente sombríos y húmedos.

Hayedo de Busmayor.

En MA.

Fotografía: Claire Halpin, SBB.

Rhynchostegium alopecuroides (Brid.) A.J.E. Sm. *in J. Bryol.* 11: 606. 1981.

[*Platyhypnidium lusitanicum* Ochyra & Bednarek-Ochyra *in Haussknechtia Beih.* 9: 263. 1999].

Sumergido en arroyos.

Truchas (pr. Truchillas, El Lago).

En MA.

No citada por F.B.I. para Le.

Fotografía: Claire Halpin, SBB.

Rhynchostegium brachythecioides Dixon & Potier de la Varde *in Arch. Bot. Bull. Mens.* 8(9): 173. 7f. 4. 1927.

[*Isothecium myosuroides* var. *brachythecioides* (Dixon) Braithw. *in Danmarks Mosser* 2: 176. 1923].

Cuarcita rezumante.

Miravalles.

En LEB, MGC.

No reconocido para España por F.B.I.

Fotografía: Claire Halpin, SBB.

Rhynchostegium confertum (Dicks.) Schimp. *in Bryol. Europ.* 5: 203. 1852.

Taludes rocosos, hendiduras de rocas con suelo, muros y en troncos de diversos forófitos.

Citado por F.B.I. para (Le).

Fotografía: Sharon Pilkington, SBB.

Rhynchostegium megapolitanum (Blandow ex F. Weber & D. Mohr) Schimp. *in Bryol. Europ.* 5: 204. 1852.

Suelos humíferos, en taludes y claros de matorrales, pinares, etc. Indiferente edáfico.

Citado por F.B.I. para Le.

Categoría LR: NT.

Fotografía: Sharon Pilkington, SBB.

Rhynchostegium riparioides (Hedw.) Cardot *in Bull. Soc. Bot. France* 60: 231. 1913.

[*Platyhypnidium riparioides* (Hedw.) Dix. *in Rev. Bryol. Lichénol.* 6: 111. 1934].

Roca sumergida o salpicada.

Vegabaño. Burón (Picos de Europa). Oseja de Sajambre (Parque Nacional Picos de Europa, Vierdes, río Zalambral). Hayedo de Busmayor. Hayedo de Chano. Liegos (pico Yordas). Posada de Valdeón (pr. Cordiñanes, monte Corona). Tejedo (sierra de Ancares, cauce del río Cuiña).

En FCO, SALA, LEB, MA.

Fotografía: Sharon Pilkington, SBB.

Scleropodium touretii (Brid.) L. F. Koch *in Rev. Bryol. Lichenol.* 18: 177. 1949.

Suelos en taludes. Granitos.

Bárcena del Caudillo. Hayedo de Busmayor.

En LEB, MA.

Fotografía: Claire Halpin, SBB.

Scorpiurium circinatum (Brid.) Fleisch. & Loeske *in Allg. Bot. Z. Syst.* 13: 22. 1907.

Rocas húmedas con suelo.

Balouta.

En MA.

Fotografía: Claire Halpin, SBB.

Scorpiurium deflexifolium (Solms) M. Fleisch. & Loeske *in Allg. Bot. Z. Syst.* 13: 22. 1907.

Hayedo de Busmayor.

En MA.

No citada en F.B.I. para Le.

Categoría LR: NT.

Lembophyllaceae Broth. *in Die Natürlichen Pflanzenfamilien* 226[I,3]: 863. 1906.

[Bryopsida, Hypnales]

Plantas pleurocárpicas, de diminutas a pequeñas o grandes, delgadas o robustas, que forman alfombrillas, tapices más o menos laxos o tramas, verdes, verdosas, amarillas, parduscas, en ocasiones brillantes. Caulidios primarios rastreros, a veces estoloníferos. Caulidios secundarios a veces estipitados de ramificación generalmente irregular o bi-tripinnada; cordón central ligeramente diferenciado, o inexistente, esclerodermis por lo común de (2)3-4 capas de células pequeñas, hialodermis inexistente. Pelos axilares de 1-2 células basales cortas más o menos parduscas y 1-4 células apicales, alargadas, hialinas. Parafilos inexistentes. Pseudoparafilos sólo en ocasiones diferenciados, foliosos. Rizoides generalmente simples o poco ramificados, parduscos, lisos, células iniciales diferenciadas en la base de la superficie dorsal de los filidios. Filidios heteromorfos (diferentes entre sí los de estolones, estípites, caulidios y ramas) generalmente de adpresos o erectos a erecto-patentes en seco, de rectos a erecto-patentes en húmedo; lámina uniestratificada, sin o apenas pliegues longitudinales; ápice variable generalmente de obtuso a agudo o acuminado, márgenes denticulados, serrulados o dentados, a veces enteros. Nervio variable, inexistente, corto y doble (bifurcado) o simple, raramente ramificado. Células superiores y medias de la lámina generalmente lineares, linear-vermiculares, sinuosas, más raramente romboidales cortas, lisas, a veces proradas; células basales en general más cortas y anchas que las medianas, frecuentemente rectangulares. Dioica. Perigonios laterales; filidios perigoniales ovales. Periquecios laterales, sobre los caulidios del fronde; filidios periqueciales generalmente de lanceolados a oval-lanceolados, con o sin pliegues longitudinales, con o sin nervio, vagínula pilosa. Seta 1 por periquecio, usualmente larga, a veces corta, de erecta a más o menos inclinada, flexuosa, sinuosa o recta, más o menos retorcida, lisa o papilosa. Cápsula estegocárpica exerta, de erecta a horizontal o inclinada u horizontal, de pardusca a amarillenta. Células exoteciales de rectangulares o cortamente rectangulares a cuadradas. Anillo usualmente diferenciado. Peristoma doble, perfecto, a veces reducido; exóstoma de 16 dientes triangulares, de amarillentos a rojizos; endóstoma de 16 segmentos, más o menos hendidos en la línea media, hialinos o de un amarillo pálido. Opérculo cónico, en ocasiones oblicuamente rostrado. Caliptra cuculada, lisa o rugosa, glabra o pilosa. Esporas más o menos esféricas, parduscas, de ligeramente papilosas a casi lisas (ELÍAS, 2018).

Clave de especies

1. Márgenes de los filidios caulinares (secundarios) y rameales enteros en la base, más o menos denticulados o dentados en la parte superior; filidios rameales de oval-lanceolados u oblongo-lanceolados con ápice de agudo, cortamente acuminado, a obtuso-apiculado, a veces largamente apiculado; cápsula erecta o inclinada ....***Isothecium myosuroides*** Brid.

1. Márgenes de los filidios caulinares (secundarios) de débilmente denticulados a dentados desde casi la base hasta la parte superior; filidios rameales con ápice de agudo, cortamente apiculado, a larga y estrechamente acuminado; cápsula de inclinada a horizontal...................................**2**

2. Filidios de los caulidios secundarios de ovales a oval-triangulares, de ápice largo y estrechamente acuminado; nervio débil que alcanza el 30-40(50) % de la longitud de los filidios; caulidios secundarios generalmente subestipitados; plantas ocasionalmente dendroides ....***Isothecium alopecuroides*** (Lam. *ex* Dubois) Isov.

2. Filidios de los caulidios secundarios de ovales a ocordado-triangulares, de ápice agudo o anchamente acuminado; nervio fuerte que se extiende casi hasta el ápice de los filidios; caulidios secundarios estipitados; plantas dendroides.....................................***Isothecium holtii*** Kindb.

Isothecium alopecuroides (Lam. *ex* Dubois) Isov. *in Ann. Bot. Fenn.*18: 202. 1981.

[*Isothecium myurum* Brid. *in Bryol. Univ.* 2: 367. 1827].

Sobre *Fagus sylvatica, Corylus avellana, Quercus x rosacea, Ilex aquifolium* y *Quercus petraea.*

Puerto de Ventana. Camposagrado. Burbia. Posada de Valdeón (del pico Cuatatín a Caldevilla). Hayedo de Chano. Hayedo de Busmayor. Valle del río Cuiña (pr. Tejedo de Ancares). Pinar de Lillo. Burón. Puerto de Ancares. Porcarizas. Valle de Hormas. Buiza. Suárbol.

En FCO, LEB, MA, MACB, SALA.

Fotografía: Claire Halpin, SBB.

Isothecium holtii Kindb. *in Rev. Bryol.* 22: 83. 1895.

Citada por F.B.I. para (Le).

Categoría LR: VU. Criterio: B2ab(ii, iii).

Fotografía: Claire Halpin, SBB.

Isothecium myosuroides Brid. *in Bryol. Univ.* 2: 369. 1827.

Sobre *Quercus x rosacea* y saxícola.

Porcarizas. Pinar de Lillo. Hayedo de Chano.

En FCO, LEB, MA.

Fotografía: Claire Halpin, SBB.

Bryaceae Schwägr. *in Species Muscorum Frondosorum* 47. 1830

[Bryopsida, Bryales]

Plantas acrocárpicas, de pequeñas y tenues a robustas, que generalmente forman céspedes de laxos a densos, raramente aisladas de verdosas a rojizas, a veces blancuzcas o plateadas. Caulidios erectos a veces estoloníferos, simples o ramificados; cordón central más o menos diferenciado. Pelos axilares uniseriados, de 1-3 células basales, cortas, parduscas y 2-3(4) terminales generalmente alargadas, hialinas, lisas. Rizoides de un pardo rojizo a amarillento, a veces violáceos, de papilosos a verrucosos, raramente casi lisos. Yemas y propágulos rizoidales desarrollados. Filidios generalmente aplicados, de erectos a erecto-patentes, a veces retorcidos en seco, de erectos a extendidos en húmedo triangular-lanceolados a ovados, en ocasiones obovados, espatulados, anchamente elípticos o casi orbiculares; lámina uniestratificada, muy raramente biestratificada; ápice de redondeado a acuminado. Nervio sencillo, que usualmente supera la mitad de la longitud de la lámina, percurrente o excurrente en un apículo, mucrón o arista más o menos larga; células superficiales ventrales y dorsales de largamente rectangulares a lineares, lisas. Células superiores y medias de la lámina en general de romboidales a hexagonales, raramente de lineares a vermiculares. Bulbillos y propágulos filamentosos axilares, frecuentemente desarrollados. Dioica, autoica, sinoica. Perigonios usualmente terminales, a veces laterales. Periquecios laterales o terminales; filidios periqueciales similares o algo más grandes que los vegetativos. Vagínula de cilíndrica a elipsoidal. Seta 1 o varias por periquecio, erecta, de recta a flexuosa, de sinuosa a císnea, a veces retorcida, generalmente pardusca, lisa. Cápsula estegocárpica exerta, generalmente inclinada o péndula. Células exoteciales mayoritariamente rectangulares, isodiamétricas o irregulares. Anillo diferenciado, de 2-4 filas de células, usualmente caedizo o revoluble. Peristoma doble; exóstoma de 16 dientes triangulares o triangular-lanceolados, de superficie externa más o menos papilosa. Opérculo generalmente cónico. Caliptra usualmente lisa, en general amarillenta. Esporas mayoritariamente esféricas, a veces en tétradas, de diversamente papilosas a casi lisas, de amarillentas a parduscas (GUERRA & CROS, 2010; GUERRA ET AL., 2010).

Clave de géneros

1. Plantas generalmente blancuzcas, ligeramente plateadas; urna de largamente cilíndrica a clavada, curvada, asimétrica; seta generalmente císnea: esporas en tétradas ....***Plagiobryum*** Lindb.

1. Plantas generalmente de verdes a rojizas (excepto *Bryum argenteum*); urna de ligeramente cilíndrica a piriforme, subglobosa u ovoide, nada o apenas curvada, usualmente simétrica; seta generalmente recta o flexuosa: esporas no en tétradas .... ***Bryum*** Hedw.

Bryum algovicum Sendtn. *ex* Müll. Hal. *in Syn. Musc. Frond.* 2: 569. 1851.

Suelos en calveros pedregosos, taludes húmedos, fisuras de rocas.

Vega del Naranco (junto al refugio, arroyo Valpriego).

En MA.

No citado por F.B.I. para Le.

Fotografía: David T. Holyoak, SBB.

Bryum alpinum Huds. *ex* With. *in Syst. Arra. Brit. Pl. (ed. 4)* 3: 824. 1801.

[*Bryum alpinum* var. *meridionale* Schimp. *in Syn. Musc. Eur.* (ed. 2) 441. 1876].

Areniscas, cuarcitas, granitos. Conglomerados. Suelos preferentemente ácidos, en bordes de arroyos, lugares encharcados y taludes rezumantes.

Catoute. La Baña. Portilla de la Reina. Miravalles. Buiza. Puerto del Manzanal. Pinar de Lillo. Posada de Valdeón (monte Gildar, Horcada del Oro, pr. Caldevilla). Balouta.

En LEB, FCO, MA, MGC.

Fotografía: Claire Halpin, SBB.

Bryum argenteum Hedw. *in Sp. Musc. Frond.* 181. 1801.

Suelos generalmente nitrificados. Areniscas, pizarras, cantos rodados.

Caboalles de Abajo. Tonín. Cuadros. Filiel. Carbajal de la Legua. Puerto de Lumeras. Balouta. Hayedo de Busmayor.

En LEB, MA, MACB.

Fotografía: Claire Halpin, SBB.

Bryum atrovirens Bridel *in Muscol. Recent.* 2(3): 48. 1803.

[*Bryum erythrocarpum* Schwägr. *in Sp. Musc. Frond., Suppl.* 1 2: 100, pl. 70. 1816].

En lagunas.

Castromudarra.

En LEB.

No reconocido como especie por F.B.I.

Bryum bicolor Dicks. *in Fasc. Pl. Crypt. Brit.* 4: 16. 1801.

Areniscas, pizarras.

Teleno. Quintanilla de Somoza.

En LEB.

Fotografía: David T. Holyoak, SBB.

Bryum caespititium Hedw. *in Sp. Musc. Frond.* 180. 1801.

Suelos generalmente húmedos, o en taludes rezumantes. Areniscas.

Cuadros y Tonín. Pinar de Lillo.

En FCO, LEB, MGC.

Fotografía: Jean Faubert, SQB-Bryoquel.

Bryum calophyllum R. Br. *in Chlor. Melvill.* 38. 1823.

Suelo, pedreras.

Cabañas.

En LEB.

No reconocido como especie por F.B.I.

Fotografía: Jean Gagnon, SQB-Bryoquel.

Bryum capillare Hedw. *in Sp. Musc. Frond.* 182. 1801.

Preferentemente en rocas silíceas y a veces en tocones y corteza de árboles.

Catoute. Portilla de la Reina. Lago de la Baña. Candín. Buiza. Teleno. Puebla de Lillo. Porcarizas. Posada de Valdeón (monte Corona, pr. Cordiñanes). Hayedo de Busmayor. Sierra de Ancares (Suertes). Tejedo de Ancares. Puerto de Lumeras. Balouta.

En FCO, LEB, MA, MACB, MUB.

Fotografía: Claire Halpin, SBB.

Bryum cirratum (Hedw.) With. *in Syst. Arr. Brit. Pl.* (ed. 4), 3: 897. 1801.

Villargusán (Pinar de Lillo).

En FCO.

No reconocido como especie por F.B.I.

Bryum creberrimum Taylor *in London J. Bot.* 5: 54. 1846.

Terrícola y saxícola.

Cumbre del pico de la Padiorna (Picos de Europa).

En FCO.

No citado por F.B.I. para Le.

Fotografía: Jean Faubert, SQB-Bryoquel.

Bryum dichotomum Hedw. *in Sp. Musc. Frond.* 183. 1801.

[*Bryum versicolor* A. Braun *ex* Bruch & Schimp. *in Bryol. Eur.* 4: 145. 1839].

Calizas y en suelos de toda naturaleza incluso nitrificados o quemados.

La Cueta.

En LEB.

Citada por F.B.I. para Le.

Fotografía: Clarire Halpin, SBB.

Bryum donianum Grev. *in Trans. Linn. Soc. London* 15: 345. 1827.

Tierra acumulada en bases o grietas de rocas calizas o ácidas.

Balouta.

En MA.

No citado por F.B.I. para Le.

Categoría LR: LC.

Fotografía: David T. Holyoak, SBB.

Bryum elegans Nees *in Bryol. Univ.* 1: 849. 1827.

Rocas carbonatadas y muy raramente en base de árboles o rocas ácidas.

Torre de Salinas (Picos de Europa).

En FCO.

Citado por F.B.I. para (Le).

Fotografía: Claire Halpin, SBB.

Bryum fontanum (Hedw.) Huds. *ex* Crome *in Samml. Deut. Laubm.* 2: 27. 1806.

En las montañas de León.

En MA.

No reconocido como especie por F.B.I.

Bryum gemmiparum De Not. *in Comment. Soc. Crittog. Ital.* 2(1): 212 [112]. 1864.

Suelos sumergidos o semisumergidos, incluso salpicados, en arroyos, ríos, bordes de fuentes o manantiales.

Citada por F.B.I. para (Le).

Fotografía: David T. Holyoak, SBB.

Bryum intermedium (Brid.) Blandow *in Ueber. Mecklenb. Moose* 6. 1809.

Suelo al borde del río.

Carbajal.

En LEB.

No citado por F.B.I. para Le.

Categoría LR: VU. Criterio: D2.

Fotografía: David T. Holyoak, SBB.

Bryum kunzei Hornsch. *in Flora* 2(1): 90. 1819.

Suelo acumulado en rocas o grietas.

Puerto de Pajares. Boñar.

En MNHN.

No citado por F.B.I. para Le.

Fotografía: Sharon Pilkington, SBB.

Bryum muehlenbeckii Bruch & Schimp. *in Bryol. Europ.* 4: 163. 1846.

Suelos preferentemente ácidos, en los márgenes de lagunas, ríos o arroyos de media y alta montaña.

Citada por F.B.I. para (Le).

Fotografía: Stephane Leclerc, SQB-Bryoquel.

Bryum pallens Sw. *ex* Anon. *in Monthly Rev.* 34: 538. 1801.

Suelos ácidos algo humificados, taludes húmedos y bordes de cursos de agua.

Citada por F.B.I. para Le.

Categoría LR: NT.

Fotografía: Claire Halpin, SBB.

Bryum pallescens Schleich. *ex* Schwägr. *in Sp. Musc. Frond. Suppl.* 1 (2): 107. 1816.

Suelos preferentemente ácidos y humíferos.

Arroyo de Cuetalbo. Torre 1 (Cabrillanes, Babia). Pinar de Lillo. Liegos (pico Yordas). Posada de Valdeón (Vega de Liordes). Cabrillanes (La Babia, Fuente La Bruxa).

En FCO, MA.

Fotografía: Claire Halpin, SBB.

Bryum pseudotriquetrum (Hedw.) P. Gaertn., B. Mey. & Scherb. *in Oekon. Fl. Wetterau* 3(2): 102. 1802.

[*Bryum bimum* (Schreb.) Turner *in Muscol. Hibern. Spic.:* 127. 1804].

Higrófilo, suelos básicos y ácidos, troncos putrefactos y turberas.

Posada de Valdeón (pr. Cordiñanes, Vega de Liordes, monte Gildar, Horcada del Oro, pr. Caldevilla, monte Corona). Puebla de Lillo (por encima de Isoba, hacia el Lago del Ausente, Pinar de Lillo). Cabriñanes (laguna de las Verdes de Babia, La Babia, Fuente La Bruxa, Tremeu. Puerto de Somiedo. Torre de Babia, Arroyo de Cuetalbo, Torre 3).

En FCO, MA, MGC.

Categoría LR: NT.

Fotografía: Claire Halpin, SBB.

Bryum pseudotriquetrum var. ***bimum*** (Schreb.) Hartm. *in Handb. Skand. Fl.* (ed. 5) 348. 1849.

Pinar de Lillo.

En FCO.

Fotografía: Martine Lapointe, SQB-Bryoquel.

Bryum schleicheri Schwägr. *in Sp. Musc. Frond. Suppl.* 1 (2): 113. 1816.

Suelos ácidos inundados o permanentemente húmedos, en turberas, trampales, bordes de charcas y arroyos de las altas montañas.

Citada por F.B.I. para Le.

Bryum torquescens Bruch & Schimp. *in Bryol. Europ.* 4: 119. 1844.

Suelos básicos, humíferos arenosos, raramente ácidos.

Citada por F.B.I. para (Le).

Fotografía: David T. Holyoak, SBB.

Bryum turbinatum (Hedw.) Turner *in Mucol. Hibern. Spic.* 127. 1804.

Suelos de praderas turbosas o encharcadas cercanas a arroyos de alta montaña.

Maraña (Base del Mampodre, Valle de Valverde).

Citada por F.B.I. para Le.

Fotografía: Ries Lindley, CHB.

Bryum weigelii Spreng. *in Mant. Prim. Fl. Hal.* 55. 1807.

Areniscas cerca de arroyo.

Buiza.

En LEB.

No citado por F.B.I. para Le.

Fotografía: David T. Holyoak, SBB.

Plagiobryum zierii (Hedw.) Lindb. *in Öfvers. Förh. Kongl. Svenska Vetensk.-Akad.* 19: 606. 1863.

Suelos calizos, en taludes, hendiduras y fisuras de rocas, generalmente en lugares húmedos.

Villablino.

En FCO, MNHN.

Categoría LR: VU. Criterio: D2.

Fotografía: Claire Halpin, SBB.

Calliergonaceae Vanderp.et al. *in Taxon* 51(1): 115–122. 2002.

[Bryopsida, Hypnales]

Plantas pleurocárpicas, de medianas a grandes, delgadas o robustas, que forman tapices o alfombrillas más o menos laxos, verdes, verdosas, amarillas, parduscas, a veces rojizas, en ocasiones brillantes. Caulidios de ramificación generalmente irregular, radial o dística, a veces escasamente ramificados; ramas generalmente cortas o inexistentes; cordón central diferenciado o inexistente. Pelos axilares de 1-2 células basales más o menos parduscas y (1)5-11 células apicales hialinas. Parafilos inexistentes. Pseudoparafilos foliosos, de ovales a triangulares o lanceolados, de márgenes irregulares. Rizoides simples o poco ramificados, de un pardo rojizo. Filidios caulinares generalmente aplicados en seco, de erectos a erecto-patentes en húmedo, de ovales, anchamente ovales, oval-cordados, oblongos, lingüiformes u oval-lanceolados a estrechamente lanceolados o linear-lanceolados, rectos, falcados gradualmente desde la base o curvados; lámina uniestratificada, con o sin pliegues longitudinales; ápice variable, de obtuso o redondeado a acuminado. Nervio simple, que generalmente alcanza la mitad de la longitud de los filidios, a veces llega casi al ápice, raramente corto, doble o inexistente. Células superiores y medias de la lámina redondeadas generalmente lineares; células basales en general más cortas y anchas que las medias, más o menos sinuosas; células alares usualmente diferenciadas, rectangulares en general hialinas. Autoica o dioica. Perigonios laterales, en general situados hacia la base de los caulidios; filidios perigoniales generalmente ovales. Periquecios laterales; filidios periqueciales generalmente de lanceolados a oval-lanceolados o de oval-oblongos a obovados, con o sin pliegues longitudinales, nervio usualmente diferenciado. Seta 1 por periquecio generalmente muy larga. Cápsula estegocárpica exerta, inclinada u horizontal, de pardusca a rojiza. Células exoteciales rectangulares o cuadradas, a veces irregulares. Anillo diferenciado o inexistente. Peristoma doble; exóstoma de 16 dientes triangulares, de un amarillo pardusco o verdoso; endóstoma de 16 segmentos, nada o estrechamente hendidos en la línea media, hialinos o de un amarillo pálido, de papiloso a casi liso, cilios 1-3(4), largos, generalmente nodulosos. Opérculo más o menos cónico, más raramente convexo. Caliptra cuculada, glabra. Esporas más o menos esféricas, finamente papilosas (Oliván & Fuertes, 2018a).

Clave de géneros

1. Células alares de los filidios indiferenciadas, o diferenciadas formando un grupo pequeño, triangular, más o menos difuso, de muy pocas células (21-15) hialinas, infladas **2**
1. Células alares de los filidios bien diferenciadas, numerosas infladas, formando un grupo conspicuo, más o menos oval-triangular, de 3-5 hileras de células que ascienden por los márgenes de los filidios y alcanzan por la base hasta el 75% de la distancia entre el margen y el nervio..**3**

2. Caulidio sin cordón central ni hialodermis (sección transversal); células alares indiferenciadas o apenas diferenciadas de las células basales adyacentes..
.... ***Hamatocaulis*** Hedenäs.
2. Caulidio con cordón central de poco a netamente diferenciado, hialodermis completa o incompleta (sección transversal); células alares diferenciadas, formando un grupo triangular muy pequeño, de 2-11(15) células hialinas, que apenas se extiende desde el margen hacia el nervio ....***Scorpidium*** (Schimp.) Limpr.

3. Grupo de células alares decurrente; plantas verdes, amarillas, parduscas o pardas, sin colores rojizos...**4**

3. Grupo de células alares nada o apenas decurrente; plantas usualmente rojizas, de un pardo oscuro o variegadas de verde y tonos rojos **5**

4. Filidios caulinares de ovales a oval-lanceolados, oval-oblongos o lingüiformes; células alares que forman un grupo oval o anchamente oval, que se extiende por la base de los filidios hasta alcanzar el 50% de la distancia entre el margen y el nervio; pelos axilares escasos y cortos, con 1-2 células apicales hialinas...***Straminergon*** Hedenäs.

4. Filidios caulinares de anchamente ovales a oval-cordados u oval-redondeados; células alares que forman un grupo triangular, que se extiende por la base de los filidios hasta casi alcanzar el nervio; pelos axilares frecuentes, largos, con 2-5 células apicales hialinas ....
.... ***Calliergon*** (Sull.) Kindb.

5. Plantas de un pardo rojizo, rojo púrpura, púrpura oscuro casi negro, más raramente verdes, de un amarillo verdoso o parduscas; células alares bien diferenciadas de las adyacentes supraalares, formando un grupo bien delimitado; dioica.................................***Sarmetypnum*** Tuom. & T. J. Kop.

5. Plantas generalmente verdes, de un amarillo verdoso o parduscas, raramente rojizas; células alares poco diferenciadas de las adyacentes supraalares, formando un grupo difuso, mal delimitado; autoica.. ***Warnstorfia*** Loeske.

Calliergon cordifolium (Hedw.) Kindb. *in Canad. Rec. Sci.* 6(2): 72. 1894.

Suelos húmedos cerca de arroyos y pequeñas lagunas de alta montaña.

Palacios de Sil (pr. Salentinos, turberas bajo el pico Catoute). Sierra de Ancares. Cabrillanes (laguna de las Verdes de Babia). En MA.

Categoría LR: VU. Criterio: B2a(ii, iii, iv).

Fotografía: Sharon Pilkington, SBB.

Hamatocaulis vernicosus (Mitt.) Hedenäs *in Lindbergia* 15: 27. 1989.

Turberas, trampales, suelos higroturbosos, cerca de arroyos y neveros, alrededores de lagunas de montaña.

Citada en F.B.I. para Le.

Categoría LR: EN. Criterio: B2ab(i, ii, iii, iv).

Fotografía: Sharon Pilkington, SBB.

Sarmentypnum exannulatum (Schimper) Hedenäs *in J. Hattori Bot. Lab.* 100: 132. 2006.

[*Drepanocladus exannulatus* (Schimp.) Warnst. *in Beih. Bot. Centralbl.* 13: 405. 1903].

Suelos húmedos, cerca de arroyos o sumergido en pequeñas lagunas de alta montaña, también es frecuente en turberas oligo-minerotróficas.

Cabrillanes (pr. Cacabillo, La Laguna Grande). Posada de Valdeón (monte Gildar, Horcada del Oro, pr. Caldevilla). Salentinos (Palacios de Sil, pico Catoute).

En MA, MO.

Fotografía: Claire Halpin, SBB.

Scorpidium cossonii (Schimp.) Hedenäs *in Lindbergia* 15: 18. 1989.

Turberas, tremedales, prados higroturbosos encharcados temporalmente y con cierta influencia antrópica.

Cabrillanes (La Babia, Fuente La Bruxa). Puerto de Somiedo.

En FCO.

Fotografía: Jean Faubert, SQB-Bryoquel.

Scorpidium revolvens (Sw. *ex* anon.) Rubers *in Nederl. Bladmoss.* 380. 1989.

[*Drepanocladus revolvens* (Sw.) Warnst. *in Beih. Bot. Centralbl.* 13: 402. 1903].

Suelo de pinar y abedular.

Pinar de Lillo. Cabrillanes (La Babia, Fuente La Bruxa).

En FCO, LEB.

No citada en F.B.I. para Le.

Categoría LR: DD.

Fotografía: Jean Faubert, SQB-Bryoquel.

Straminergon stramineum (Brid.) Hedenäs *in J. Bryol.* 17: 463. 1993.

Suelos encharcados oligotróficos, turberas, a veces flotantes o sumergidos en pozas o pequeñas lagunas.

Subida a Villavandín. Puerto de Leitariegos. Sierra de Ancares (Lago Cuiña). Cabrillanes (Laguna de Las Verdes de Babia).

En FCO, MA, MACB.

Fotografía: Claire Halpin, SBB.

Warnstorfia exannulata (Schimp.) Loeske *in Hedwigia* 46: 310. 1907.

En trampales solígenos de *Erica tetralix*.

Puerto de las Señales. Catoute. Subida a Villabandín. Puerto de Leitariegos. Villablino (laguna del Fontanón).

En FCO, MA, MACB.

No citada para España en F.B.I.

Fotografía: Claire Halpin, SBB.

Warnstorfia fluitans Loesk *in Hedwigia* 46: 310. 1907.

[*Drepanocladus fluitans* (Hedw.) Warnst. *in Beih. Bot. Centralbl.* 13: 404. 1903].

En lugares húmedos, fangosos, depresiones encharcadas estacionalmente, suelos higroturbosos oligotróficos.

En MA.

No citada para Le en F.B.I.

Categoría LR: DD.

Fotografía: Jean Faubert, SQB-Bryoquel.

Climaciaceae Kindb. *in Gen. Eur. N. Amer. Bryin 2: 358. 1897.*

[Bryopsida, Leucodontales]

Plantas acrocárpicas, generalmente robustas, dendroides, de un verde brillante a verde amarillento. Caulidios primarios estoloníferos, más o menos rastreros o subterráneos; caulidios secundarios erectos, simples o escasamente ramificados; ramas abundantes, dispuestas hacia el ápice de los caulidios; cordón central diferenciado. Pelos axilares de 4-8 células, 1(2) basales, cuadrado-rectangulares, parduscas, el resto rectangulares, alargadas, hialinas o amarillentas, la apical aguda. Pseudoparafilos foliosos, de ápice obtuso, brevemente acuminado. Rizoides lisos, simples o ramificados, blanquecinos o de un pardo rojizo, muy abundantes en los caulidios primarios. Tomento caulinar formado por filamentos uniseriados, simples o bifurcados, con tabiques perpendiculares y oblicuos, de un pardo anaranjado, amarillentos o parduscos, hialinos en las ramas. Yemas y propágulos rizoidales inexistentes. Filidios caulinares imbricados, adpresos en seco, generalmente erecto-patentes en húmedo, de anchamente ovales a oblongos, generalmente cóncavos; ápice de redondeado a más o menos agudo, a veces apiculado, en ocasiones cuculado; márgenes enteros; base decurrente o no, generalmente amplexicaule. Filidios rameales densamente imbricados en seco, usualmente erectos en húmedo, de oval-oblongos a lanceolados, más o menos cóncavos, en general plegados longitudinalmente; lámina uniestratificada; ápice agudo u obtuso. Nervio simple. Células superiores y medias de la lámina largamente romboidales o hexagonales a lineares, a veces porosas y coloreadas cerca del nervio; células alares diferenciadas, mayoritariamente subrectangulares, más o menos irregulares, a veces infladas, hialinas. Dioica. Perigonios sobre las ramas axilares; filidios perigoniales, mayoritariamente ovales, a veces oval-lanceolados. Periquecios laterales, generalmente sobre las ramas; filidios periqueciales largamente oval-lanceolados. Seta 1 por periquecio, larga, de recta a flexuosa, retorcida en seco, lisa. Cápsula estegocárpica exerta, erecta a veces cernua. Células exoteciales subrectangulares o cuadradas. Anillo diferenciado. Peristoma doble; exóstoma de 16 dientes lanceolados, papilosos hacia la parte superior; endóstoma de 16 segmentos, lineares, muy papilosos. Opérculo cónico o rostrado. Caliptra cuculada, lisa, que cubre total o parcialmente la cápsula. Esporas esféricas, de verdosas a parduscas, papilosas (FUERTES & OLIVÁN, 2014a).

En la provincia de León encontramos la única especie que está presente en la Península Ibérica de esta familia.

Climacium dendroides (Hedw.) F.Weber & D.Mohr *in Naturh. Reise Schwedens*: 96. 1804.

Suelos higroturbosos, pastizales húmedos ligeramente oligótrofos.

Posada de Valdeón (monte Gildar, Horcada del Oro, pr. Caldevilla).

En MA.

Fotografía: Claire Halpin, SBB.

Cryphaeaceae Schimp. *in Coroll. Bryol. Eur.* 97. 1856.

[Bryopsida, Leucodontales]

Plantas pleurocárpicas o cladocárpicas, de medianas a robustas, que forman tramas laxas o densas, de un verde amarillento a verde pardusco o negruzcas. Caulidios primarios rastreros, estoloníferos; caulidios secundarios erectos, decumbentes, a veces penduliformes, generalmente rígidos, regular o irregularmente ramificados; ramas de cortas a relativamente alargadas; cordón central indiferenciado. Pelos axilares de 2-6(7) células, 1-2 basales, ligeramente parduscas a hialinas, 1-4(5) apicales rectangulares, hialinas. Parafilos inexistentes. Pseudoparafilos a veces desarrollados. Rizoides generalmente desarrollados en los caulidios primarios y en la base de los caulidios secundarios, pardos, lisos o papilosos. Yemas y propágulos rizoidales inexistentes. Filidios de los caulidios primarios semejantes a los de los caulidios secundarios o reducidos y dispuestos laxamente. Filidios de los caulidios secundarios generalmente imbricados en seco, de erectos a extendidos en húmedo, de ovales a oval-oblongos a largamente lanceolados; lámina uniestratificada; ápice agudo, obtuso o acuminado. Nervio simple, excepcionalmente bifurcado, que alcanza hasta el 80% de la longitud de los filidios, percurrente o excurrente. Células superiores y medias de la lámina redondeadas, oblongas, elipsoidales, subcuadradas, romboidales o lineares lisas o proradas. Autoica. Perigonios gemiformes pequeños, axilares. Periquecios de ramas cortas laterales o terminales; filidios periqueciales externos más cortos que los internos, con o sin nervio. Seta corta a muy corta. Cápsula estegocárpica inmersa, erecta. Células exoteciales desde largamente rectangulares a isodiamétricas. Anillo usualmente diferenciado, revoluble. Peristoma simple o doble; exóstoma de 16 dientes lanceolados o linear-lanceolados, de amarillentos a un pardo amarillento pálido, papilosos, a veces casi lisos en la pared basal, raramente todo el diente liso; endóstoma de 16 segmentos, más o menos lineares, de casi lisos a papilosos. Opérculo cónico, mamiloso o rostrado. Caliptra mitrada o cuculada, lisa o papilosa, ocasionalmente pilosa. Esporas esféricas, usualmente parduscas, lisas o papilosas (ÁLVARO, 2014).

En Europa sólo existen dos géneros, ambos presentes en la Península Ibérica y de ellos uno sólo en la provincia de León.

Cryphaea heteromalla (Hedw.) Brid. *in Muscol. Recent. Suppl.* 4: 139. 1819 [1818].

Epífito de árboles y arbustos.

Citado en F.B.I. para Le.

Fotografía: Claire Halpin/Sharon Pilkington, SBB.

Dicranaceae Schimp. *in Corollarium Bryologiae Europaeae* 11. 1856.

[Bryopsida, Dicranales]

Plantas acrocárpicas, ocasionalmente cladocárpicas, de pequeñas a robustas, que forman céspedes densos o laxos, almohadillas o matas de un verde pálido o amarillento a un verde oscuro o parduscas, raramente rojizas. Caulidios erectos o ascendentes, simples o ramificados, con o sin cordón central. Rizoides de escasos a muy abundantes y formando tomento, de parduscos a pardo rojizos. Yemas rizoidales ocasionalmente desarrolladas. Filidios de adpresos a erecto-patentes en seco; ápice de redondeado a acuminado. Nervio sencillo, que termina por debajo del ápice a excurrente; células superficiales ventrales y dorsales rectangulares. Células superiores y medias de la lámina isodiamétricas, lineares, rectangulares, romboidales o hexagonales, clorofílicas. Células basales lineares, rectangulares u oblongas. Dioica o pseudoautoica, raramente autoica. Perigonios terminales o laterales gemiformes; filidios perigoniales en general anchamente envainadores. Periquecios terminales o de apariencia lateral por crecimiento de innovaciones; filidios periqueciales similares a los vegetativos o con base envainadora. Seta una o varias por periquecio, erecta. Cápsula estegocárpica exerta, erecta. Células exoteciales de cuadradas a rectangulares a menudo irregulares. Anillo caedizo o persistente raramente indiferenciado. Peristoma simple, de 16 dientes bifurcados, raramente enteros. Caliptra cuculada, generalmente entera. Opérculo de cónico y cortamente apiculado a largamente rostrado. Esporas esféricas o subesféricas, de amarillentas a parduscas, lisas o papapilosas (Brugués & Ruiz, 2015f; Heras & Infante, 2015b; Puche, 2015a).

Clave de géneros

1. Células alares de la lámina indiferenciadas ....*Dicranella* Schimp.
1. Células alares de la lámina diferenciadas **2**

2. Sección transversal del nervio con 1 capa central de células clorofílicas...........................
....*Paraleucobryum* (Lindb. *ex* Limpr.) Loeske.
2. Sección transversal del nervio con 1(2) capa central de células de euricistos......................
....*Dicranum* Hedw.

Dicranella heteromalla (Hedw.) Schimp. *in Coroll. Bryol. Eur.* 13. 1856.

Suelos y taludes húmedos, ácidos o descarbonatados y raíces de árboles.

Pinar de Lillo. Bárcena de la Abadía. Candín. Hayedo de Busmayor. Hayedo de Chano.

En BCB, BCN, FCO, LEB, MA.

Fotografía: Sharon Pilkington, SBB.

Dicranella howei Renauld & Cardot *in Rev. Bryol.* 20: 30. 1893.

Suelos arcillosos frescos y algo húmedos.

Citada por F.B.I. para (Le).

Fotografía: Claire Halpin, SBB.

Dicranella subulata (Hedw.) Schimp. *in Coroll. Bryol. Eur. 13.* 1856.

Suelos arenosos húmedos.

Citada por F.B.I. para (Le).

Fotografía: Claire Halpin, SBB.

Dicranella subulata var. **curvata** (Hedw.) Rabenh. *in Krypt.-Fl. Sachsen* 1: 421. 1863.

Pinar de Lillo.

En FCO.

Dicranella varia (Hedw.) Schimp. *in Coroll. Bryol. Eur. 13.* 1856.

[*Anisothecium varium* (Hedw.) Mitt. *in J. Linn. Soc. Bot.* (1869)].

Suelos básicos generalmente arcillosos y algo húmedos.

Cabrillanes (pr. Cacabillo). Pinar de Lillo.

En FCO, MA.

Fotografía: Claire Halpin, SBB.

Dicranum congestum Bridel *in Muscol. Recent. Suppl.* 1: 176. 1806.

[*Dicranum fuscescens* var. *congestum* (Brid.) Husn. *in Muscol. Gall.* 34. 1884].

Sobre cuarcitas.

Catoute. Miravalles.

En LEB.

Fotografía: Amelia Merced, CHB.

Dicranum crassifolium Sérgio, Ochyra & Séneca *in Fragm. Florist. Geobot.* 40: 204. 1995.

Suelos sombríos, rocas y base de árboles.

Hayedo de Chano.

En MA.

Dicranum fuscescens Turner *in Muscol. Hibern. Spic.* 60. 1804.

Suelos, rocas. Fisuras de rocas y madera en descomposición.

Pinar de Lillo. Miravalles. Cuiña. Catoute. Hayedo de Busmayor. Tejedo de Ancares (gargantas del río Cuiña). Pinar de Lillo.

En FCO, LEB, MA, MNHN.

Fotografía: Claire Halpin, SBB.

Dicranum scoparium Hedw. *in Sp. Musc. Frond.* 126. 1801.

Suelo, taludes, rocas, madera en descomposición, tocones y base de árboles.

Candín. Pinar de Lillo. Brañacaballo. Santa Lucía. Camposagrado. Hayedo de Chano. Hayedo de Busmayor. Valle del Cuiña (Tejedo de Ancares). Pereda de Ancares. Puerto de Lumeras. Posada de Valdeón (Puerto de Panderrueda).

En BCB, FCO, LEB, MA, MACB, MGC, MUB, VAL.

Categoría LR: NT.

Fotografía: Claire Halpin, SBB.

Dicranum scoparium f. ***alpestre*** (Huebener) Podp. *in Consp. Musc. Eur.* 146. 1954.
Pinar de Lillo.
En FCO.

Dicranum scoparium var. ***crispulum*** De Not. *in Syllab. Musc.* 212. 1838.
Entre el Puerto del Pontón y Oseja de Sajambre.
En FCO.

Dicranum tauricum Sapjegin *in Bot. Jahrb. Syst.* 46: 10. 1911.

[*Orthodicranum strictum* Schleich. *ex* D. Mohr *in Laubm. Fennoskand.* 996. 1923; *Orthodicranum tauricum* (Sapehin) Smirnova *in Novosti Syst. Niza. Rast.* 6: 256 1969].

Tocones y madera en descomposición.

Ancares. Pinar de Lillo. Valle de Hormas. Villablino. Pereda de Ancares. Tejedo de Ancares. Candín. Balouta.

En BCB, BCN, FCO, LEB, MA, MNHN, VAL.

Fotografía: Sharon Pilkington, SBB.

Paraleucobryum longifolium (Hedw.) Loeske *in Hedwigia* 47: 171. 1908.

Rocas silíceas, humíferas, base de árboles, suelos ácidos de hayedos o pinares de *Pinus sylvestris*.

Puerto del Pontón. Puerto de Panderrueda. Puerto de las Señales. Catoute.

En LEB, MA, MGC.

Fotografía: Jean Faubert, SQB.

Diphysciaceae M. Fleisch. *in Syllabus (ed. 8): 86.* '1919'. 1920.

Plantas acrocárpicas que forman céspedes densos, más o menos extensos, a veces gregarias, de verdes a pardas, brillantes. Protonema filamentoso, persistente. Caulidios erectos, generalmente simples. Cordón central diferenciado o no, esclerodermis de 2-5 filas de células pequeñas, de un pardo rojizo. Pelos axilares uniseriados, de 5-20 células, rectangulares, hialinas. Rizoides de un pardo a pardo rojizo, papilosos. Filidios erectos, retorcidos o crespos en seco, de erectos a extendidos en húmedo; lámina pluriestratificada, raramente uniestratificada en la parte superior, uniestratificada en la parte basal; ápice obtuso, agudo, apiculado o mucronado. Nervio sencillo, robusto, que se ensancha en la base, que termina cerca del ápice hasta excurrente; células superficiales ventrales de redondeadas a cuadradas, las dorsales rectangulares. Células superiores y medias de la lámina cuadradas, redondeadas o redondeado-hexagonales, a menudo oblatas, de paredes gruesas, lisas, mamilosas o papilosas por ambas caras; células basales de rectangulares a oblongo-hexagonales, de paredes delgadas, lisas, hialinas o pálidas. Dioica o autoica. Perigonios terminales o laterales. Periquecios terminales; filidios periqueciales diferenciados de los vegetativos, erectos, ovado-lanceolados, de lanceolados a lineares. Seta recta, muy corta, lisa. Cápsula estegocárpica, inmersa o ligeramente emergente. Células exoteciales cuadradas, rectangulares, hexagonales u oblongas. Anillo deciduo o persistente, formado por (1)2-3 filas de células hialinas. Peristoma artrodonto, doble, aparentemente simple o inexistente; exóstoma rudimentario o inexistente; endóstoma bien desarrollado, cónico, membranoso, con 16 pliegues, blanquecino dentado en el ápice de cada pliegue, fina y densamente papiloso en los pliegues. Opérculo cónico, agudo u obtuso, recto u oblicuo. Caliptra pequeña, cónica, raramente cónico-cuculada, obtusa o aguda, lisa. Esporas esféricas, amarillentas o pardas, finamente papilosas (Cros, 2007a).

Familia de amplia distribución mundial (Europa, Asia, Centro y Norte de América, África) que tiene un sólo género con unas 20 especies, de las cuales sólo está presente en la Península Ibérica, la misma que conocemos de la provincia de León.

Diphyscium foliosum (Hedw.) Mohr *in Index Mus. Pl. Crypt.* 3. 1803.

Suelos y taludes humíferos, bases de troncos y grietas de rocas húmedas, principalmente en hayedos y robledales.

Citada por F.B.I. para Le.

Fotografía: Claire Halpin, SBB.

Ditrichaceae Limpr. *in Die Laubmoose Deutschlands, Oesterreichs und der Schweiz* 1: 482. 1887.

[Bryopsida, Dicranales]

Plantas acrocárpicas, dispersas, gregarias o que forman céspedes densos o laxos de un verde pálido o amarillento a un verde oscuro, parduscas o de un rojo purpúreo, en ocasiones verde azulado o gris azulado. Caulidios erectos, simples o poco ramificados. Rizoides en la base de los caulidios o que ascienden por ellos. Yemas rizoidales en ocasiones desarrolladas. Filidios dispuestos en espiral, raramente dísticos o complanados, adpresos, erectos o erecto-patentes; lámina uni o biestratificada; ápice obtuso, agudo, acuminado; márgenes de enteros a dentados; base en ocasiones envainadora o con aurículas. Nervio simple, de percurrente a excurrente o terminado cerca del ápice; células superficiales ventrales y dorsales, rectangulares. Células medias y superiores de la lámina de cuadradas a rectangulares o lineares, en ocasiones redondeadas, trapezoidales, romboidales o irregulares, las marginales más largas. Yemas o propágulos ocasionalmente desarrollados en las axilas de los filidios o sobre los caulidios. Perigonios axilares o junto al periquecio sobre ramas cortas en las especies dioicas. Dioica, autoica, paroica o sinoica. Periquecios terminales. Seta corta o larga, normalmente erecta. Células exoteciales de cuadradas a rectangulares o hexagonales. Cápsula estegocárpica, raramente cleistocárpica, de inmersa a exerta. Anillo generalmente diferenciado, persistente o caedizo, en ocasiones revoluble. Gimnóstoma o más frecuentemente con peristoma simple de 16 dientes divididos en dos filamentos, papilosos o estriados; rojizos. Opérculo de cónico a rostrado. Caliptra cuculada, raramente nitriforme. Esporas de esféricas a ovoides o reniformes, de amarillentas a verdosas o parduscas, lisas o papilosas (BRUGUÉS & RUIZ, 2015a; PUCHE, 2015b, 2015c; CROS, 2015d).

Clave de géneros

1. Filidios complanados ....**Distichium** Bruch & Schimp.
1. Filidios no complanados...**2**

2. Células medias de las láminas mayoritariamente cuadradas o redondas **3**
2. Células medias de las láminas mayoritariamente rectangulares **4**

3. Márgenes de los filidios recurvados desde la base al ápice ....**Ceratodon** Brid.
3. Márgenes de los filidios planos o algo incurvados ....**Ditrichum** Hampe.

4. Cápsula estegocárpica o planta sin cápsula...**Ditrichum** Hampe.
4. Cápsula cleistocárpica **5**

5. Filidios superiores con el nervio excurrente; células superiores y medias de la lámina de 4-8,5 µm de anchura...**Pleuridium** Rabenh.
5. Filidios superiores con el nervio que termina cerca del ápice; células superiores y medias de la lámina de 9-13 µm de anchura ....**Pseudephemerum** (Lindb.) I. Hagen.

Ceratodon purpureus (Hedw.) Brid. *in Bryol. Univ.* 1: 480. 1826.

Suelos y rocas descubiertos.

Villadangos del Páramo. Teleno. Ancares. Pinar de Lillo. Catoute. Brañacaballo. Puerto de Ventana. Priaranza del Bierzo. Hayedo de Busmayor. Truchas (El Lago, pr. Truchillas). Balouta. Candín. Las Médulas. Valle del Cuiña (Ancares de León).

En BCB, BCN, FCO, LEB, MA, MACB, MGC, SANT.

Fotografía: Claire Halpin, SBB.

Distichium capillaceum (Hedw.) Bruch & Schimp. *in Bryol. Europ.* 2: 156. 1846.

En grietas de rocas básicas.

Vega del Liordes. Torres de Salinas (ambos en Picos de Europa).

En MGC, FCO.

Fotografía: Claire Halpin, SBB.

Ditrichum gracile (Mitt.) Kuntze *in Rev. Gen. Pl. Suppl.* 2: 835. 1891.

[*Ditrichum crispatissimum* (C. Müll.) Par. *in Index Bryol. Suppl.* 131. 1900].

Grietas de rocas calizas o suelos pedregosos.

Posada de Valdeón (monte Gildar, Horcada del Oro, pr. Caldevilla). Posada de Valdeón (monte Corona, pr. Cordiñanes). Torre de Salinas (Picos de Europa). Puerto del Pontón. Toral de los Vados. Priaranza del Bierzo.

En FCO, BCB, MA, MO.

Fotografía: Claire Halpin, SBB.

Ditrichum flexicaule (Schwägr.) Hampe *in Flora* 50: 182. 1867.

Grietas de rocas calizas o suelos pedregosos.

Torre de Salinas (Picos de Europa). Tremeu (Cabrillanes). Pobladura de la Tercia. San Emiliano.

En FCO, LEB, MA.

Fotografía: Claire Halpin, SBB.

Ditrichum heteromallum (Hedwig.) E. Britton *in N. Amer. Fl.* 15: 64. 1913.

Calizas.

Pobladura de la Tercia. Ancares de León.

En LEB, BCB.

No citada para Le en F.B.I.

Fotografía: Claire Halpin, SBB.

Ditrichum lineare (Sw.) Lindb. *in Acta Soc. Sci. Fenn.* 10: 108. 1871.

Suelos ácidos alterados, bosques, taludes cerca de corrientes de agua o neveros.

Brañuelas.

En MNHN.

Categoría LR: EN. Criterio: B2ab(ii, iii, iv).

Fotografía: Sharon Pilkington, SBB.

Ditrichum subulatum Hampe *in Flora* 50: 182. 1867.

Suelos y taludes algo húmedos, no calcáreos.

Citada por F.B.I. para (Le).

Fotografía: Claire Halpin, SBB.

Pseudephemerum nitidum (Hedw.) Loeske *in Stud. Morph. Laubm.* 75. 1910.

Suelos ácidos, descubiertos y húmedos, temporalmente inundados.

Borrenes (pr. Orellán, pico de Lacias).

En MA.

Fotografía: Sharon Pilkington, SBB.

Pleuridium acuminatum Lindb. *in Öfvers. Förh. Kongl. Svenska Vetensk. Akad.* 20: 406. 1863.

Suelos, taludes, sustratos no calcáreos a veces temporalmente inundados.

Ancares de León (Tejedo). Priaranza del Bierzo. Hayedo de Busmayor.

En BCB, BCN, MA.

Fotografía: Claire Halpin, SBB.

Pleuridium subulatum (Hedw.) Rabenh *in Deustschl. Krypt.-Fl.* 2(3):79. 1848.

Suelos, taludes, sustratos no calcáreos.

Sierra de Ancares (pr. Tejedo de Ancares).

En BCB, MACB.

Fotografía: Claire Halpin, SBB.

<h1 style="text-align:center">Encalyptaceae Schimp. in Coroll. Bryol. Eur. 38. 1856.</h1>

[Bryopsida, Encalyptales]

Plantas acrocárpicas, que forman generalmente céspedes, a veces pequeñas almohadillas. Caulidios erectos, simples o ramificados; sección transversal circular; cordón central de poco a nada diferenciado. Pelos axilares dispersos, raros, a veces aglutinados. Rizoides pardos, en ocasiones amarillentos. Filidios marcadamente incurvados en el ápice y diversamente retorcidos en seco, de recto-patentes a reflejos en húmedo, generalmente de oblongos a lingüiformes; lámina uniestratificada; ápice de agudo a redondeado u obtuso, de mútico a apiculado o pilífero. Nervio robusto, en general prominente en la cara dorsal, que acaba desde debajo del ápice hasta excurrente en un largo pelo hialino. Células superficiales ventrales de cuadradas a rectangulares, lisas o papilosas, 1 banda de estereidas dorsales de hasta 8 capas. Células superiores y medias de los filidios diversamente poligonales, generalmente de cuadradas a cortamente rectangulares o hexagonales, lisas o papilosas. Propágulos axilares a veces desarrollados. Dioica o autoica. Perigonios laterales: filidios perigoniales netamente diferenciados. Periquecios terminales; filidios periqueciales poco diferenciados. Seta de recta a flexuosa, retorcida a la derecha en la parte superior. Cápsula estegocárpica, exerta, erecta o ligeramente inclinada. Células exoteciales de cuadradas a rectangulares u oblongo-rectangulares. Anillo generalmente indiferenciado, a veces prominente y deciduo en fragmentos. Gimnóstoma o con peristoma rudimentario, simple o doble. Caliptra cilíndrica o campanulada, que cubre por completo la cápsula, de ápice diferenciado en un largo rostro o más raramente atenuado, de base entera, erosa o laciniada, a veces traslúcida. Opérculo de cónico-rostrado a largamente rostrado. Esporas esferoidales, iso o heteropolares, de un verde oliváceo a pardo, usualmente con marcadas protuberancias verrucosas, gemadas vermiculares, gruesas costillas o pliegues radiales, superficie con deposiciones irregulares papilosas, granulosas, reticuladas o coraloides, de amarillentas a parduscas, diversamente ornamentadas, raramente casi lisas (ÁLVARO, 2006).

Familia con dos géneros a nivel mundial, *Bryobryttoni* con una sola especie circumboreal (B. *longipes* (Mitt.) Horton, de América del Norte y Asia) y *Encalypta*, con una veintena de taxones repartidos por todos los continentes.

<h2 style="text-align:center">Clave de especies</h2>

1. Plantas robustas de 1,5 a 5 cm de altura; con propágulos filamentosos en la base de los filidios superiores, urna estriada helicoidalmente....................***Encalypta streptocarpa*** Hedw.

1. Plantas de 0,6 a 2,55 cm de altura; sin propágulos, urna lisa o estriada longitudinalmente 2

2. Filidios ovado-lanceolados u oblongo-lanceolados, atenuados en la mitad superior; ápice agudo; peristoma indiferenciado (cápsula gimnóstoma) ....***Encalypta alpina*** Sm.

2. Filidios oblongos, oval-oblongos o espatulados; ápice generalmente redondeado u obtuso; peristoma doble, simple, rudimentario o indiferenciado (cápsula gimnóstoma); células basales de los filidios lisas; peristoma simple, rudimentario o indiferenciado (cápsula gimnóstoma); dientes del peristoma triangulares; filidios sin pelo hialino, urna lisa o débilmente estriada en seco; esporas diversamente ornamentadas 3

3. Base de la caliptra entera o débilmente erosa; esporas con grandes gemas en la cara distal; peristoma rudimentario o indiferenciado (cápsula gimnóstoma) .... ***Encalypta vulgaris*** Hedw.

3. Base de la caliptra laciniada; esporas con una región central deprimida y rodeada por una gruesa costilla anular en la cara distal; peristoma simple; filidios cortamente apiculados; márgenes recurvados en la mitad inferior .... ***Encalypta ciliata*** Hedw.

Encalypta alpina Sm. *in Engl. Bot.* 20: 1410. 1805.

Fisuras y rellanos de rocas calizas, limitada a las montañas del norte peninsular.

Torre de Salinas (Picos de Europa).

En FCO.

No citada para Le en F.B.I.

Fotografía: Gordon Rothero, SBB.

Encalypta ciliata Hedw. *in Sp. Musc. Frond.* 61. 1801.

Suelos de bosques, taludes pedregosos y rellanos de rocas.

Posada de Valdeón (pr. Caldevilla, monte Gildar, Horcada del Oro).

En MA.

Fotografía: Claire Halpin, SBB.

Encalypta streptocarpa Hedw. *in Sp. Musc. Frond.* 62. 1801.

Suelos de ambientes rocosos, fisuras de rocas, preferentemente calcáreas.

Buiza. Bárcena del Bierzo. San Emiliano. Posada de Valdeón (pr. Cordiñanes, monte Corona).

En LEB, MA.

Categoría LR: NT.

Fotografía: Sharon Pilkington, SBB.

Encalypta vulgaris Hedw. *in Sp. Musc. Frond.* 60. 1801.

Suelos de ambientes rocosos, fisuras de rocas, preferentemente calcáreas.

Puebla de Lillo. Por encima de Isoba, hacia el Lago del Ausente.

En FCO, MA.

Fotografía: Sharon Pilkington, SBB.

Entodontaceae Kindb. *in Gen. Eur. N. Amer. Bryin.* 7. 1897.

[Bryopsida, Hypnales]

Plantas pleurocárpicas, de pequeñas a medianas o grandes, delgadas o algo robustas, que forman tapices o tramas, verdes o de un verde amarillento, a veces rojizas, en ocasiones brillantes. Caulidios de ramificación generalmente irregular. Raramente pinnados o subpinnados, rastreros o ascendentes, raramente estoloníferos; cordón central diferenciado o inexistente, esclerodermis por lo común de (1)3-4 capas de células, hialodermis indiferenciada. Pelos axilares de 3-5(6) células, 1(2) basales más o menos parduscas y 2-4 células apicales hialinas. Parafilos inexistentes. Pseudoparafilos foliosos, subfoliosos o filamentosos. Rizoides simples o poco ramificados, de un pardo rojizo, lisos, que se originan formando generalmente fascículos en las proximidades de la superficie dorsal de los filidios cerca de su inserción, más raramente en la axila de los filidios. Filidios caulinares generalmente de erecto-adpresos a erecto-patentes en seco y en húmedo, a veces patentes en húmedo; lámina uniestratificada, ocasionalmente bi-triestratificada en la zona alar, sin pliegues longitudinales o apenas marcados; ápice redondeado, obtuso, agudo o acuminado. Nervio doble (bifurcado), que generalmente no supera la mitad de la longitud de los filidios, o inexistente. Células superiores y medias de la lámina generalmente lineares, linear-vermiculares o linear-oblongas generalmente sinuosas, lisas; células basales en general más cortas y anchas que las superiores y medias, cortamente lineares, rectangulares o linear-romboidales. Filidios rameales semejantes a los caulinares, en general más cortos y estrechos, raramente heteromorfos. Propágulos, yemas y ramas propaguliferas inexistentes. Autoica, más raramente dioica. Perigonios generalmente en ramas laterales; filidios perigoniales anchamente ovales, de serrados a denticulados. Periquecios usualmente en ramas laterales; filidios periqueciales en general oval-lanceolados. Seta 1 por periquecio, usualmente larga, de erecta a más o menos inclinada, apenas sinuosa o recta, a veces retorcida, de amarillenta a anaranjada. Cápsula estegocárpica exerta, erecta, de pardusca a anaranjada, a veces con la columnela exerta. Células exoteciales de cuadradas a cortamente rectangulares. Anillo inexistente o diferenciado, caedizo o persistente. Peristoma doble, insertado bajo la boca de la urna; prótoma a veces diferenciado, exóstoma de 16 dientes estrechamente triangulares o lanceolados, de pardos a rojizos; endóstoma de 16 segmentos estrechos, aquillados, a veces perforados en la línea media, en ocasiones lineares, hialinos o amarillentos, de papilosos a lisos. Opérculo de largamente cónico a cónico-rostrado. Caliptra cuculada, glabra, a veces esparcidamente pilosa. Esporas más o menos esféricas, de un pardo verdoso, de lisas a ligeramente papilosas (Guerra & Ruiz, 2018).

Entodon concinnus (De Not.) Paris *in Index Bryol. ed.* 2(3): 130. 1904.

Citado por F.B.I. para (Le).

Fotografía: Claire Halpin, SBB.

Fabroniaceae Schimp. *in Coroll. Bryol. Eur.* 102. 1856.

[Bryopsida, Hypnales]

Plantas pleurocárpicas, de muy pequeñas a medianas, que forman tramas densas o laxas, de un verde amarillento, dorado u oscuro o de un verde grisáceo, mates o brillantes. Caulidios rastreros, generalmente de ramificación irregular. Ramas postradas, ascendentes o erectas, curvadas o rectas, con cordón central poco diferenciado. Parafilos inexistentes. Pseudoparafilos escasos, filamentosos o lanceolados, enteros o con algunos dientes, no ramificados. Rizoides escasos, agrupados en la base de los filidios caulinares a lo largo de los caulidios, generalmente no ramificados. Filidios caulinares adpresos o erectos en seco, erectos o erecto-patentes en húmedo; lámina uniestratificada; ápice agudo, acuminado o filiforme; márgenes enteros, dentados, ciliados o laciniados, planos. Nervio simple, raramente inexistente, débil o robusto, que alcanza 1/2-2/3 de la longitud de los filidios, en ocasiones terminado en una espina dorsal. Células superiores y medias de la lámina romboidales, oblongas o lineares, de paredes delgadas o poco engrosadas, ligeramente proradas o lisas; células basales cuadradas, rectangulares, oblatas o poligonales. Filidios rameales similares a los caulinares. Autoica o dioica. Perigonios agrupados en la base de las ramas o en ramas cortas. Periquecios en la base de las ramas o sobre los caulidios. Seta erecta, de un pardusco claro o amarillenta. Cápsula estegocárpica exerta, erecta, pardusca; urna de ovoide a cilíndrica, turbinada o piriforme, simétrica, cuello corto. Células exoteciales cortas, de paredes sinuosas muy engrosadas. Anillo indiferenciado. Peristoma simple, raramente indiferenciado, de 16 dientes emparejados, unidos en la base, con tendencia a escindirse, lanceolados, romos o truncados en 2 segmentos. Caliptra cuculada. Opérculo cónico o apiculado. Esporas esféricas lisas, de papilosas a verrucosas (Segarra-Moragues, 2018).

Fabronia pusilla Raddi *in Atti Accad. Sci. Siena* 9: 231. 1808.

Epífito sobre diversos forófitos y también saxícola sobre rocas de todo tipo.

Balouta.

En MA.

Fissidentaceae Schimp. *in Corollarium Bryologiae Europaeae* 20. 1856.

[Bryopsida, Fissidentales]

Plantas acrocárpicas, de muy pequeñas a medianas, de un verde oscuro a pálido, más raramente parduscas, que forman céspedes generalmente poco o nada compactos. Caulidios erectos que en ocasiones se vuelven decumbentes, de simples a profusamente ramificados, con o sin cordón central. Pelos axilares de dos tipos, unos con una célula basal, corta, pardusca y 4-5 apicales, largamente rectangulares, hialinas y otros formados por 5-7 células similares, rectangulares, hialinas. Parafilos inexistentes. Pseudoparafilos también inexistentes. Rizoides basales o axilares, de parduscos a violetas. Yemas y propágulos rizoidales a veces desarrollados, infrecuentes. Filidios dísticos, dispuestos en dos hileras opuestas; lámina dividida en tres partes, la vaina o zona proximal envainante, amplexicaule, conduplicada, la lámina ventral o parte distal de la vaina y la lámina dorsal opuesta a las anteriores al otro lado del nervio, uni-biestratificada, raramente tri-pluriestratificada en las proximidades del nervio; ápice de obtuso a redondeado, a veces agudo; base nada o poco decurrente. Nervio simple, a veces inexistente; células superficiales ventrales y dorsales diferenciadas o no. Células superiores y medias de la lámina generalmente redondeadas, rectangulares, cuadradas, hexagonales o romboidales. Células basales de hexagonales o rectangulares a cuadradas. Propágulos axilares a veces desarrollados, infrecuentes. Monoica (rizoautoica, gonioautoica, cladoautoica, sinoica), dioica, polioica o pseudomonoica. Perigonios gemiformes, axilares o basales, a veces en el extremo de ramas alargadas. Periquecios laterales o terminales. Seta 1 (2) por periquecio, raramente hasta 6, erecta, de pardusca a anaranjada o rojiza. Cápsula estegocárpica exerta o emergente. Células exoteciales de cuadradas a oblongas. Anillo inexistente. Peristoma simple, de 8 dientes divididos longitudinalmente en 2 segmentos. Caliptra cuculada, más raramente mitrada, lisa. Opérculo cónico, a veces rostrado. Esporas generalmente esféricas, de verdosas o parduscas, finamente papilosas o casi lisas. Familia de un solo género (GUERRA & EDERRA, 2015).

Clave de especies y variedades

1. Lámina con limbidio en todas o alguna parte de la misma...**2**
1. Lámina sin limbidio **8**

2. Filidios vegetativos de linear-lanceolados a estrechamente elípticos, de ápice más o menos cuspidado. Limbidio de la lámina dorsal de (12)20-30(40) µm de anchura. Nervio excurrente en un apículo o mucrón hasta de 150 µm de longitud; perigonios axilares ....***Fissidens rivularis*** (Spruce) Schimp.
2. Filidios vegetativos de elípticos a oval-lanceolados, ovales, oblongos, oval-elípticos o anchamente oblongos, de ápice cuspidado o no. Lámina dorsal que alcanza la base de la lámina o termina ligeramente por encima de la inserción **3**

3. Limbidio confluente con el nervio en el ápice de los filidios...**4**
3. Limbidio no confluente con el nervio en el ápice de los filidios...**7**

4. Células medias de la lámina nada o apenas protuberantes en ambas superficies. Filidios periqueciales considerablemente más estrechos que los vegetativos ....***Fissidens monguillonii*** Thér.
4. Filidios periqueciales similares a los vegetativos **5**

5. Autoica, anteridios axilares, más raramente paroica o sinoica; seta y cápsula generalmente erectas..**6**

5. Autoica, anteridios en ramas basales, o dioica; seta y cápsula generalmente curvadas **7**

6. Rizoides de un rojo violáceo................................*Fissidens bryoides* var. *caespitans* Schimp.

6. Rizoides parduscos. Plantas gonioautoicas; anteridios en pequeñas yemas axilares...........
....*Fissidens bryoides* Hedw. var. *bryoides.*

7. Limbidio no confluente con el nervio en el ápice y urna simétrica más o menos oblonga
.... *Fissidens viridulus* (Sw.) Wahlenb. var. *viridulus.*

7. Limbidio confluente con el nervio y urna más o menos asimétrica, ovoide u obovoide
....*Fissidens viridulus* var. *incurvus* (Starke ex Röhl.) Waldh.

8. Plantas maduras pequeñas, 0,1-0,4 (0,6) cm. Caulidios con 2-4(5) pares de filidios; nervio
más o menos recto.. *Fissidens exilis* Hedw.

8. Plantas maduras mayores de 1 cm **9**

9. Lámina uniformemente pluriestratificada.................................*Fissidens grandifrons* Brid.

9. Lámina uniestratificada o irregularmente biestratificada **10**

10. Márgenes de los filidios dentados, con dientes grandes que alternan con dientes más pequeños, borde de la lámina con varias hileras de células que forman una banda más pálida **11**

10. Márgenes de los filidios enteros, crenulados, ligeramente denticulados, a veces con 2-3 dientes en el ápice, borde de la lámina sin banda más pálida, o sólo la última hilera de células algo más clara.. **13**

11. Células de la lámina con una gran papila cónica; banda marginal muy conspicua, con células con paredes muy engrosadas ....*Fissidens serrulatus* Brid.

11. Células de la lámina sin papila cónica, banda marginal más o menos conspicua, con células engrosadas o no **12**

12. Lámina uniestratificada; células de la lámina cuadradas, hexagonales o hexagonal-redondeadas, (19)12-20 µm de anchura; células de la banda marginal de paredes poco o nada engrosadas (sección transversal) ....*Fissidens adianthoides* Hedw.

12. Lámina irregularmente biestratificada; células de la lámina irregularmente redondeadas, (5)6-12 µm de anchura; células de la banda marginal de paredes engrosadas al menos en la vaina (sección transversal).. ...*Fissidens dubius* P. Beauv.

13. Filidios lineares, lingüiformes o lingüiforme-lanceolados; células de la lámina progresivamente más pequeñas desde el nervio hacia los márgenes ....
....*Fissidens polyphyllus* Wilson *ex* Bruch & Schimp.

13. Filidios no lineares, ni lingüiforme-lanceolados; células de la lámina de tamaño más o menos uniforme; a veces las de la última hilera de los márgenes algo más pequeñas y más claras
....**14**

14. Filidios oblongos, oblongo-lingüiformes u ovales, con ápice de subagudo a obtuso y apiculado; células superiores de la lámina 10-14(18) µm de longitud; periquecios apicales ....
....*Fissidens osmundoides* Hedw.

14. Filidios de oblongos a oblongo-lanceolados, de ápice subagudo a agudo y nervio ex-

currente en un mucrón; células superiores de la lámina 6-10 µm de longitud; periquecios basales .... ***Fissidens taxifolius*** Hedw.

Fissidens adianthoides Hedw. *in Sp. Musc. Frond.* 157. 1801.

Rocas, suelos y taludes muy húmedos y al borde de ríos, por lo general no sumergido, preferentemente basófilo.

Tejedo de Ancares. Villasimpliz. Cabrillanes (pr. Cacabillo). Hayedo de Busmayor.

En BCB, MA.

Fotografía: Claire Halpin, SBB.

Fissidens bryoides Hedw. *in Sp. Musc. Frond.* 153. 1801 var. **bryoides.**

Suelos generalmente de naturaleza silícea, en taludes húmedos generalmente y en lugares cercanos a corrientes de agua o sometidos a salpicaduras.

El Bierzo (Hayedo de Chano).

En MA.

Fotografía: Claire Halpin, SBB.

Fissidens bryoides var. ***caespitans*** Schimp. *in Syn. Musc. Eur. ed.* 2: 11. 1876.

Suelos de naturaleza silícea, en taludes húmedos o rezumantes, sobre rocas o hendiduras de rocas, base de árboles y en lugares cercanos a corrientes de agua.

Valle del Cuiña (Candín).

En BCB.

Fotografía: David T. Holyoak/Claire Halpin, SBB.

Fissidens dubius P. Beauv. *in Prodr. Aethéogam.* 57. 1805.

Rocas, grietas de rocas, taludes, suelos arcillosos y base de árboles, con preferencia en terrenos calizos.

San Emiliano. Tejedo de Ancares (cauce del Cuiña).

En MA.

Fotografía: Claire Halpin, SBB.

Fissidens exilis Hedw. *in Sp. Musc. Frond.* 152. 1801.

Suelos margosos o arcillosos, frescos o húmedos.

Balouta.

En MA.

No citada por F.B.I. para Le.

Categoría LR: DD.

Fotografía: Sharon Pilkington, SBB.

Fissidens grandifrons Brid. *in Muscol. Recent. suppl.* 1: 170. 1808.

Suelos de naturaleza silícea, en taludes húmedos o rezumantes, sobre rocas o hendiduras de rocas, base de árboles y en lugares cercanos a corrientes de agua.

Caín (río Cares). Posada de Valdeón (del pico Cuatatín a Caldevilla).

En MA.

Fotografía: Jean Faubert, SQB-Bryoquel.

Fissidens monguillonii Thér *in Bull. Soc. Agric. Sarthe.* 1899: 112. 1899.

Rocas con suelo de naturaleza silicícola generalmente en el seno de bosques densos.

Tejedo de Ancares (río Cuiña).

En MACB.

Categoría LR: DD.

Fissidens polyphylus Wilson ex Bruch & Schimp. *in Bryol. Europ.* 1: 200. 1851.

Rocas húmedas, salpicadas o sumergidas.

Lago de la Baña.

En LEB.

No citada por F.B.I. para Le.

Fotografía: Sharon Pilkington, SBB.

Fissidens rivularis (Spruce) Schimp. *in Bryol. Europ.* 1: 199. 1851.

Acidófilo. En rocas, a veces con protosuelos, sumergidos o semisumergidos o salpicados en los bordes de arroyos y ríos.

Citada por F.B.I. para (Le).

Fotografía: Claire Halpin, SBB.

Fissidens serrulatus Brid. *in Muscol. Recent. Suppl.* 1: 170. 1806.

Rocas y taludes húmedos protegidos.

Tejedo de Ancares.

En MACB.

No citada por F.B.I. para Le.

Fotografía: Sharon Pilkington, SBB.

Fissidens taxifolius Hedw. *in Sp. Musc. Frond.* 155. 1801.

Preferentemente basófilo. Suelos, taludes, rocas, base de árboles, por lo general lugares frescos pero no demasiado húmedos.

Fuente La Bruxa (Cabrillanes). Tejedo de Ancares (cuenca Cuiña). Balouta. Hayedo de Chano. Hayedo de Busmayor. Posada de Valdeón (monte Gildar, Horcada del Oro, pr. Caldevilla). Posada de Valdeón (monte Corona, pr. Cordiñanes).

En FCO, MA, MACB.

Fotografía: Claire Halpin, SBB.

Fissidens viridulus (Sw.) Wahlenb. *in Fl. Lapp.* 334. 1812.

Suelos de naturaleza diversa a veces nitrificados, en taludes, bases de troncos de árboles, muros o hendiduras de rocas.

Posada de Valdeón (del pico Cuatatín a Caldevilla).

En MA.

Fotografía: Anij Mackey, CHB/Claire Halpin, SBB.

Fissidens viridulus var. ***incurvus*** (Starke *ex* Röhl.) Waldh. *in Bryol. Brit.*: 303. 1855.

[*Fissidens incurvus* Starke *ex* Röhl. *in Deutschl. Fl., ed. 2, Kryptog. Gew.* 3: 76.1813].

Balouta.

En MA.

Fotografía: Claire Halpin, SBB.

Fontinalaceae Schimp. *in Coroll. Bryol. Eur.* 140. 1856.

[Bryopsida, Leucodontales]

Plantas pleurocárpicas y cladocárpicas, de medianas a robustas, que forman tapices o tramas laxas de un verde amarillento a pardo oscuro, más o menos brillantes. Caulidios primarios rastreros, a veces estoloníferos; caulidios secundarios postrados, rastreros o penduliformes, más raramente erectos; en general ramificados irregularmente; cordón central indiferenciado. Pelos axilares frágiles, de 6-13 células, 1 basal, corta, rectangular, pardusca, las apicales largamente rectangulares, hialinas, a veces ligeramente parduscas. Parafilos ocasionales. Pseudoparafilos foliosos o inexistentes. Rizoides dispuestos en fascículos o dispersos en los caulidios primarios y en la base de los secundarios, parduscos, lisos. Yemas y propágulos rizoidales inexistentes. Filidios de los caulidios primarios y secundarios similares, a veces dimórficos, dispuestos en 3 filas; lámina uniestratificada, salvo en la base donde puede existir una zona multiestratificada; ápice de agudo a obtuso, de entero a finamente serrulado, denticulado. Nervio inexistente o simple, a veces vestigial, de sección transversal de redondeada a elíptica; euricistos dispuestos en 1 capa, 1 banda de estereidas dorsal, 1 banda de estereidas ventral, a veces reducida a 1 célula y frecuentemente indiferenciada, hidroides inexistentes. Células superiores y medias de la lámina de lineares a linear-romboidales. Dioica. Perigonios gemiformes, laterales; filidios perigoniales oval-lanceolados. Periquecios laterales; filidios periqueciales de anchamente ovales a casi orbiculares, de ápice obtuso, apiculado o acuminado, generalmente lacerado. Seta 1 por periquecio, erecta, recta, pardusca, lisa. Cápsula estegocárpica inmersa, emergente o exerta, erecta, pardusca. Células exoteciales de corta a largamente rectangulares u oblongo-rectangulares, de paredes muy engrosadas; estomas inexistentes. Anillo rudimentario. Peristoma doble; exóstoma de 16 dientes de lineares a linear-lanceolados, generalmente unidos por pares hacia el ápice, de casi lisos a papiloso-estriados en la superficie externa; endóstoma de segmentos lineares, papilosos, de un pardo anaranjado. Opérculo de cónico a oblicuamente rostrado. Caliptra cuculada, cónica o mitrada, lisa, glabra. Esporas esféricas, de verdosas a parduscas, lisas o finamente papilosas (GUERRA, 2014a).

En la provincia de León sólo encontramos un género de los 2 que están presentes en la Península Ibérica.

Clave de especies

1. Filidios aquillados, al menos en los extremos de los caulidios secundarios y ramas......................
....***Fontinalis antipyretica*** Hedw.
1. Filidios planos o cóncavos..**2**

2. Filidios cóncavos, de márgenes inflexos, con un borde diferenciado de 1-2 hileras de células más largas y paredes más gruesas...***Fontinalis squamosa*** Hedw.
2. Filidios más o menos planos o subcóncavos, de márgenes planos muy raramente incurvados hacia la base en un lado o erectos, sin borde diferenciado ....***Fontinalis hypnoides*** C. Hartm.

Fontinalis antipyretica Hedw. *in Sp. Musc. frond.* 298 (1801).

Sumergida en aguas poco profundas de arroyos y ríos, indiferente.

Ancares. Puebla de Lillo. Lago de la Baña. Burbia. Las Salas. Posada de Valdeón (cerca de Caldevilla, arroyo Raicedo). Posada de Valdeón (monte Gildar, Horcada del Oro, pr. Caldevilla). Palacios de Sil (pr. Salentinos). Boca de Huérgano (Vega de Tarna).

En FCO, LEB, MA, MGC, MO, TENN.

Fotografía: Claire Halpin, SBB.

Fontinalis hypnoides C. Hartm. *in Handb. Skand. Fl., ed.* 4: 434. 1843.

Sumergida en aguas poco profundas de arroyos y ríos, basófila.

Fabero (Bárcena de la Abadía, río Caballero).

En CA, FCO, MA, MGC, MO, TENN, UBC. (sub *Fontinalis duriaei* W.P. Schimper *in Rev. Bryol.* 3: 1. 1876 y como tal recogida en Sierra de Ancares. Fabero, Barcena de la Abadía-río Caballero).

Fotografía: Jean Faubert, SQB-Bryoquel.

Fontinalis squamosa Hedw. *in Sp. Musc. Frond.* 299 (1801).

Sumergida en aguas poco profundas de arroyos y ríos, silicícola.

Candín en el río. Palacios de Sil (pr. Salentinos). Hayedo de Chano. Tejedo de Ancares.

En MA, MACB, TENN, VAL.

Fotografía: David T. Holyoak, SBB.

Funariaceae Schwägr. *in Syn. Musc. Frond.* 43. 1830.

[Bryopsida, Funariales]

Plantas acrocárpicas, dispersas, gregarias o que forman céspedes densos o laxos de un verde pálido o amarillento a un verde oscuro o pardusco. Protonema efímero. Caulidios simples o bifurcados, generalmente con ramas anteridiales en la base, de rojizos a un pardo rojizo, sección transversal circular; con o sin cordón central. Pelos axilares con 1 célula terminal larga y cilíndrica. Rizoides parduscos o rojizos, lisos, raramente papilosos. Yemas rizoidales ocasionalmente desarrolladas. Filidios generalmente grandes, agrupados en la parte superior de los caulidios, espaciados y más pequeños hacia la base, adpresos, exertos, crespos o algo retorcidos en seco, de erectos a extendidos en húmedo, de obovados a oblongo-lanceolados, ovados o espatulados, los inferiores generalmente elípticos, mayoritariamente cóncavos, en ocasiones planos o aquillados; lámina uniestratificada; ápice de obtuso a acuminado, raramente redondeado. Nervio sencillo, que termina desde la mitad de los filidios hasta excurrente en una arista rojiza o amarillenta. Células superficiales ventrales rectangulares, raramente lineares, lisas; células superficiales dorsales rectangulares, lisas. Células superiores y medias de la lámina en general laxas, oblongo-hexagonales, rectangulares, romboidales o cuadradas, clorofílicas, lisas. Autoica la mayoría, raramente paroica o sinoica, en ocasiones polioicas. Perigonios terminales usualmente sobre ramas basales cortas, generalmente gemiformes; filidios perigoniales similares o algo más pequeños que los vegetativos. Periquecios terminales; filidios periqueciales similares o algo más grandes que los vegetativos. Vagínula de cilíndrica a elipsoidal. Seta solitaria, desde muy corta, que deja la cápsula inmersa, a larga con la cápsula exerta, recta generalmente o curvada, flexuosa o retorcida, lisa, raramente papilosa. Cápsula cleistocárpica o estegocárpica de inmersa a exerta, de recta a péndula, recta o curvada, de globosa a piriforme. Células exoteciales de cuadradas a rectangulares o diversamente poliédricas. Anillo revoluble o persistente, a menudo indiferenciado. Gimnóstoma o con peristoma doble, simple o rudimentario. Opérculo plano, convexo o cónico, apiculado o rostrado, a veces indiferenciado. Caliptra caediza o persistente, de muy pequeña hasta cubrir completamente la cápsula madura, lobulada, mitrada o cuculada, raramente angulosa o con pliegues, generalmente rostrada, en ocasiones lobulada o contraída en la base, lisa, sin pelos. Esporas esféricas ovoides, elipsoidales o reniformes, rojizas o de pardusco dorado, de muy ornamentadas a lisas (Brugués & Ruiz, 2010).

Clave de géneros

1. Seta tan larga como la cápsula, curvada en seco .... ***Funaria*** Hedw.

1. Seta más larga que la cápsula, recta en seco 2

2. Células exoteciales isodiamétricas o cortamente rectangulares; cápsula simétrica. Opérculo convexo o plano; caliptra cuculada: esporas no espinosas ....***Entosthodon*** Schwägr.

2. Células exoteciales rectangulares; cápsula simétrica o asimétrica 3

3. Cápsula lisa o algo estriada en seco, simétrica o asimétrica; sin anillo o anillo no revoluble, formado por células poco diferenciadas..***Entosthodon*** Schwägr.

3. Cápsula sulcada, asimétrica; anillo revoluble, formado por células grandes............................
....***Funaria*** Hedw.

Entosthodon convexus (Spruce) Brugués *in Orsis*, 15: 115. 2000.

Taludes, rellanos y fisuras de rocas en sustratos básicos.

Balouta.

En MA.

Entosthodon pulchellus (H. Philib.) Brugués *in Orsis* 15: 115. 2000.

[*Funaria pulchella* H. Philibert *in Rev. Bryol.* 11: 41. 1884].

Suelos calcáreos secos.

No citada por F.B.I. para Le.

Fotografía: Sharon Pilkington, SBB.

Funaria hygrometrica Hedw. *in Sp. Musc. Frond.* 172. 1801.

Tierra parda de raña miocénica. Suelos alterados desnudos o que han sufrido el impacto de un invernadero.

En Villadangos del Páramo. Hospital de Órbigo. Pinar de Lillo. Priaranza del Bierzo. Candín. Tejedo de Ancares (Sierra de Ancares, cerca del cauce del río Cuiña).

En BCB, FCO, M, MAB, SANT.

Fotografía: Claire Halpin, SBB.

Grimmiaceae Arn. *in Disp. Méth. Mousses* 19. 1825.

[Bryopsida, Grimmiales]

Plantas acrocárpicas o cladocárpicas, de muy pequeñas a robustas, que forman almohadillas, céspedes o matas, glaucas, de amarillentas, parduscas o de un rojo ladrillo a verdes de distintos tonos. Caulidios erectos, ascendentes o postrados, simples, pinnados o de irregular a dicotómicamente ramificados, con o sin cordón central. Rizoides en la base de los caulidios o dispersos a lo largo de los mismos, parduscos, rojizos o negros, lisos. Filidios erectos, adpresos de muy diversas formas; lámina de uni a tetraestratificada en los 2/3 superiores, plegados o no; ápice de obtuso a acuminado. Nervio que no llega al ápice o percurrente, entero o dividido en dos ramas de longitud desigual. Células superiores y medias de la lámina oblatas, isodiamétricas o rectangulares. Células basales cuadradas o rectangulares hialinas. Propágulos no desarrollados o pluricelulares, esféricos, ovoides o elipsoidales, verdes o parduscos. Cladautoica, gonioautoica o dioica. Perigonios terminales o laterales; filidios perigoniales de verdes y de consistencia similar al del resto de los filidios a muy modificados, hialino-anaranjados, con células grandes y sin clorofila, sin nervio o con este muy débil. Periquecios terminales en el ápice de los caulidios o en ramas cortas laterales; filidios periqueciales variablemente modificados, convolutos. Seta recta o curvada, incluso retorcida en espiral. Cápsula estegocárpica inmersa, exerta o emergente de un amarillo pajizo, pardusco, pardo oscuro o rojizo. Células exoteciales isodiamétricas o rectangulares. Anillo simple y persistente o compuesto y caedizo. Peristoma simple, de 16 dientes triangulares, enteros, irregularmente divididos hasta la mitad o divididos en 2-3 segmentos filiformes hasta la base. Caliptra cuculada o mitrada, plegada o no, lisa o papilosa. Opérculo cónico a largamente rostrado. Esporas lisas, verruculosas o verrugosas (Muñoz et al., 2015a; Muñoz et al., 2015b; Brugués & Ruiz, 2015b; Suárez & Muñoz, 2015).

Clave de géneros

1. Plantas cladocárpicas; células basales de los filidios de paredes sinuosas-nodulosas, sinuosas o, si son poco sinuosas (aparentemente solo nodulosas), caulidios postrados y punta hialina plana (*R. microcarpum*) .... ***Racomitrium*** Brid.

1. Plantas acrocárpicas; células basales de los filidios de paredes rectas o nodulosas, pero no sinuosas **2**

2. Caliptra campanulada, plegada, que cubre la cápsula hasta la mitad de su longitud ....
....***Coscinodon*** Spreng.

2. Caliptra mitrada o cuculada, que no sobrepasa el opérculo **3**

3. Cápsulas inmersas, de un pardo rojizo, opérculo que se desprende unido a la columela, caliptra diminuta, que cubre solo el pico del opérculo o poco más; Plantas de tonos rojo ladrillo; nervio en el tercio medio de los filidios .... ***Schistidium*** Bruch & Schimp.

3. Cápsulas inmersas, emergentes o exertas, si son inmersas entonces de color pajizo; opérculo que se desprende libre de la columela, la cual permanece en el interior de la cápsula; caliptra más grande, que cubre hasta la boca de la urna; plantas sin tonos rojo ladrillo, nervio en el tercio medio del filidio ....***Grimmia*** Hedw.

Coscinodon cribrosus (Hedw.) Spruce *in Ann. Mag. Nat. Hist., ser.* 2, 3: 491, 1849.

Rocas ácidas rezumantes.

Lumeras. Las Médulas.

En MUB, LEB, MA.

Categoría LR: NT.

Fotografía: Claire Halpin, SBB.

Coscinodon horridus (Muñoz & H. Hespanhol) Hugonnot, R.D. Porley & Ignatov *in Bryologist* 121(4): 520-528.

Rocas secas.

Alto del Puerto de Ancares, en una altitud alrededor de los 1,800 msnm (MUÑOZ ET AL., 2009).

Categoría LR: VU. Criterio D2.

Grimmia alpestris (F. Weer & D. Mohr) Shleich *in Cat. PL. Helv.* (ed. 2): 29. 1807.

Arenisca.

La Cueta.

En LEB.

No citada por F.B.I. para Le.

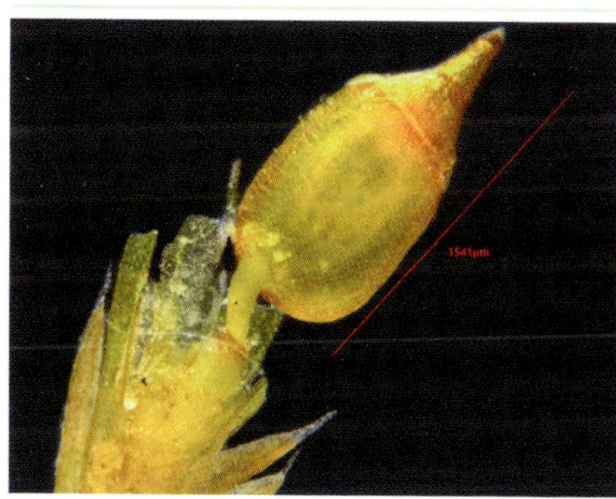

Grimmia anodon Bruch. & Schimp. *in Bryol. Europ.* 3: 110, tab. 236 (fasc. 25-28). 1845.

[*Grimmia alpina* Kindb. *in Vidensk.-Selsk. Kristiania,* 1888(6): 30, 1888].

Rocas calizas, raramente en grietas de rocas ácidas.

Miravalles.

En LEB.

No citada por F.B.I. para Le.

Categoría LR: LC.

Fotografía: Ries Lindley/CHB.

Grimmia anomala Hampe *ex* Schimp. *in Syn. Musc. Eur.* ed. 2: 270. 1876.

Saxícola acidófila.

Puebla de Lillo (Puebla de Lillo, encima de Isoba, hacia el lago del Ausente).

En FCO, VAL, MA, MACB.

Fotografía: Sharon Pilkington, SBB.

Grimmia caespiticia (Brid.) Jur *in Lubm.-Fl. Oesterr.-Ung.*: 172. 1882.

Rocas ácidas, secas y soleadas, también en zonas por donde escurre agua temporalmente.

Citada por F.B.I. para (Le).

Grimmia decipiens (Schultz) Lindb. *in Handb. Skand. Fl.* ed.8: 386. 1861

En rocas ácidas y en casi todo tipo de formaciones vgetales, desde bosques de *Pinus sylvestris*, de *Quercus sp. pl.*, hasta bosques de ribera y matorrales diversos, como brezales.

Catoute. Portilla de la Reina. Lillo del Bierzo. Filiel. Puerto de Ancares, subiendo al Cuiña. Liegos (hacia el pico Yordas). Candín. Bárcena de la Abadía.

En BCB, LEB, MA, MABC.

No citada por F.B.I. para Le.

Fotografía: Claire Halpin, SBB.

Grimmia dissimulata E. Maier *in Candollea* 56: 281. 2002.

Rocas tanto ácidas como básicas.

Balouta.

En MA.

No citada por F.B.I. para Le.

Fotografía: Claire Halpin, SBB.

Grimmia donniana Sm. *in Engl. Bot.* 18: 1259. 1804.

Rocas ácidas por encima del límite del bosque.

En FCO.

Fotografía: Claire Halpin, SBB.

Grimmia elatior Bruch *ex* Bals.-Criv. & De Not. *in Mem. Reale Accad. Sci. Torino* 40: 340. 1838.

Caliza.

Santa Lucía.

En LEB.

No citada por F.B.I. para Le.

Grimmia hartmanii Schimp. *in Syn. Musc. Eur.* 214. 1860.

Preferentemente saxícola acidófila.

Sierra de Ancares. Cuiña. Miravalles. Portilla de la Reina. Puerto de las Señales. Puerto el Pontón. Sierra de Ancares.

En LEB, MGC, MNHN.

Fotografía: Sharon Pilkington, SBB.

Grimmia horrida J. Muñoz & H. Hespanhol *in Bryologist* 112: 326. 2006.

Pizarras secas y soleadas en áreas montañosas del NW de la Península con climas oceánicos suaves y con altas precipitaciones.

Candín (alto del Puerto de Ancares).

En MA.

Citada por F.B.I. sólo para España de Le.

Categoría LR: DD.

Grimmia laevigata (Brid.) Brid. *in Bryol. Univ.* 1(1): 183. 1826.

Vive en todo tipo de rocas ácidas.

Buiza. Filiel. Caboalles de Abajo. Pradorrey. Quintanilla de Somoza. Soto y Amío (Garao). Sierra de Ancares (cerca del lago Cuiña).

En BCB, LEB, MA, MABC.

Fotografía: Sharon Pilkington, SBB.

Grimmia longirostris W.J. Hooker *in Musci Exot.* 1: 62. 1818.

[*Grimmia affinis* Hornsch. in Flora, 2: 85. 1819].

Cuarcita.

Catoute.

En LEB.

No citada por F.B.I. para Le.

Fotografía: Ries Lindley, CHB.

Grimmia montana Bruch & Schimp. *in Bryol. Euro.* 3: 128, tab. 250 (fasc. 25-28). 1845.

Rocas ácidas normalmente en zonas con alta humedad ambiental y en bosques de *Quercus sp. pl.* y *Pinus sylvestris.*

Brañacaballo. Lucillo. Filiel. Teleno. Catoute. Portilla de la Reina. Ancares subiendo al Cuiña. Tejedo de Ancares. Balouta. Truchas (El Lago, pr. Truchillas).

En BCB, BCN, LEB, MA, MABC, MGC, MO.

Fotografía: Sharon Pilkington, SBB.

Grimmia muehlenbeckii W.P. Schimper *in Syn. Musc. Eur.* 212. 1860.

[*Grimmia trichophylla* var. *tenuis* (Wahlenb.) Wijk &. Marg. *in Taxon,* 8: 106. 1959].

Cuarcitas, areniscas, pizarras.

Catoute. Cerezedo. Buiza. Bárcena de la Abadía. Quintanilla de Somoza. Boisán. Lillo del Bierzo.

En LEB.

No citada por F.B.I. para Le.

Categoría LR: VU. Criterio: D2.

Fotografía: Jean Faubert, SQB-Bryoquel.

Grimmia orbicularis Bruch *in Engl. Bot.,* 4: 2888. 1844.

Roca caliza.

Mirantes de Luna.

En LEB.

No citada por F.B.I. para Le.

Categoría LR: NT.

Fotografía: Sharon Pilkington, SBB.

Grimmia ovalis (Hedw.) Lindb. *in Acta Soc. Sci. Fenn.* 10: 108. 1871.

Sobre rocas ácidas en lugares secos y soleados o en rocas a orillas de corrientes de agua. Caliza y arenisca.

Millaró. Candín. Villablino.

En BCB, LEB, MA.

Fotografía: Claire Halpin, SBB.

Grimmia pulvinata (Hedw.) Sm. *in Engl. Bot.* 24: 1728. 1807.

Todo tipo de hábitats nitrificados y sobre todo tipo de rocas así como formaciones vegetales abiertas, boscosas o de matorral.

Candanedo. Cuadros. Filiel. Millaró. Peña del Seo. La Cueta. Sena de Luna. Carbajal de la Legua. Tejedo de Ancares. Candín. Villablino. Balouta. Los Barrios de Luna. Soto y Amío (Garaño). Posada de Valdeón (monte Gildar, Horcada del Oro, pr. Caldevilla).

En BCB, BCN, FCO, LEB, MA, MABC.

Fotografía: Claire Halpin, SBB.

Grimmia ramondii (Lam. & DC.) Margad. *in Lindbergia* 1: 128. 1972.

[*Driptodon patens* (Hedw.) Brid. *in Bryol. Univ.* 1(1): 192. 1826].

Roca calcárea seca y rocas ácidas por las que periódicamente discurre el agua.

Puerto de las Señales. Pinar de Lillo. Catoute. Teleno. Miravalles. Portilla de la Reina. Brañacaballo. Puerto de Ventana. Trampal de Tejedo. Los Ancares. Posada de Valdeón (monte Gildar, Horcada del Oro, pr. Caldevilla). Cervantes, Ancares de León (Campa de los Tres Obispos).

En BCN, FCO, LEB, MA, MACB, MO, SALA, SANT, VAL.

Fotografía: Claire Halpin, SBB.

Grimmia stirtonii Schimp. *in Syn. Musc. Eur.* (ed. 2), 270. 1876.

[*Grimmia trichophylla* var. *stirtonii* (Schimp.) H. Möller *in Ark. Bot.* 26A(2): 87. 1934].

Pizarra.

Lillo del Bierzo.

En LEB.

No reconocida para España por F.B.I.

Grimmia torquata Drumm. *in Musci Scot.* 2, nº 28. 1825.

Fisuras de rocas silíceas sombreadas y paredes verticales o extraplomadas por las que periódicamente corre agua. Conglomerado.

Portilla de la Reina. Puerto de la Magdalena. Posada de Valdeón (monte Gildar, Horcada del Oro, pr. Caldevilla).

En LEB, MA.

Fotografía: Claire Halpin, SBB.

Grimmia trichophylla Grev. *in Fl. Edin.* 235. 1824 var. ***trichophylla***

Rocas ácidas sombreadas.

Candín. Rodrigatos de las Regueras. Lago de la Baña. Portilla de la Reina. Brañacaballo Teleno. Lillo del Bierzo. Filiel. Quintanilla de Somoza. Borrenes (pico de Lacias, pr. Orellán).

En BCB, LEB, MA.

Fotografía: Claire Halpin, SBB.

Racomitrium aciculare (Hedw.) Brid. *in Muscol. Recent. Suppl.* 4: 80. 1818 ["1819"].

Preferentemente sobre rocas ácidas incluso en las que están expuestas ocasionalmente a escorrentía.

Pinar de Lillo. Sierra de Ancares. Encima de Isoba hacia el Lago del Ausente. Miravalles. Candín. Suárbol. Peña de Seo. Hayedo de Chano. Hayedo de Busmayor. Valle del río Cuiña (pr. Tejedo de Ancares). Posada de Valdeón (pr. Caldevilla). Truchas (pr. Truchillas, El Lago). Boca de Huérgano (Vega de Tarna). Portilla de la Reina (El Boquerón de Bobias). Tejedo de Ancares. Palacios de Sil (pr. Salentinos).

En BCN, FCO, LEB, MA, MACB, MGC, VAL.

Categoría LR: NT.

Fotografía: Claire Halpin, SBB.

Racomitrium affine (Dchleich. *ex* Web. & Mohr) Lindb. *in Acta Soc. Sci. Fenn.* 19: 552. 1875.

Sobre rocas ácidas tanto en lugares soleados como en el interior de bosques de frondosas.

Pinar de Lillo. Portilla de la Reina. Teleno. Lumeras. Lago de la Baña. Buiza. Laguna de Arbás. Candín. Tonín. Puerto de Ancares. Vega de Liébana (collado Mastrovilde). Tejedo de Ancares. Hayedo de Busmayor. Hayedo de Chano. Boca de Huérgano (Vega de Tarna). Balouta. Sierra de Ancares (cerca de Pico Cuiña). En FCO, LEB, MA, MACB.

Fotografía: Claire Halpin, SBB.

Racomitrium canescens (Hedw.) Brid. *in Muscol. Recent. Suppl.* 4: 78. 1816 ["1819"].

Rocas y suelos pedregosos o arenosos ácidos, ocasionalmente sobre calizas.

Puerto del Manzanal. Teleno. Páramo del Sil (Ancares del Sil). Liegos (pico Yordas). En MA, MGC.

Fotografía: Claire Halpin, SBB.

Racomitrium elongatum Frisvoll *in Gunneria* 41: 74. 1983.

Suelos arenosos o pedregosos y sobre rocas ácidas secas y soleadas.

Tremeu (Cabrillanes). Brañacaballo. Puerto de Somiedo. Pinar de Lillo. Candín. Catoute. Cuiña. Lago de la Baña. Miravalles. Puerto de las Señales, Posada de Valdeón (pr. Caldevilla, monte Gildar, Horcada del Oro). Liegos (Pico Yordas). Villamanín (Tonin). Boca de Huérgano (Portilla de la Reina). Boñar (Cerecedo). Igüeña (Rodrigatos de las Regueras). Caldevilla (Posada de Valdeón, arroyo Raicedo). Pereda de Ancares. Tejedo de Ancares. Balouta. Palacios del Sil (pr. Salentinos, bajo el pico Catoute). Posada de Valdeón (pr. Cordiñanes, monte Corona). Portilla de la Reina (El Boquerón de Bobias). Puerto de Ancares. Borrenes (pr. Orellán, pico de Lacias).

En FCO, MA, MACB, MGC.

Fotografía: John Norton, SBB.

Racomitrium ericoides (Brid.) Brid. *in Muscol. Recent. Suppl.* 4: 78. 1819.

Puente de Domingo Flórez (Salas de la Ribera).

En MGC.

No está en España según F.B.I. confundible con *R. elongatum* Frisvoll.

Fotografía: Claire Halpin, SBB.

Racomitrium heterostichum (Hedw.) Brid. *in Muscol. Recent. Suppl.* 4: 79. 1818 ["1819"]

Sobre rocas ácidas secas y soleadas en lugares expuestos de las áreas más húmedas del NW de la Península, también sobre rocas húmedas o rezumantes.

Pinar de Lillo. Sierra de Ancares. Brañacaballo. Salas de la Ribera. Geras. Hayedo de Chano. Hayedo de Busmayor. Caldevilla (Posada de Valdeón, arroyo Raicedo). Balouta. Carucedo (Las Médulas). Liegos. Tejedo de Ancares (Sierra de Ancares, circo del lago Cuiña).

En FCO, LEB, MA, MACB, MGC.

Fotografía: Claire Halpin, SBB.

Racomitrium lanuginosum (Hedw.) Brid. *in Muscol. Recent. Suppl.* 4: 79. 1818 ["1819"].

Rocas ácidas. En casi todo tipo de formaciones vegetales tanto de bosques de *Pinus sylvestris* como de *Quercus sp. pl.* y matorrales de *Erica sp. pl.*

Pinar de Lillo. Sierra de Ancares. Sierra del Teleno. Geras. Seoane del Caurel. Tejedo de Ancares. Fabero (Bárcena de la Abadía).

En FCO, LEB, MA, MGC.

Fotografía: Claire Halpin, SBB.

Racomitrium macounii Kindb. *in Bull. Torrey Bot. Club.* 16: 93. 1889 subsp. ***macounii.***

Rocas ácidas, periódicamente mojadas.

Catoute.

En LEB, MA.

Categoría LR: VU. Criterio: D2.

Racomitrium macounii subsp. ***alpinum*** (E.Lawton) Frisvoll *in Gunneria* 59: 50. 1988.

Rocas ácidas, muy raramente sobre calizas.

Portilla de la Reina. Sierra de Ancares, cerca del lago del Pico Cuiña. Palacios de Sil (pr. Salentinos, bajo el pico Catoute). Los Ancares. Carena sobre el Puerto de los Ancares.

En BCN, LEB, MA.

Fotografía: Rory Hodd, SBB.

Racomitrium obtusum (Brid.) Brid. *in Muscol. Recent. Suppl.* 4: 79. 1818 ["1819"].

Rocas ácidas.

Citado por B.F.I. para Le.

Fotografía: Claire Halpin, SBB.

Racomitrium sudeticum (Funck) B. & S. *in Bryol. Europ.* 3: 141. 1845.

Roca ácidas y ocasionalmente calizas.

Pico Cuiña. Miravalles. Puerto de las Señales. Catoute. Truchas (pr. Truchillas, El Lago). Posada de Valdeón (pr. Caldevilla, monte Gildar, Horcada del Oro).

En LEB, MA, MO.

Fotografía: Claire Halpin, SBB.

Schistidium apocarpum (Hedw.) Bruch & Schimp. *in Bryol. Europ.* 3: 99. 1845 var. ***apocarpum***.

Rocas calcáreas y silíceas, normalmente próximas a cursos de agua, también en bosques mixtos, hayedos, robledales o pinares.

Pinar de Lillo. Bárcena del Bierzo. La Cueta. Pobladura de la Tercia. Balouta. Tejedo de Ancares. Posada de Valdeón (pr. Caldevilla, arroyo Raicero).

En FCO, LEB, MA.

Categoría LR: NT.

Fotografía: Claire Halpin, SBB.

Schistidium brunnescens Limpr. *in Laubm. Deutschl.* 1: 714. 1889 subsp. ***brunescens***.

Rocas calcáreas secas o bajo vegetación abierta de *Juniperus sp. pl.*, *Quercus sp. pl.* o *Pinus sp. pl.*

Posada de Valdeón (Vega de Liordes hacia cerca cima la Padiorna).

En FCO.

No citada en F.B.I. para Le.

Schistidium confertum (Funck) Bruch & Schimp. *in Bryol. Eur.* 3: 99. 1845.

[*Schistidium apocarpum* subsp. *confertum* (Funck) Loeske *in Ark. Bot.* 24A(2): 33. 1931].

Roca silíceas secas y descubiertas. Arenisca y caliza.

Millaró de la Tercia. Posada de Valdeón (pr. Caldevilla, arroyo Raicedo).

En LEB, MA.

Fotografía: Sharon Pilkington, SBB.

Schistidium crassipilum H.H. Blom *in Bryophyt. Biblioth.* 49: 224. 1996.

Rocas calcáreas, raramente silíceas o en el interior de hayedos, robledales o sabinares.

Picos de Europa (Macizo Central, Pico de la Padiorna, cima). Tremeu (Cabrillanes).

En FCO.

Fotografía: Sharon Pilkington, SBB.

Schistidium dupretii (Thér.) W.A. Weber *in Phytologia* 33: 106. 1976.

Rocas tanto calizas como areniscoso-silíceas.

Posada de Valdeón (Vega del Liordes, parte alta hacia el W). Posada de Valdeón (pr. Caldevilla, monte Gildar, Horcada del Oro).

En FCO, MA.

Categoría LR: DD.

Fotografía: Jean Faubert, SQB-Bryoquel.

Schistidium elegantulum H.H. Blom *in Bryophyt. Biblioth.* 49: 233. 1996 subsp. ***elegantulum.***

Rocas calcáreas.

Posada de Valdeón (Caín).

En MA.

Fotografía: Sharon Pilkington, SBB.

Schistidium helveticum (Schkuhr) Deguchi *in Rev. Bryol. Lichenol.* n.s. 45: 434. 1979.

[*Schistidium singarense* (Schiffn.) Laz. *in Žurn. Inst. Bot. Vseukrajins'k. Akad. Nauk* 26–27: 205. 1938].

Rocas calcáreas secas o bajo vegetación abierta de *Juniperus sp. pl.*, *Quercus sp. pl.* o *Pinus sp. pl.*

San Emiliano.

Citada por F.B.I. para Le.

En MA.

Schistidium papillosum Culm. *in Fl. Mouss. Suisse* 2: 386. 1918.

Roca silíceas, raramente calcáreas o en zonas nemorales húmedas del dominio de *Quercus pyrenaica*.

Posada de Valdeón (Santa Marina de Valdeón hacia el Puerto de Pandetrave).

En MA.

Categoría LR: DD.

Fotografía: Jean Faubert, SQB-Bryoquel.

Schistidium rivulare (Brid.) Podp. *in Beoh. Bot. Centralbl., Abt.* 28 (2): 207. 1911.

Rocas de cualquier naturaleza pero preferentemente calcáreas y troncos de árboles en cursos de agua.

Boca de Huérgano (El Boquerón de Bobias). Boca de Huérgano (Vega de Tarna).

En MA.

Fotografía: Jean Faubert, SQB-Bryoquel.

Hedwigiaceae Schimp. *in Coroll. Bryol. Eur.* 52. 1856.

[Bryopsida, Hedwigiales]

Plantas acrocárpicas, de pequeñas a robustas, que forman céspedes o tramas laxas de un verde pálido, amarillento o glauco a verde oscuro, a veces parduscas. Caulidios primarios de un pardo-rojizo, procumbentes; los secundarios curvados o erectos; ramificación simpodial o no ramificados, a veces con ramas flageliformes; sección transversal redondeada; cordón central indiferenciado. Pelos axilares de 2-6 células, la terminal alargada, 1(2) basales cortamente rectangulares, pardas, las superiores hialinas. Parafilos indiferenciados. Pseudoparafilos indiferenciados o de filamentosos a lanceolados o foliosos, a veces ramificados, generalmente papilosos. Rizoides generalmente dispersos, ramificados o no, lisos. Filidios caulinares imbricados, adpresos, con el ápice de patente a recurvado, a veces escuarroso en seco, de patente a extendido en húmedo; lámina uniestratificada; ápice de agudo a largamente acuminado, concoloro con la lámina o hialino. Nervio indiferenciado. Propágulos gemiformes frecuentes, agrupados en el extremo de pseudopodios que se desarrollan en el ápice de los caulidios principales o en ramas laterales. Células superiores y medias de la lámina redondeadas, cuadradas o rectangulares, generalmente sinuosas, las marginales cortamente rectangulares, generalmente lisas; células basales rectangulares. Filidios rameales similares a los caulinares, generalmente pequeños. Propágulos indiferenciados. Monoica. Perigonios gemiformes, generalmente abundantes; filidios perigoniales usualmente más pequeños que los vegetativos. Periquecios terminales; filidios periqueciales diferenciados de los vegetativos, planos o longitudinalmente plegados, de márgenes ciliados o enteros. Seta erecta, recta, lisa, de color pardo a pardo-rojizo. Cápsula estegocárpica inmersa o exerta; urna de ovoide a ciatiforme, simétrica, de color pardo-rojizo a pardusco; cuello diferenciado. Células exoteciales de irregularmente rectangulares a subcuadradas. Anillo indiferenciado. Gimnóstoma. Caliptra cuculada o mitrada, pilosa en el 1/3 inferior o glabra, lisa. Esporas unicelulares o pluricelulares, esferoidales, iso o heteropolares, a veces con triletes marcados, de un pardo-amarillento, de finamente papilosas a vermiculado-papilosas (GALLEGO, 2014).

Familia que en la Península Ibérica está representada por 2 géneros y 4 especies, mayoritariamente saxícolas, 3 de las cuales se encuentran en la provincia de León.

Clave de especies

1. Células superiores y medias de la lámina con 1-2 papilas por célula, generalmente pediceladas..***Hedwigia stellata*** Hedenäs.

1. Células superiores y medias de la lámina con (1)2-4(5) papilas por célula, generalmente no pediceladas..**2**

2. Filidios plegados longitudinalmente, márgenes generalmente con dientes geminados en la base..***Hedwigia striata*** (Bruch & Schimp.) Bosw.

2. Filidios planos (no plegados longitudinalmente), márgenes enteros en la base...***Hedwigia ciliata*** (Hedw.) P. Beauv.

Hedwigia ciliata (Hedw.) P. Beauv. *in Prodr. Aethéogam.:* 15. 1805 var. **ciliata.**

Preferentemete saxícola silicícola.

Catoute. Lago de la Baña. Puerto de las Señales. Puerto de Ventana. Cerecedo. Buiza. Suárbol. Teleno. Brañacaballo. Miravalles. El Bierzo (Hayedo de Busmayor).

En LEB, MA.

Fotografía: Sharon Pilkington, SBB.

Hedwigia ciliata var. **leucaphaea** Bruch & Schimp. *in Bryol. Eur.* 3: 153. 1846.

Tejedo de Ancares.

En MA.

No citada por F.B.I. para Le.

Fotografía: Claire Halpin, SBB.

Hedwigia stellata Hedenäs *in J. Bryol.* 18: 144. 1994.

Preferentemete saxícola silicícola.

Pinar de Lillo. Sierra de Ancares. Hayedo de Busmayor. Sierra de Ancares (cerca de Pereda). Fabero (Bárcena de la Abadía).

En FCO, MA, MACB, MGC.

Fotografía: Claire Halpin, SBB.

Hedwigia striata (Bruch & Schimp.) Bosw. *in Naturañist (Hull)* 5: 46. 1879.

Preferentemete saxícola silicícola.

Citada en F.B.I. para Le.

Fotografía: Claire Halpin, SBB.

Hookeriaceae Schimp. *in Coroll. Bryol. Europ.* 101. '1855'. 1856.

Plantas pleurocárpicas, pequeñas o medianas, que forman tapices, de un verde pálido a verde amarillento. Caulidios postrados, simples o con pocas e irregulares ramas, cordón ventral diferenciado o no, en ocasiones con células coloreadas, hialodermis y esclerodermis indiferenciadas. Pelos axilares de 2(3) células, la basal cuadrada, hialina o pardusca, la terminal alargada hialina. Parafilos indiferenciados. Pseudoparafilos foliosos o indiferenciados. Rizoides dispuestos en fascículos en la inserción de los filidios, nada o apenas ramificados, de hialinos a parduscos, lisos. Yemas y propágulos rizoidales indiferenciados. Filidios caulinares complanados, de poco a ligeramente contortos en seco; lámina uniestratificada; ápice de redondeado-obtuso a agudo. Nervio inexistente. Células superiores y medias de la lámina de oblongo-romboidales a oblongo-hexagonales o lineares, las marginales usualmente más estrechas; células basales de hexagonales a rectangulares. Filidios rameales similares a los caulinares. Propágulos a veces diferenciados en los ápices y a lo largo de los márgenes de los filidios, uniseriados, filamentosos. Monoica o dioica. Perigonios laterales sobre los caulidios primarios o las ramas; filidios perigoniales ligeramente diferenciados, anchamente ovales, acuminados. Periquecios laterales sobre los caulidios o las ramas; filidios periqueciales simétricos, de lanceolados a oval-lanceolados. Seta flexuosa, alargada, de un rojizo anaranjado, lisa o papilosa. Cápsula estegocárpica exerta, de inclinada a péndula. Células exoteciales desde cortamente rectangulares a subcuadradas. Anillo diferenciado. Peristoma doble, exóstoma de 16 dientes estrechamente triangulares, de un rojo oscuro a amarillento, en la superficie interna con trabéculas; endóstoma de 16 segmentos lanceolados, aquillados, de un amarillo pálido, finamente papilosa. Opérculo de cónico a cónico-rostrado. Caliptra mitrada, lobulada y fimbriada en la base, glabra, lisa o rugosa, a veces multiestratificada con las células superficiales hinchadas, hialinas. Esporas esféricas, de un pardo pálido, de lisas a finamente papilosas (Cano, 2014).

Único taxón reconocido para la Península Ibérica y está presente en la provincia de León.

Hookeria lucens (Hedw.) Sm. *in Trans. Linn. Soc. London* 9: 275. 1808.

Taludes y suelos en oquedades de rocas ácidas cercanas a cursos de agua y frecuente en robledales, hayedos, alisedas y saucedas.

Pinar de Lillo. Tejedo de Ancares (río Cuiña).

En FCO, MA.

Fotografía: Claire Halpin, SBB.

Hylocomiaceae M. Fleisch. *in Nova Guinea* 12: 125. 1914.

[Bryopsida, Hypnales]

Plantas pleurocárpicas, de grandes a medianas, rara vez pequeñas, que forman tramas densas o laxas, de verdes a amarillentas o pardas. Caulidios postrados, procumbentes, ascendentes o erectos, rojizos, de ramificación variada, desde casi indivisos hasta regularmente bi-tripinnados, cordón ventral diferenciado o no, esclerodermis bien desarrollada, hialodermis inexistente. Parafilos inexistentes o desarrollados. Pseudoparafilos foliosos, de formas variadas, casi siempre tan largos como anchos o un poco más largos que anchos, rara vez oblatos, pelos axilares erectos o flexuosos, generalmente de 2-4(6) células, 1-3 basales, generalmente rojizas, las superiores alargadas, hialinas. Rizoides generalmente en las zonas viejas de los caulidios, en fascículos en algunos ápices de ramas atenuadas que se vuelven estoloniformes, rojizos, lisos. Filidios caulinares por lo general poco diferentes en seco y en húmedo desde erectos hasta escuarrosos o reflexos, muchas veces dimórficos; lámina uniestratificada, a veces con pliegues longitudinales; ápice acuminado. Nervio simple o más frecuentemente doble, a veces inexistente. Células superiores y medias de la lámina casi siempre lineares, lisas, papilosas o proradas en la superficie dorsal, células basales casi siempre más anchas y cortas, con frecuencia porosas, junto a la inserción rojizas o anaranjadas; células alares diferenciadas o no. Filidios rameales más pequeños y estrechos que los caulinares. Dioica. Perigonios gemiformes, esparcidos sobre caulidios y ramas. Periquecios casi siempre en los caulidios normalmente cilíndricos; cortos; filidios periqueciales planos, con o sin nervio, los internos de ápice largo y a menudo escuarroso o reflexo ligeramente diferenciados, anchamente ovales, acuminados. Periquecios laterales sobre los caulidios o las ramas; filidios periqueciales simétricos, de lanceolados a oval-lanceolados. Seta 1 por periquecio, alargada, diversamente retorcida en seco, de un pardo rojizo, lisa. Cápsula horizontal o algo péndula, rara vez erecta, de parda a rojiza. Células exoteciales de poligonales a redondeadas. Anillo de 1-3 filas de células o inexistente. Peristoma doble, exóstoma de 16 dientes lanceolados, diversamente ornamentados, de amarillentos a un pardo rojizo, frecuentemente con un borde translúcido más o menos aparente; endóstoma de 16 segmentos aquillados y hendidos en la línea media, amarillentos, papilosos o lisos, cilios 0-4, apendiculados y/o nodulosos. Opérculo cónico, apiculado, mamelonado o rostrado, concoloro. Caliptra cuculada, glabra, lisa. Esporas esféricas o ligeramente oblongas, de amarillentas a verdosas o pardas, finamente papilosas, rugulosas o lisas (Ederra, 2018).

Clave de géneros

1. Caulidios con parafilos...2
1. Caulidios sin parafilos..3

2. Células superiores de la lámina papiloso-proradas en la superficie dorsal. Filidios caulinares adpresos..***Hylocomium*** Schimp.
2. Células superiores de la lámina lisas en la superficie dorsal. Filidios caulinares de erectos a escuarrosos, fuertemente plegados; parafilos robustos...
....***Hylocomiastrum*** M. Fleisch. *ex* Broth.

3. Filidios ovales, oblongos o elípticos, fuertemente cóncavos; ápice de los filidios obtuso-redondeado, frecuentemente formando un apículo corto y ligeramente reflexo, ramas juláceas...***Pleurozium*** (Sull.) Mitt.

3. Filidios ovales de base más o menos cóncava; ápice de los filidios agudo o largamente acuminado, ramas no juláceas ....***Rhytidiadelphus*** (Limpr.) Warnst.

Hylocomiastrum umbratum Fleischer *in Nat. Pflanzenfam.*, ed. 2, 11: 487. 1925.

[*Hylocomium umbratum* (Ehrh. *ex* Hedw.) Schimp. *in Bryol. europ.* 5: 175. 1852].

Talud rezumante.

Buiza.

En LEB.

Categoría LR: VU. Criterio: D2.

Fotografía: Claire Halpin, SBB.

Hylocomium splendens W.P. Schimper *in Bryol. Europ.* 5: 173. 1852.

Suelos de zonas boscosas sobre todo en hayedos, robledales.

Pinar de Lillo. Boca de Huérgano. Balouta. Candín. Hayedo de Busmayor.

En BCN, FCO, MA.

Fotografía: Claire Halpin, SBB.

Pleurozium schreberi Mitten *in J. Linn. Soc. Bot.* 12: 537. 1869.

En suelos y taludes, más raro en rocas, en bosques frescos.

Boca de Huégano. Pinar de Lillo. Cuiña. Miravalles. Posada de Valdeón (pr. Caldevilla, monte Gildar, Horcada del Oro). Tejedo de Ancares.

En BCN, FCO, LEB, MA, MACB.

Fotografía: Claire Halpin, SBB.

Rhytidiadelphus loreus (Hedw.) Warnst. *in Krypt.-Fl. Brandenburg, Laubm.* 2(5): 922. 1906.

Suelos y rocas ácidas en bosques caducifolios o coníferas.

Puerto de las Señales. Miravalles. Cuiña. Valle del río Cuiña (pr. Pereda de Ancares). Tejedo de Ancares.

En LEB, MACB.

Fotografía: Claire Halpin, SBB.

Rhytidiadelphus squarrosus Warnstorf *in Krypt.-Fl. Brandenburg, Laubm.* 2(5): 918. 1906.

Suelos y taludes en bosques, casi siempre en zonas muy húmedas.

Boca de Huérgano. Sierra de Ancares. Hayedo de Busmayor. Posada de Valdeón (pr. Caldevilla, monte Gildar, Horcada del Oro). Trampal de Tejedo de Ancares.

En BCN, MA, MGC.

Fotografía: Claire Halpin, SBB.

Rhytidiadelphus triquetrus Warnstorf *in Krypt.-Fl. Brandenburg, Laubm.* 2(5): 920. 1906.

Suelos y taludes de bosques.

Boca de Huérgano. Cabrillanes (La Babia, Fuente La Bruxa). Sierra de Ancares. Puerto de las Señales. Puerto de Ventana. Miravalles. Cuiña. Pobladura de la Tercia. Balouta. Hayedo de Busmayor. Balouta. Hayedo de Chano. Liegos (pico Yordas). Posada de Valdeón (pr. Caldevilla, monte Gildar, Horcada del Oro).

En FCO, LEB, MA, MGC.

Fotografía: Claire Halpin, SBB.

Hypnaceae Schimp. *in Corollarium Bryologiae Europaeae* 113. 1856.

[Bryopsida, Hypnales]

Plantas pleurocárpicas, de diminutas o pequeñas a grandes, delgadas o robustas, que forman tramas o tapices más o menos laxos, verdes, verdosas, amarillas, parduscas, en ocasiones brillantes. Caulidios postrados o ascendentes, opcionalmente erectos, de ramificación generalmente irregular, subpinnada o pinnada, a veces escasamente ramificados; ramas generalmente cortas, de prostradas a ascendentes, a veces flageliformes. Cordón central diferenciado o inexistente, esclerodermis por lo común de (1)3-4(5) capas de células diversamente engrosadas, hialodermis diferenciada o inexistente. Pelos axilares filiformes de hasta 7 células, 1-2 basales, generalmente parduscas, más raramente hialinas, a veces globosos, de 2 células, la apical redondeada y parda, la basal subcuadrada e hialina. Parafilos inexistentes, solo ocasionalmente desarrollados. Pseudoparafilos filamentosos, subfoliosos o foliosos, a veces inexistentes. Rizoides simples o poco ramificados, de un pardo rojizo, lisos, más raramente algo papilosos o verrucosos, células iniciales en la base de la superficie dorsal de los filidios y base de las ramas. Filidios caulinares frecuentemente homómalos o secundos, a veces heterómalos, dísticos o complanados, generalmente de adpresos a erectos o erecto-patentes en seco, y más raramente escuarrosos, de erectos a erecto-patentes o extendidos. Nervio con frecuencia inexistente, raramente simple, corto. Células superiores y medias de la lámina generalmente lineares o linear-vermiculares, más raramente romboidales, alargadas, ovales u oblongas, de paredes delgadas o débilmente engrosadas, a veces sinuosas, lisas, a veces dorsalmente proradas, células basales en general más cortas y anchas que las medianas, mayoritariamente rectangulares, con frecuencia porosas; células alares pequeñas y opacas o grandes e infladas, hialinas o coloreadas, en ocasiones indiferenciadas. Filidios rameales semejantes a los caulinares, en general más cortos y estrechos (homomorfos) o muy diferentes de los caulinares (heteromorfos). Autoica, sinoica, dioica o filodioica. Perigonios laterales, usualmente en los caulidios, en la base de ramas gemiformes; filidios perigoniales generalmente ovales o lanceolados. Periquecios laterales alargados, situados sobre los caulidios, a veces sobre las ramas; filidios periqueciales generalmente de lanceolados a oval-lanceolados, con o sin pliegues longitudinales, con o sin nervio. Seta 1 por periquecio, usualmente larga, de erecta a más o menos flexuosa, sinuosa o recta, más o menos retorcida, lisa o rugosa. Cápsula estegocárpica, exerta, de recta a inclinada u horizontal, de pardusca a rojiza o de un pardo anaranjado; urna usualmente de cilíndrica a ovoidea, ovado-cilíndrica, de recta a curvada, cuello corto. Células exoteciales rectangulares, cortamente rectangulares o cuadradas, de paredes más o menos engrosadas. Anillo de (1)2-3(4) filas de células caedizas por fragmentos; a veces persistente. Peristoma doble, exóstoma de 16 dientes de triangulares a lanceolados, generalmente bordeados, en general unidos por una corta membrana basal, de pardos a amarillentos, superficie externa en general papilosa o estriado-papilosa horizontalmente en los 2/3 inferiores; endóstoma en general de 16 segmentos hendidos en la línea media, hialinos o amarillentos, de papilosos a casi lisos, cilios 1-3(4), casi tan largos como los segmentos. Opérculo cónico, apiculado o mamilado, en ocasiones oblicua y largamente rostrado o rostelado. Caliptra cuculada, glabra, a veces pilosa en la base. Esporas esféricas, de verdosas o parduscas, ligeramente papilosas, a veces casi lisas (Gallego, 2018a, 2018b, 2018c; Guerra, 2018a, 2018c; Guerra & Gallego, 2018; Ríos et al., 2018).

Clave de géneros

1. Filidios heteromorfos (caulinares y rameales muy diferentes) **2**

1. Filidios homomorfos (caulinares y rameales poco o nada diferentes, en general los ramea-les algo más pequeños) **3**

2. Células superiores de la lámina netamente proradas................... ***Ctenidium*** (Schimp.) Mitt.

2. Células superiores de la lámina lisas, raramente alguna célula algo prorada ....***Hyocomium*** Bruch & Schimp.

3. Filidios abruptamente estrechados en un acumen acanalado; plantas diminutas o peque-ñas...***Campylophyllum*** (Schimp.) M. Fleisch.

3. Filidios no abruptamente estrechados en un acumen acanalado; plantas de diminutas a grandes, nada o apenas plegados longitudinalmente; caulidios con ramificación irregular.....**4**

4. Ápice de las ramas marcadamente cuspidado ....***Calliergonella*** Loeske.

4. Ápice de las ramas nada o apenas cuspidado...**5**

5. Hialodermis diferenciada...**6**

5. Hialodermis no diferenciada **8**

6. Grupo de células alares pequeño y poco definido, de células subcuadrado-rectangulares, ocasionalmente 1-2 infladas; planta pequeñas ....***Hypnum*** Hedw.

6. Grupo de células alares relativamente grande y definido, de células infladas e hialinas; plantas de medianas a grandes **7**

7. Filidios caulinares de falcado-secundos a circinado-secundos ....***Hypnum*** Hedw.

7. Filidios caulinares de rectos a ligeramente falcados...........................***Calliergonella*** Loeske.

8. Cordón central indiferenciado; urna netamente curvada...***Homomallium*** (Schimp.) Loeske.

8. Cordón central diferenciado; urna recta o ligeramente curvada **9**

9. Exóstoma de dientes lisos en la superficie externa hacia la base; urna recta ....***Pylaisia*** Schimp.

9. Exóstoma de dientes papilosos o estriado-papilosos en la superficie externa hacia la base; urna de recta a ligeramente curvada ....***Hypnum*** Hedw.

Calliergonella cuspidata Loeske *in Hedwigia* 50 (5/6): 248. 1911.

Suelos inundados, turberas, trampales. Indiferente edáfico.

Boca de Huérgano. Cabrillanes (La Babia, Fuente La Bruxa). Posada de Valdeón (Vega de Liordes). Puebla de Lillo (Pinar de Lillo). Cabrillanes (Torre de Babia, Arroyo de Cuetalbo, Torre 3). Posada de Valdeón (monte Gildar, Horcada del Oro, pr. Caldevilla).

En FCO, MA, MACB.

Fotografía: Claire Halpin, SBB.

Campylophyllum calcareum (Crundw. & Nyholm.) Hedenäs *in Bryologist* 100: 74. 1997.

Roca y suelos calizos.

Citado por F.B.I. en Le.

Fotografía: Claire Halpin, SBB.

Campylophyllum halleri (Hedw.) M. Fleisch. *in Nova Guinea 12 Bot.* 2: 123. 1914.

Roca y suelos calizos en hendiduras y taludes, en altas montañas.

Posada de Valdeón (Mata de los Llanos, pr. Posada de Valdeón).

En MA.

Fotografía: Sharon Pilkington, SBB.

Ctenidium molluscum Mitten *in J. Linn. Soc. Bot.* 12: 509. 1869.

Rocas y suelos calcáreos húmedos.

Boca de Huérgano. Pico de la Cerra. Torre de Salinas. Santa Lucía. Puerto de Ventana. Pobladura de la Tercia. Posada de Valdeón (monte Gildar, Horcada del Oro, pr. Caldevilla). Balouta. Valgrande (Peñafurada).

En FCO, LEB, MA, MUB.

Fotografía: Claire Halpin, SBB.

Homomallium incurvatum (Schrad. *ex* Brid.) Loeske *in Hedwigia* 46(5): 314. 1907.

Sobre rocas y ocasionalmente en la base de los troncos.

Posada de Valdeón (monte Corona, pr. Cordiñanes).

En MA.

No citada de Le en F.B.I.

Fotografía: Sharon Pilkington, SBB.

Hyocomium armoricum (Brid.) Wijk & Margad. *in Taxon* 10: 24. (1961).

Rocas ácidas húmedas o rezumantes.

Pereda de Ancares (Sierra de Ancares, río Cuiña). Trampal de Tejedo. Los Ancares.

En BCN, MA, MACB.

Fotografía: Claire Halpin, SBB.

Hypnum andoi A.J.E. Smith *in J. Bryol.* 11: 606. 1981.

[*Hypnum mammillatum* Loeske *in Verh. Bot. Vereins Prov. Brandenburg* 47: 342. 1915].

Saxícola y humícola en zonas más o menos boscosas, corticícola sobre *Quercus pyrenaica* y *Quercus petraea.* Suelos de zonas boscosas.

Pinar de Lillo. Catoute. Peñas del Seo. Filiel. Burbia. Pereda de Ancares. Hayedo de Chano. Hayedo de Busmayor. Sierra de Ancares (cerca del río Cuiña). Boca de Huérgano. Burón. Fabero. Bárcena de la Abadía. Tejedo de Ancares.

En FCO, LEB, MA, MACB, SALA.

Fotografía: Claire Halpin, SBB.

Hypnum cupressiforme Hedw. *in Sp. Musc. Frond.*: 291. 1801 var. ***cupressiforme.***

En rocas y suelos calcáreos o ácidos, tanto en claros de formaciones forestales como en bosques densos. Epífita en árboles y arbustos.

Pinar de Lillo. Catoute. Filiel. Portilla de la Reina. Carucedo. Lago de la Baña. Teleno. Balouta. Hayedo de Busmayor.

En FCO, LEB, MA.

Fotografía: Claire Halpin, SBB.

Hypnum cupressiforme var. ***filiforme*** Brid. *in Muscol. Recent.* 2(2): 138. 1801.

En bosques, epífita en árboles y arbustos, en rocas, en areniscas, cuarcitas y pizarras.

Pinar de Lillo. Porcarizas. Suárbol.

En FCO, LEB, MA.

Hypnum cupressiforme var. ***lacunosum*** Brid. *in Muscol. Recent.* 2(2): 136.1801.

Suelos y rocas de naturaleza diversa sobre areniscas, cuarcitas y pizarras.

Pinar de Lillo. Quintanilla de Somoza. Peña del Seo. Puerto de las Señales. Teleno.

En FCO, LEB, MACB.

Fotografía: Claire Halpin, SBB.

Hypnum cupressiforme var. ***resupinatum*** (Taylor) Schimp *in Coroll. Bryol. Eur.* 133. 1856.

Bosques y prados húmedos, en todo tipo de rocas, en areniscas, cuarcitas y pizarras.

Pinar de Lillo. Quintanilla de Somoza. Peña del Seo. Puerto de las Señales. Teleno.

En LEB.

Fotografía: Claire Halpin, SBB.

Hypnum cupressiforme var. ***subjulaceum*** Molendo *in Ber. Naturhist. Vereins Augsburg* 18: 183. 1865.

Epífita en árboles y arbustos, saxícola en todo tipo de rocas y suelos.

Pinar de Lillo. Hayedo de Busmayor.

En FCO, MA.

Hypnum jutlandicum Holmen & Warncke *in Bot. Tidsskr.* 65: 179. 1969.

[*Hypnum cupressiforme* var. *ericetorum* Br. Eur. *in Br. Eur* 1: 15. 1854].

Rocas calcáreas o graníticas, suelos de bosques, epífita en árboles y arbustos.

Subida a Villabandín. Posada de Valdeón (monte Gildar, Horcada del Oro, pr. Caldevilla). Pinar de Lillo.

En FCO, MA.

Fotografía: Claire Halpin, SBB.

Hypnum pallescens (Hedw.) P. Beauv. *in Prodr. Aethéoga.*: 67. 1805.

Epífita y sobre troncos en descomposición.

Citado por F.B.I. en Le.

Categoría LR: CR. Criterio: B2ab(ii, iv).

Fotografía: Jean Faubert, SQB-Bryoquel.

Hypnum uncinulatum Jur. *in Bot. Zeitung (Berlin)* 24(3): 21. 1866.
Epífita en árboles y arbustos, terrícola y saxícola en bosques.
Suárbol. Bárcena de la Abadía. Hayedo de Busmayor.
En LEB, MA.

Hypnum vaucheri Lesq. *in Mem. Soc. Sci. Nat. Neuchâtel* 3(3): 48. 1846.
Suelos de zonas boscosas, rocas calcáreas.
Picos de Europa (Macizo Central, Pico de la Padiorna).
En FCO.
Fotografía: Stéphane Leclerc, SQB-Bryoquel.

Pylaisia polyantha (Hedw.) Schip. *in Bryol. Europ.* 5 89. 1851.
Epífita sobre diversos forófitos.
Citado por FB.I. para (Le).
Categoría LR: NT.
Fotografía: Claire Halpin, SBB.

Vesicularia flaccida Iwatsuki *in J. Hattori Bot. Lab.* 26: 70. 1963.
Canchal de arenisca.
Puerto de las Señales.
En LEB.

Leptodontaceae Schimp. *in* Coroll. Bryol. Eur. 108. 1856.

[Bryopsida, Leucodontales]

Plantas pleurocárpicas, de pequeñas a medianas, de un verde oscuro a amarillento o pardusco, que forman tapices laxos o cespitiformes poco compactos, más o menos brillantes o mates. Caulidios primarios postrados, a veces rastreros, no estoloníferos; caulidios secundarios decumbentes o ascendentes, de irregularmente pinnados a bipinnados, raramente estipitados; ramas ligeramente complanadas; cordón central indiferenciado. Pelos axilares de 3-6 células, 1(2) basales, cortas, rectangulares, parduscas, 2-3(4) apicales, largamente rectangulares, hialinas. Parafilos inexistentes o diferenciados y abundantes, de estrechamente lanceolados a lineares, a veces ramificados. Pseudoparafilos usualmente diferenciados, mayoritariamente foliosos o subfoliosos, a veces inexistentes. Rizoides dispuestos en fascículos a lo largo de los caulidios, de un pardo rojizo, lisos. Yemas y propágulos rizoidales inexistentes. Filidios de los caulidios primarios y secundarios similares, de adpresos a erectos o ligeramente crespos en seco, extendidos en húmedo, de ovales o elípticos a oblongos o lingüiformes, de planos a ligeramente cóncavos; lámina uniestratificada; ápice de obtuso a redondeado, a veces agudo, de entero a sinuoso o finamente denticulado. Nervio generalmente simple. Células superiores y medias de la lámina de romboidales u oblongas a redondeadas o hexagonales o rectangulares, a veces sinuosas o porosas; celulares alares, más o menos diferenciadas. Autoica o dioica. Perigonios gemiformes, laterales; filidios perigoniales ovales, acuminados. Periquecios laterales en los caulidios primarios y secundarios; filidios periqueciales externos usualmente escuarrosos, ovales, de ápice acuminado, los internos erectos, oblongo-lanceolados. Una seta por periquecio, erecta, de recta a curvada, pardusca, lisa. Cápsula estegocárpica exerta o inmersa, erecta o suberecta, pardusca. Células exoteciales de cortas a largamente rectangulares o poligonales. Anillo indiferenciado. Peristoma doble o simple; exóstoma de 16 dientes mayoritariamente triangular-lanceolados; endóstoma de rudimentario o inexistente a bien desarrollado. Opérculo de cónico a rostrado. Caliptra cuculada, pilosa o lisa. Esporas esféricas, de verdosas a parduscas, finamente papilosas (Elías, 2014b).

En la Península Ibérica sólo se conoce el género *Leptodon* del que tenemos representación en la provincia de León.

Leptodon smithii (Hedw.) F. Weber & D. Mohr *in Index Mus. Pl. Crypt.* [3]. 1803.

Epífita y saxícola sobre rocas ácidas, en lugares más o menos umbríos.

Posada de Valdeón (pr. Cordiñanes, monte Corona). Balouta.

En MA.

Fotografía: Claire Halpin, SBB.

Leskeaceae Schimp. *in Coroll. Bryol. Eur.* 109. 1856.

[Bryopsida, Hypnales]

Plantas pleurocárpicas, de pequeñas a medianas, raramente robustas, que forman tramas densas o laxas de un verde amarillento a verde oscuro o pardusco, parduscas o anaranjadas. Caulidios rastreros o postrados, en ocasiones ascendentes, irregularmente ramificados, raramente pinnados, algunas especies con caulidios estoloníferos. Parafilos abundantes o inexistentes. Pseudoparafilos en ocasiones desarrollados. Rizoides generalmente agrupados en la base de los filidios. Filidios caulinares, de adpresos a erectos o erecto-patentes en seco, de erectos a extendidos en húmedo, de ovales u oval-lanceolados u oblongos; lámina uniestratificada; longitudinalmente plegada o no; ápice obtuso, agudo o acuminado, márgenes enteros o dentados en la parte superior, planos o recurvados. Nervio simple o doble, de 1/4 de la longitud de los filidios a percurrente, en ocasiones indiferenciado. Células superficiales ventrales y dorsales, lineares, rectangulares u oblongas. Células superiores y medias de la lámina de isodiamétricas a lineares, de paredes delgadas o engrosadas, lisas, proradas o papilosas; células basales de isodiamétricas a lineares, de paredes engrosadas, lisas, proradas o papilosas; células alares generalmente oblatas o cuadradas, que forman un área poco diferenciada. Dioica, plantas masculinas y femeninas similares, o autoica. Perigonios sobre los caulidios primarios gemiformes. Periquecios sobre los caulidios primarios, raramente sobre ramas; filidios periqueciales muy diferenciados, más largamente acuminados que los caulinares. Seta larga, erecta, recta o algo curvada, a menudo retorcida. Cápsula estegocárpica exerta de erecta a horizontal, pardusca. Células exoteciales cortas, rectangulares u oblongas. Anillo diferenciado o no. Peristoma doble, en ocasiones poco desarrollado; exóstoma de 16 dientes, filiformes, superficie externa de estriada a papilosa; endóstoma de 16 segmentos, de filiformes a anchos y aquillados. Opérculo cónico o rostrado. Caliptra generalmente cuculada. Esporas esféricas, lisas o papilosas (Brugués & Ruiz, 2018a).

Claves de géneros

1. Células de la lámina con una papila central en ambas superficies o en la superficie dorsal...........**2**

1. Células de la lámina lisas o proradas **3**

2. Células de la lámina con papilas en la superficie dorsal; células apicales de la lámina 10-12 μm de longitud ....***Leskea*** Hedw.

2. Células de la lámina con papilas en ambas superficies; células apicales de la lámina 15-35 μm de longitud .... ***Lescuraea*** Schimp.

3. Parafilos caulinares abundantes; Plantas pequeñas o medianas .... ***Leskea*** Hedw.

3. Parafilos caulinares inexistentes; Plantas pequeñas o muy pequeñas..

....***Pseudoleskeella*** Kindb.

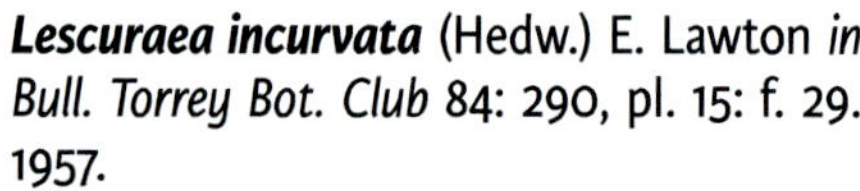

Lescuraea incurvata (Hedw.) E. Lawton *in Bull. Torrey Bot. Club* 84: 290, pl. 15: f. 29. 1957.

[*Pseudoleskea incurvata* Loeske *in Hedwigia*. 50: 313. 1911].

Rocas, grietas de rocas y taludes. Sobre *Juniperus communis* subsp. *alpina*.

Boca de Huérgano. Parque Nacional Picos de Europa, Torre de Salinas. Posada de Valdeón (pr. Caldevilla, monte Gildar, Horcada del Oro). Liegos (pico Yordas).

En FCO, MA.

Fotografía: William Cook, CHB.

Lescuraea patens Lindb *in Meddeland. Soc. Fauna Fl. Fenn.* 14: 75. 1888.

[*Pseudoleskea patens* Kindberg *in Canad. Rec. Sci.* 6: 20. 1894].

Saxícola acidófila.

Boca de Huérgano (El Boquerón de Bobias). Posada de Valdeón (pr. Caldevilla, monte Gildar, Horcada del Oro). Cabrillanes (Tremeu). Sierra de Ancares (Lago Cuiña).

En FCO, MA, MACB.

Fotografía: Gordon Rothero, SBB.

Leskea polycarpa Ehrh. *ex* Hedw. *in Sp. Musc. Frond.* 225. 1801.

Arenisca. Epífita sobre árboles de ribera o en base de troncos en zonas inundables.

Catoute.

En LEB.

No citada para Le en F.B.I.

Fotografía: Sharon Pilkington, SBB.

Pseudoleskeella catenulata (Brid. *ex* Schrad.) Kindb. *in Eur. N. Amer. Bryin.* 1: 48. 1897.

Rocas calcáreas sombreadas.

Liegos (pr. Liegos, pico Yordas).

En MA.

Fotografía: Claire Halpin, SBB.

Leucobryaceae Schimp. *in Coroll. Bryol. Eur.* 19. 1856.

[Bryopsida, Dicranales]

Plantas acrocárpicas, raramente cladocárpicas, que forman céspedes o almohadillas de un verde pálido o amarillento a verde oscuro o pardusco, en ocasiones blanquecinas, rojizas o negruzcas. Caulidios erectos, en ocasiones péndulos, simples o ramificados, con o sin cordón central. Rizoides en la base de los caulidios y ramas o formando tomento a lo largo de estos, hialinos, blanquecinos o de parduscos a rojizos. Yemas rizoidales ocasionalmente desarrolladas. Filidios de adpresos a erecto-patentes en ocasiones falcados; lámina uniestratificada, en ocasiones parcialmente biestratificada; ápice acuminado, agudo u obtuso. Nervio sencillo, ancho, ocupando 1/3 de la base de los filidios o más, que termina de cerca del ápice a excurrente; células superficiales ventrales y dorsales rectangulares. Células superiores y medias de la lámina lineares, rectangulares, cuadradas, oblongas u ovales. Células basales cuadradas, rectangulares o hexagonales. Propágulos gemiformes, globosos. Dioica, pseudoautoica o más raramente autoica o filodioica. Perigonios terminales o laterales, en ocasiones gemiformes; filidios perigoniales en general más cortos y anchos que los vegetativos. Periquecios terminales, en ocasiones laterales; filidios periqueciales de base anchamente envainadora. Seta erecta, generalmente larga. Cápsula estegocárpica exerta, erecta. Células exoteciales generalmente rectangulares o hexagonales rectangulares a menudo irregulares. Anillo diferenciado o no. Peristoma simple, de 16 dientes estrechamente triangulares, divididos hasta la mitad o hasta la base. Caliptra cuculada. Opérculo generalmente rostrado. Esporas esféricas, de amarillentas a verdosas o parduscas, lisas o papilosas (Brugués & Ruiz, 2015f; Cros, 2015c; Sérgio et al., 2015).

Claves de géneros

1. Nervio con una capa central de clorocistes (ver en sección transversal) ....***Leucobryum*** Hampe.

1. Nervio con una capa central de eurocistos (ver en sección transversal) **2**

2. Nervio excurrente en una punta o arista hialina .... ***Campylopus*** Brid.

2. Nervio percurrente o excurrente en una punta o arista no hialina **3**

3. Nervio con estereidas dorsales o sin estereidas .... ***Campylopus*** Brid.

3. Nervio con estereidas dorsales y ventrales .... ***Dicranodontium*** Bruch. & Schimp.

Campylopus brevipilus Bruch & Schimp. *in Bryol. Europ.* 1: 167. 1847.

Suelos turbosos y grietas de rocas húmedas.

En BCB.

Citado por F.B.I. para Le.

Fotografía: Claire Halpin, SBB.

Campylopus fragilis (Brid.) Bruch & Schimp. *in Bryol. Europ.* 1: 114. 1847.

Rocas ácidas húmedas y grietas de rocas.

Citado por F.B.I. para Le.

Fotografía: Claire Halpin, SBB.

Campylopus pilifer Brid. *in Muscol. Recent. Suppl.* 4: 72. 1819.

Suelos o grietas de rocas ácidas, taludes o base de árboles.

Bárcena de la Abadía. Lillo del Bierzo. Pradorrey. Puerto Lumeras (Sierra de Ancares).

En BCB, LEB, MA, MACB, MUB.

Fotografía: Sharon Pilkington, SBB.

Dicranodontium denudatum (Brid.) E. Britton *in N. Amer. Fl.* 15: 151. 1913.

Rocas y taludes ácidos, suelos humíferos y troncos en descomposición.

En MNHN.

Fotografía: Claire Halpin, SBB.

Leucobryum glaucum (Hedw.) Aangstr. *in Fries. Summa Veg. Scand.* 1: 94. (1845).

Epífita, sobre *Fagus sylvatica*.

Vegabaño.

En LEB

No citada para Le en F.B.I.

Fotografía: Jean Faubert, SQB-Bryoquel.

Leucodontaceae Schimp. *in Coroll. Bryol. Eur.* 108. 1856.

[Bryopsida, Leucodontales]

Plantas pleurocárpicas, generalmente robustas, de un verde oscuro a pardo amarillento, que forman céspedes o tramas laxas. Caulidios primarios estoloníferos (estolones), usualmente cortos, estériles; caulidios secundarios numerosos, fértiles, largos, erectos o procumbentes, a veces curvados o secundos, simples, pinnados o dendroides; ramas más o menos rectas en húmedo; cordón central diferenciado, a veces inconspicuo. Pelos axilares con 1-2 células basales cuadradas, pardas, las apicales rectangulares, hialinas, a veces inexistentes. Parafilos inexistentes. Pseudoparafilos foliosos. Rizoides restringidos a los caulidios primarios, simples o ramificados, de un pardo rojizo, lisos o papilosos. Yemas y propágulos rizoidales inexistentes. Filidios de los caulidios secundarios y ramas densamente imbricadas en seco, de rectos a extendidos en húmedo; lámina uniestratificada; ápice más o menos acuminado, a veces denticulado o dentado. Nervio simple, doble, triple o inexistente; células superficiales ventrales y dorsales generalmente diferenciadas. Filidios de los caulidios primarios en general más o menos diferentes del resto. Células superiores y medias de la lámina de diversamente romboidales a lineares o vermiculares, a veces sinuosas. Bulbillos o propágulos a veces desarrollados. Dioica, raramente monoica. Perigonios laterales; filidios perigoniales usualmente ovales u oblongo-lanceolados, a veces cortamente acuminados, con o sin nervios. Periquecios laterales; filidios periqueciales en general anchamente lanceolados, bruscamente estrechados en un acumen, a veces con 1-3 nervios. Seta usualmente 1 por periquecio, erecta, recta a veces ligeramente curvada, arqueada, sinuosa o flexuosa, retorcida en seco, de un pardo amarillento hacia la base, pardo rojizo hacia la cápsula, lisa. Cápsula estegocárpica exerta o inmersa, erecta o débilmente inclinada, pardusca. Células exoteciales rectangulares, cuadradas o diversamente poligonales. Anillo diferenciado, formado por 1(2) hileras de células rectangulares, de paredes redondeadas, caedizo. Peristoma doble o simple; exóstoma de 16 dientes, lanceolados o de lanceolado-subulados a subulados, enteros o bífidos apicalmente, de amarillentos a blanquecinos, papilosos; endóstoma de 16 segmentos lineares, subulados, estrechamente lanceolados, cortos, generalmente libres hasta la base. Opérculo de cónico a rostrado. Caliptra cuculada, de un pardo amarillento, lisa, que puede alcanzar la base de la cápsula, a veces pilosa. Esporas esféricas o elipsoidales, de un verde amarillento, de lisas a papilosas (Fuertes & Oliván, 2014b).

Clave de géneros

1. Filidios de los caulidios secundarios de nervio simple, que alcanza al menos 3/4 de la longitud de los filidios, a veces ramificado en la base ....***Antitrichia*** Brid.

1. Filidios de los caulidios secundarios de nervio corto, doble, bifurcado o sin nervio....................**2**

2. Filidios de los caulidios secundarios sin nervio; células de la lámina lisas............................
....***Leucodon*** Schwägr.

2. Filidios de los caulidios secundarios de nervio generalmente doble o bifurcado; células superiores-apicales de la lámina papilosas en la superficie dorsal..
.... ***Nogopterium*** Crosby & W.R. Buck.

Antitrichia californica Sull. *in Trans. Amer. Philos. Soc.* 13: 11. 1865.

Epífita y saxícola, indiferente edáfica y esciófila.

Hayedo de Busmayor. Balouta. Castillo de Cornatel.

En LEB, MA.

LR Categoría LC.

Fotografía: Ries Lindley, CHB.

Antitrichia curtipendula (Hedw.) Brid. *in Muscol. Recent. Suppl.* 4: 136. 1819 [1818].

Epífita y saxícola, silicícola y esciófila.

Pinar de Lillo. Tejeda de Ancares. Pico Catoute. Pico Trevinca. Pico Telmo. Ancares, San Isidro.

En BCN, FCO, LEB, MA, MUB, VAL.

Fotografía: Sharon Pilkington, SBB.

Leucodon sciuroides (Hedw.) Schwägr. *in Sp. Musc. Frond. Suppl.* 1(2): 1. 1816 var. ***sciuroides***.

Epífita y saxícola.

Pinar de Lillo. Ancares, San Isidro. Barrios de Luna. Valle de Hormas. Balouta. Crémenes. Tejedo de Acares. Posada de Valdeón (pr. Cordiñanes, monte Corona).

En FCO, LEB, MA, VAL.

Fotografía: Claire Halpin, SBB.

Leucodon sciuroides var. ***morensis*** (Schwägr.) De Not. *in Syllab. Musc.*: 79. 1838.

Epífita y saxícola.

Bárcena de la Abadía. Buiza. Millaró. Almanza. Rodrigatos de las Regueras. Almanza. Peña de Seo. Santa Lucía. Castillo de Cornatel.

En LEB, MA.

Nogopterium gracile (Hedw.) Crosby & W.R. Buck *in Novon* 21 (4): 424. 2011.

[*Pterogonium gracile* Smith *in Engl. Bot.* 16: 1085. 1803].

Epífita sobre árboles y tocones, a veces saxícola. Sobre *Quercus rotundifolia* y cuarcitas.

Hayedo de Busmayor. Bárcena de la Abadía. Balouta. Posada de Valdeón (pr. Cordiñanes, monte Corona).

En LEB, MA.

Fotografía: Claire Halpin, SBB.

Mielichhoferiaceae Schimp. *in Coroll. Bryol. Eur.* 62. 1856.

Plantas acrocárpicas, de pequeñas a medianamente robustas, que generalmente forman céspedes laxos de un verde pálido a rojizo, a veces brillantes. Caulidios erectos a suberectos, simples o irregularmente ramificados; cordón central diferenciado. Pelos axilares de 2-7 células lisas, 1-3 basales parduscas, las apicales alargadas. Rizoides generalmente escasos de amarillentos o parduscos a rojizos o rosados, de lisos a diversamente papilosos. Yemas rizoidales a veces desarrolladas. Filidios homomorfos, raramente dimorfos, en general erectos, a veces retorcidos en seco, de recto-patentes a extendidos en húmedo, usualmente de linear-lanceolados o triangular-lanceolados a ovado-lanceolados, más raramente obovados o elípticos; lámina uniestratificada; ápice de obtuso a acuminado. Nervio simple, que puede alcanzar al menos 3/4 de la longitud de los filidios, percurrente, más raramente excurrente; células superficiales ventrales de rectangulares a casi lineares, lisas. Células superiores y medias de la lámina frecuentemente de romboidales a hexagonales, más raramente lineares. Bulbillos axilares a veces desarrollados. Dioica, paroica, autoica, a veces sinoica. Perigonios terminales o laterales; filidios perigoniales diferenciados de los vegetativos. Periquecios terminales, a veces laterales; filidios periqueciales diferenciados, en general más largos que los vegetativos. Seta erecta, una o varias por periquecio, de recta a sinuosa, más o menos retorcida, muy frecuentemente inclinada. Cápsula estegocárpica exerta, generalmente inclinada o péndula. Células exoteciales desde largamente rectangulares a isodiamétricas. Anillo diferenciado, formado por 2-4 filas de células, caedizo o revoluble, a veces indiferenciado. Peristoma doble o simple, muy diverso; exóstoma, cuando existe, de dientes lanceolados a triangulares, de un amarillento a pardo oscuro, de superficie externa papilosa; endóstoma muy diversificado, de 16 segmentos. Opérculo de cónico a mamilado. Caliptra generalmente cuculada, lisa, blanquecina o amarillenta en la madurez. Esporas más o menos esféricas, de verdosas a parduscas, a veces casi hialinas, diversamente papilosas (Cano, 2010; Guerra, 2010b).

Clave de géneros

1. Nervio que no supera 1/2-3/4 de la longitud de los filidios; filidios dimorfos .... ***Epipterygium*** Lindb.
1. Nervio que supera 3/4 de la longitud de los filidios; filidios homomorfos....... ***Pohlia*** Hedw.

Epipterygium tozeri (Grev.) Lindb. *in Ofvers. Forh. Kongl. Svenska Vetensk.-Akad.* 21: 576. 1865.

Balouta.

En MA.

No citada para Le en F.B.I.

Fotografía: Sharon Pilkington, SBB.

Pohlia annotina (Hedw.) Lindb. *in Musci Scand.* 17. 1879.

Suelos preferentemente ácidos en matorrales o brezales húmedos.

Balouta.

En MA, MGC.

Categoría LR: NT.

Fotografía: Claire Halpin, SBB.

Pohlia bolanderi (Lesq.) Broth. *in Nat. Pflanzenfam.* 1(3): 548. 1903 var. ***bolanderi.***

Hendiduras de rocas ácidas en lugares relativamente húmedos.

Citado por F.B.I. para Le.

Categoría LR: VU. Criterio: D2.

Pohlia camptotrachela (Renauld & Cardot) Broth. *in Nat. Pflanzenfam.* 1(3). 552. 1903.

Suelos ácidos en taludes, claros de pastizales y matorrales húmedos.

Pinar de Lillo.

En FCO.

Fotografía: Sharon Pilkington, SBB.

Pohlia cruda (Hedw.) Lindb. *in Musci Scand.* 18. 1879.

Suelos preferentemente ácidos en fisuras y hendiduras de rocas, o suelo acumulado en tocones, sotobosques en lugares húmedos.

Pinar de Lillo. Catoute. Candanedo. Posada de Valdeón (pr. Caldevilla, monte Gildar, Horcada del Oro). Posada de Valdeón (pr. Posada de Valdeón, Mata de los Llanos). Balouta. Hayedo de Chano. Hayedo de Busmayor.

En FCO, LEB, MGC.

Categoría LR: NT.

Fotografía: Claire Halpin, SBB.

Pohlia eloganta Hedw. *in Sp. Musc. Frond.* 171. 1801.

Suelos preferentemente ácidos en fisuras y hendiduras de rocas.

Puerto de las Señales. Cuiña. Catoute. Caboalles de Abajo. Lillo del Bierzo. Miravalles. Bárcena de la Abadía. Balouta. Candín. Hayedo de Busmayor.

En LEB, MA, MACB, MGC.

Fotografía: Claire Halpin/Sharon Pilkington, SBB.

Pohlia longicolla (Hedw.) Lindb. *in Musci scand.* 18. 1879.

Sobre areniscas.

Puerto de las Señales.

En LEB.

No citada por F.B.I. para Le.

Categoría LR: VU. Criterio: B2a(ii, iv).

Pohlia nutans (Hedw.) Lindb. *in Musci Scand.* 18. 1879.

Suelos humíferos ácidos, turberas, trampales, en bosques densos o taludes rezumantes.

Balouta. Pinar de Lillo. Cuiña. Posada de Valdeón (pr. Caldevilla, monte Gildar, Horcada del Oro). Truchas (pr. Truchillas, El Lago). Tejedo de Ancares.

En FCO, LEB, MA, MACB, MGC.

Fotografía: Claire Halpin, SBB.

Pohlia wahlenbergii (F. Weber & D. Mohr) A.L. Andrews *in Moss Fl. N. Amer.* 2: 203. 1935.

Suelos húmedos en sustratos ácidos y básicos.

Vega de Liordes (Picos de Europa). Posada de Valdeón (Vega de Liordes cerca cima la Padiorna).

En FCO.

No citada por F.B.I. para Le.

Categoría LR: NT.

Fotografía: Claire Halpin, SBB.

Mniaceae Schwägr. *in Species Muscorum Frondosorum* 25. 1830.

[Bryopsida, Bryales]

Plantas acrocárpicas, de tamaño medio a robusto, que generalmente forman céspedes laxos, de verdosos a parduscos. Caulidios simples o ramificados generalmente en la base, a veces con caulidios postrados y estoloniformes (plagiotrópicos); cordón central más o menos diferenciado. Pelos axilares de 2-4 células basales cortas, parduscas y 2-4 células apicales alargadas, hialinas. Rizoides de dos tipos: macronemas, profusamente ramificados, papilosos, y micronemas, cortos, lisos. Filidios generalmente crespos y retorcidos en seco, usualmente erecto-patentes o patentes en húmedo, de linear-lanceolados a anchamente elípticos u orbiculares; lámina uniestratificada; ápice de agudo a obtuso o redondeado, a veces emarginado, apiculado o no. Nervio simple, excurrente, percurrente o no alcanza el ápice. Células superiores y medias de la lámina de cuadrado-redondeadas a rectangulares o hexagonales, raramente romboidales; células basales generalmente rectangulares. Monoica o dioica. Perigonios terminales. Seta de 1 o varias por periquecio, usualmente recta, generalmente erecta, de un amarillo pardusco a rojiza. Cápsula estegocárpica exerta, de erecta a péndula. Células exoteciales desde largamente rectangulares a isodiamétricas. Anillo bien diferenciado, caedizo. Peristoma doble; endóstoma de segmentos aquillados, anchos, cilios 2-4 entre cada par de segmentos. Opérculo de cónico, mamilado, a veces rostrado. Caliptra cuculada, lisa. Esporas usualmente de esféricas a elipsoidales, diversamente papilosas o granulosas, de un verde amarillento a pardas (FUERTES, 2010).

Clave de géneros

1. Filidios de borde indiferenciado, sin hileras de células lineares o vermiculares, de paredes engrosadas...**Mnium** Hedw.
1. Filidios de borde diferenciado, con 2-6 hileras de células rectangulares, lineares o vermiculares, de paredes engrosadas **2**

2. Márgenes de los filidios enteros .... **Rhizomnium** (Mitt. *ex* Broth.) T.J. Kop.
2. Márgenes de los filidios dentados **3**

3. Dientes de los márgenes de los filidios dispuestos en 1 hilera; plantas con caulidios plagiotrópicos ....**Plagiomnium** T.J. Kop.
3. Dientes de los márgenes de los filidios dispuestos en 2 hileras (geminados); plantas sin caulidios plagiotrópicos...**Mnium** Hedw.

Mnium hornum Hedw. *in Sp. Musc. Frond.* 188. 1801.

Raíces descubiertas de árboles, roquedos umbríos y madera en descomposición en bosques húmedos.

Pinar de Lillo. Tejedo de Ancares. Valle del Cuiña. Hayedo de Chano. Hayedo de Busmayor. Trampal de Tejedo. Los Ancares.

En BCN, FCO, MA, MACB.

Fotografía: Claire Halpin, SBB.

Mnium lycopodioides Schwägr. *in Sp. Musc. Frond. Suppl.* 2 2(1): 24. pl. 160 1826.

[*Mnium ambiguum* H. Müll. *in Verh. Bot. Vereins Prov. Bran-denburg.* 8: 71. 1866].

Taludes arcillosos cerca de cascadas, raíces descubiertas de árboles, rocas ácidas húmedas o suelos ácidos y húmedos de bosques húmedo-hiperhúmedos y madera en descomposición en bosques húmedos.

El Bierzo (Hayedo de Chano). Pinar de Lillo.

En FCO, MA.

Fotografía: Jean Faubert, SQB-Bryoquel.

Mnium marginatum (Dicks. *ex* With.) P. Beauv. *in Prodr. Aetheogam.* 75. 1805.

Cavidades húmedas de rocas calizas y dolomías.

Besande (subiendo al alto de las Portillas).

En MA.

No citada por F.B.I. para Le.

Fotografía: Sharon Pilkington, SBB.

Mnium spinosum (Voit) Schwägr. *in Bryol. Europ.* 4: 206. 1846.

Suelos ricos en humus y húmedos, bosques de coníferas orotemplados-hiperhúmedos, robledales y enebrales rastreros preferentemente acidófilos.

Posada de Valdeón (pr. Caldevilla, monte Gildar, Horcada del Oro).

En MA.

Mnium spinulosum Bruch & Schimp. *in Bryol. Europ.* 4: 206. 1846.

Indiferente edáfica, sobre humus en cavidades de rocas con suelo y en ombroclima húmedo-hiperhúmedo en bosques caducifolios.

Rioscuro.

En MA, MACB.

Categoría LR: NT.

Fotografía: Jean Faubert, SQB-Bryoquel.

Mnium stellare Hedw. *in Sp. Musc. Frond.* 191. 1801.

Indiferente edáfica, en fisuras de rocas, bases de troncos y suelos húmedos y sombríos de bosques. Sobre *Fagus sylvatica* y *Quercus petraea*.

Valle de Hormas. Valle de Mirva. Posada de Valdeón. Hayedo de Busmayor.

En LEB, MA.

Fotografía: Claire Halpin, SBB.

Mnium thomsonii Schimp. *in Syn. Musc. Eur.*, ed. 2: 485. 1876.

Fisuras, grietas y cavidades de rocas básicas de espolones, cornisas y cantiles.

Besande (subiendo al alto de las Portillas).

En MA.

Fotografía: Claire Halpin, SBB.

Plagiomnium affine (Blandow *ex* Funck) T.J. Kop. *in Ann. Bot. Fenn.* 5: 146. 1968.

[*Mnium affine* Bland. *ex* Funck. *in Crypt. Gew. Fichtelgeb.* 17: 3. 1810].

Suelos húmedos y sombríos, cercanos a fuentes, arroyos o cascadas; preferentemente acidófila y tolerante con cierta nitrificación.

Ancares (Balouta). Pinar de Lillo. Puente Almuhey. Puerto del Pontón (Vicarzazo). Hayedo de Chano. Hayedo de Busmayor.

En FCO, LEB, MA, MACB, MGC.

Fotografía: Claire Halpin, SBB.

Plagiomnium affine var. **elatum** (Bruch & Schimp.) Margad. & During *in Bekn. Fl. Ned. Blad. & Leverm.* 443, 443, 1982.

[*Mnium affine* var. *elatum* Bruch & Schimp. *in Bryol. Eur.* 4: 195. pl. 398: elatum (fasc. 5. Monogr. 31. pl. 10: elatum). 1838].

Pinar de Lillo.

En FCO.

No aceptada por F.B.I., sí por GBIF.

Plagiomnium elatum (Bruch & Schimp.) T.J. Kop. *in Ann. Bot. Fenn.* 5: 146. 1968.

Suelos higroturbosos o encharcados, preferentemente acidófila.

Cabrillanes (Laguna de las Verdes de Babia). Posada de Valdeón (pr. Caldevilla, monte Gildar, Horcada del Oro). Pinar de Lillo. Cabrillanes (Torre de Babia, Arroyo de Cuetalbo, Torre 3. Cabrillanes; La Babia, Fuente La Bruxa). Arbas del Puerto. Cabrillanes.

En FCO, MA, MACB.

Fotografía: Sharon Pilkington, SBB.

Plagiomnium ellipticum (Brid.) T.J. Kop. *in Ann. Bot. Fenn.* 8: 357. 1971.

Pastizales húmedos o encharcados temporalmente, preferentemente acidófila.

Posada de Valdeón (Vega de Liordes).

En MA.

No citada por F.B.I. para Le.

Fotografía: Jean Faubert, SQB-Bryoquel.

Plagiomnium medium (Bruch & Schimp.) T.J. Kop. *in Ann. Bot. Fenn.* 5: 146. 1968.

Suelos húmedos, rocas salpicadas por el agua. Acidófila.

Puerto de Ventana. Puerto de Ancares.

En LEB.

Fotografía: Wayne Lampa, CHB.

Plagiomnium rostratum T. Koponen *in Ann. Bot. Fenn.* 5: 147. 1968.

[*Mnium rostratum* Schrad. *in Bot. Zeitung (Regensburg)*, 1: 79. 1802].

Suelos y rocas muy húmedas, salpicadas y sombrías, preferentemente calcícola.

Pinar de Lillo. Oseja de Sajambre (Parque Nacional Picos de Europa, Vierdes, río Zalambral). Posada de Valdeón (Vega de Liordes. Entre Puerto Cerredo y Villablino).

En FCO, MA, MACB.

No citada por F.B.I. para Le.

Fotografía: Claire Halpin, SBB.

Plagiomnium undulatum (Hedw.) T.J. Kop. *in Ann. Bot. Fenn.* 5: 146. 1968.

[*Mnium undulatum* Hedw. *in Sp. Musc. Frond.* 195. 1801]

Suelos de bosques caducifolios, a veces en rocas rezumantes. Indiferente edáfica.

Pinar de Lillo. Parque Nacional Picos de Europa (río Cares, puente de Urny, río abajo). Burón. Parque Nacional Picos de Europa (Vierdes, río Zalambral). Puerto de Ventana. Trampal de Tejedo de Ancares. Sierra de la Baña (vertiente NW de Peña Trevinca). Colinas del Campo de Martín Moro. Burón. Hayedo de Chano. Hayedo de Busmayor. Laguna de la Baña.

En BCN, FCO, LEB, MA, MACB, SALA.

Fotografía: Claire Halpin, SBB.

Rhizomnium magnifolium (Horikawa) Koponen *in Ann. Bot. Fenn.* 14: 14. 1973.

Acidófila, se desarrolla en sustratos húmedos en taludes, arroyos, cascadas, alrededor de lagunas y suelos higroturbosos de aguas limpias.

Pinar de Lillo.

En FCO, MA, MACB.

Rhizomnium pseudopunctatum (Bruch & Schimp.) T. Kop. *in Ann. Bot. Fenn.* 5(2): 143. 1968.

Boca de Huérgano (El Boquerón de Bobias). Posada de Valdeón (pr. Caldevilla, monte Gildar, Horcada del Oro).

En MA.

No reconocido para España por F.B.I.

Fotografía: J.C. Schou, CHB.

Rhizomnium punctatum (Hedw.) Koponen *in Ann. Bot. Fenn.* 5: 143. 1968.

[*Mnium punctatum* Schreb. *ex* Hedw. *in Sp. Musc. Frond.* 193. 1801].

Acidófila o neutrófila en suelos húmedos.

Pinar de Lillo. Burón. Hayedo de Chano. Hayedo de Busmayor (Trampal de Tejedo). Los Ancares. Boca de Huérgano (Vega de Tarna). Truchas (pr. Truchillas, El Lago). Posada de Valdeón. Boca de Huérgano (El Boquerón de Bobias). Puerto de Panderrueda. Posada de Valdeón (pr. Caldevilla, monte Gildar, Horcada del Oro). Tejedo de Ancares.

En BCN, FCO, MA, MACB, SALA.

Fotografía: Claire Halpin, SBB.

Neckeraceae Schimp. *in Coroll. Bryol. Eur.* 99. 1856.

[Bryopsida, Leucodontales]

Plantas pleurocárpicas, de medianas a robustas, de un verde claro o amarillento a pardo oscuro o negruzco, que forman tapices o tramas o son dendroides. Caulidios primarios rastreros, a veces estoloníferos; caulidios secundarios de postrados o decumbentes a rectos o formando un estípite y perpendiculares al substrato en plantas dendroides, ramificados regular o irregularmente; ramas más o menos rectas en seco, más o menos complanadas; cordón central indiferenciado. Pelos axilares de 3-10 células, 1-2 basales rectangulares, generalmente parduscas, 2-9 rectangulares, hialinas. Parafilos a veces diferenciados, de escasos a muy abundantes, simples o ramificados. Pseudoparafilos filamentosos, foliosos o inexistentes. Rizoides generalmente restringidos a los caulidios primarios o ramas en contacto con el substrato de un pardo rojizo, lisos o escasamente papilosos. Yemas y propágulos rizoidales inexistentes. Filidios de los caulidios secundarios y rameales, en plantas que forman tramas o tapices, de planos a transversalmente ondulados, de aplicados a erecto-patentes en seco y en húmedo, de ovales a oval-lanceolados, lingüiformes u oblongos o anchamente triangulares; lámina uniestratificada; ápice de obtuso a agudo, a veces denticulado o serrulado. Nervio inexistente o diferenciado, a veces corto y doble. Células superiores y medias de la lámina de romboidales a fusiformes o lineares, a veces sinuosas; células basales mayoritariamente rectangulares o romboidal-rectangulares, más raramente linear-vermiculares. Bulbillos o propágulos inexistentes. Sinoica, autoica o dioica. Perigonios generalmente laterales; filidios perigoniales usualmente ovales, lanceolados u oblongos. Periquecios laterales; filidios periqueciales en general anchamente lanceolados u oval-lanceolados. Una seta, raramente varias por periquecio, erecta, recta a veces algo sinuosa, pardusca, rojiza o amarillenta, a veces hialina, lisa. Cápsula estegocárpica exerta o inmersa, de erecta a horizontal o péndula. Células exoteciales de cuadradas a rectangulares o hexagonales alargadas. Anillo más o menos diferenciado, formado por 1-2 hileras de células rectangulares, a veces caedizo. Peristoma doble; exóstoma de 16 dientes de lineares a lanceolados, más o menos parduscos o amarillentos, papilosos hacia el ápice; endóstoma de 16 segmentos de lineares a lanceolados, de amarillentos a hialinos, de lisos a ligeramente papilosos. Opérculo de cónico a rostrado. Caliptra generalmente cuculada, glabra o pilosa. Esporas usualmente esféricas, de verdosas a parduscas, finamente papilosas (Guerra, 2014b; Jiménez, 2014).

Clave de géneros

1. Plantas dendroides...***Thamnobryum*** Nieuwl.

1. Plantas no dendroides ....***Neckera*** Hedw.

Neckera complanata (Hedw.) Huebener *in Muscol. Germ.* 576. 1833.

Saxícola y epífita sobre ramas y troncos.

Valle de Mirva (sobre *Fagus sylvatica*). Tejedo de Ancares. Hayedo de Chano. Hayedo de Busmayor. Posada de Valdeón (pr. Cordiñanes, monte Corona. Posada de Valdeón; pr. Caldevilla, arroyo Raicedo). Río del Trampal de Tejedo. Los Ancares.

En BCN, LEB, MA, MACB.

Fotografía: Claire Halpin, SBB.

Neckera crispa Hedw. *in Sp. Musc. Frond.* 206. 1801.

Saxícola y a veces epífita en lugares sombríos.

Caín (Picos de Europa, garganta del río Cares).

Citado por F.B.I. para Le.

Fotografía: Claire Halpin/Sharon Pilkington, SBB.

Neckera menziesii Drumm. *in Musci Amer., Brit. N. Amer.* 162, 162, 1828.

[*Metaneckera menziesii* (Hook.) Steere *in Bryologist.* 70: 344. 1967].

Saxícola calcícola.

Balouta. Hayedo de Busmayor.

En MA.

Categoría LR: NT.

Neckera pumila Hedw. *in Sp. Musc. Frond.* 205. 1801.

Epífita, raramente saxícola.

Fabero. Barcena de la Abadía.

En MA.

Fotografía: Claire Halpin, SBB.

Thamnobryum alopecurum (Hedw.) Nieuwl. *ex* Gangulee *in Mosses E. India* 5: 1452. 1976.

Rocas muy húmedas sometidas a salpicaduras en arroyos, taludes y suelos, indiferente edáfico.

Oseja de Sajambre (Parque Nacional Picos de Europa, Vierdes, río Zalambral). Hayedo de Nacho. Hayedo de Busmayor. Valle del río Cuiña. Balouta.

En FCO, MA, MACB.

Categoría LR: NT.

Fotografía: Claire Halpin, SBB.

Orthotrichaceae Arn. *in Disp. Méth. Mousses* 13. 1825.

[Bryopsida, Orthotrichales]

Plantas acrocárpicas o cladocárpicas, de pequeñas a robustas, que crecen formando almohadillas, céspedes o tapices, de un verde oliváceo más o menos oscuro, a veces casi negro, otras algo glaucas o parduscas. Caulidios principales erectos, decumbentes o rastreros, simples o variablemente ramificados; sin cordón central. Pelos axilares uniseriados, de forma extraordinaria ramificados, de 1-2 células basales, cortas, coloreadas y 1-6(9) superiores alargadas, hialinas, lisas. Rizoides limitados a la base de los caulidios o ascendiendo más o menos por ellos, generalmente pardos o rojizos, lisos o rugosos, raramente papilosos. Yemas rizoidales raramente desarrolladas. Filidios dispuestos helicoidalmente, de adpresos a escuarroso-recurvados, a veces flexuosos, crespos, rizados o espiralados en seco, erecto-patentes a extendidos en húmedo, generalmente de lanceolados a oval-lanceolados raramente lanceolados-romboidales, ovales, elípticos lingüiformes, o casi lineares, planos, aquillados o más o menos cóncavos; lámina uniestratificada, a veces parcial o totalmente biestratificada, excepcionalmente pluriestratificada; ápice de agudo a acuminado. Nervio siempre existente, simple, terminado en el ápice o por debajo, a veces excurrente. Células superiores y medias de la lámina aproximadamente isodiamétricas. Propágulos ocasionales, pluricelulares, estrechamente cilíndricos, raramente ramificados, axilares o sobre los filidios, a veces también sobre los rizoides. Autoica o dioica (con frecuencia nanándrica), raramente sinoica. Perigonios terminales o laterales gemiformes; filidios perigoniales muy diferenciados, pequeños, cóncavos, generalmente de nervio tenue. Periquecios terminales, a veces aparentemente laterales; filidios periqueciales similares a los vegetativos o algo diferenciados; a veces fuertemente. Vagínula corta o largamente cilíndrica. Seta casi siempre 1 por periquecio, erecta, recta, raramente curvada, variablemente retorcida en seco, desde muy corta hasta mucho más larga que la cápsula, pardusca o rojiza, lisa o más raramente rugosa. Cápsula estegocárpica exerta, emergente o inmersa, erecta. Células exoteciales mayoritariamente rectangulares. Anillo inexistente o formado por células ligeramente diferenciadas. Peristoma doble (diplolépido), a veces simple por pérdida del exóstoma o del endóstoma, otras vestigial, raramente inexistente; exóstoma de 16 dientes independientes o en 8 pares, a veces todos fusionados, en general lanceolados largamente acuminados; endóstoma de 8 o 16 segmentos alternando con los dientes, de triangulares a lineares, planos o aquillados, lisos o papilosos; cilios inexistentes. Opérculo de cónico a más o menos convexo, ocasionalmente plano, mamilado, rostelado o rostrado. Caliptra mitrada o más raramente cuculada, de estrechamente cilíndrica a cónica o campanulada, por lo común plegada, glabra o pilosa, cubriendo ampliamente la cápsula, lisa o papilosa. Esporas generalmente globosas, isomórficas o anisomórficas, raramente multicelulares, diversamente papilosas, más raramente granulosas o reticuladas (Caparrós et al., 2014; Lara et al., 2016; Lara & Estébanez, 2014; Lara & Garilleti, 2014; Mazimpaka & Lara, 2014).

Clave de géneros

1. Caliptra cuculada, lisa, glabra; cápsula muy exerta sobre una seta relativamente delgada; propágulos en las axilas de los filidios y en el tomento de los caulidios; generalmente abundantes; plantas siempre pequeñas (menores de 1 cm), con filidios de márgenes planos en la mayor parte de su longitud. Células superiores y medias de la lámina papilosas; dioica o

sinoica, a veces autoica, raramente con esporófitos; cápsula gimnóstoma o con peristoma simple o doble ....**Zygodon** Hook. & Taylor.

1. Caliptra mitrada, con pliegues, pilosa o glabra; cápsula de inmersa a exerta sobre una seta fuerte; propágulos en la superficie de los filidios, ocasionalmente abundantes; plantas siempre pequeñas (menores de 1 cm) o medianas (entre 1 y 5 cm), con filidios de márgenes recurvados, incurvados o planos en la mayor parte de su longitud **2**

2. Filidios cóncavos, de márgenes erecto-incurvos o involutos en su mayor parte, a menudo ápice obtuso o redondeado, raramente subagudo; propágulos filidiares abundantes, especialmente en la superficie ventral, raramente con esporófitos ....
....**Nyholmiella** Holmen & E. Warncke.

2. Filidios más o menos aquillados, raramente cóncavos, de márgenes recurvados, revolutos o planos en su mayor parte, de ápice de obtuso a acuminado, a veces redondeado; propágulos filidiares ocasionalmente abundantes en ambas superficies; frecuentemente con esporófitos **3**

3. Células basales-marginales hialinas, de cuadradas a cortamente rectangulares, de paredes netamente engrosadas, formando una banda diferenciada, más o menos ancha, que ocupa la 1/2 o más de la anchura de la base en cada margen; resto de células basales elongadas, las centrales con frecuencia lineares, sinuosas o nodulosas; filidios mayoritariamente linear-lanceolados, de base ensanchada, acuminados, de márgenes planos en su mayor parte, sin propágulos o con ellos tan sólo en el ápice.................................... **Ulota** D. Mohr.

3. Células basales-marginales indiferenciadas o sólo más cortas; resto de las células basales de corta a largamente rectangulares; filidios de formas variadas, si largamente lanceolados, acuminados y de márgenes planos en su mayor parte, entonces con propágulos repartidos por la lámina **4**

4. Estomas superficiales. Las células de las hojas basales son en su mayoría alargadas, incrasadas y sinuosas o paredes nodulosas. Goniautoica. Endóstoma sin membrana conectora. Los gametóforos suelen medir más de 1 cm. Las cápsulas suelen ser lisas o ligeramente acanaladas cuando están secas, frecuentemente exertas. Propágulos ausentes. Esporas frecuentemente superiores a 20 µm en diámetro ....
.... **Lewinskya** F. Lara, Garilleti & Goffinet.

4. Estomas sumergidos, más o menos cubiertos por las células subsidiarias. Células de la hoja basal rectangular, generalmente con paredes delgadas y no noduladas. Cladautoico. Endóstoma con membrana conectora, a veces incompleta. Los gametóforos generalmente menor de 1 cm. Cápsulas en su mayoría fuertemente acanaladas cuando están secas, rara vez se insertan. Propágulos frecuentemente presentes. Las esporas suelen tener menos de 20 µm de diámetro ....**Orthotrichum** Hedw.

Lewinskya affinis (Brid.) F. Lara, Garilleti & Goffinet *in Cryptol. Bryol.* 37(4): 374. 2016.

Hayedo de Busmayor.

En MA.

Fotografía: Claire Halpin, SBB.

Lewinskya striata (Hedw.) F. Lara, Garilleti & Goffinet *in Cryptog. Bryol.* 37(4): 365. 2016.

Hayedo de Chano.

En MA.

Fotografía: Claire Halpin, SBB.

Nyholmiella obtusifolia (Brib.) Holmen & E. Warncke *in Bot. Tidsskr.* 65: 179. 1969.

Epífita en troncos y ramas, en especial en la corteza de *Juglans regia* y *Populus nigra*.

Citado por F.B.I. para (Le).

Fotografía: Claire Halpin, SBB.

Orthotrichum acuminatum H. Philib. *in Rev. Bryol.* 8: 28. 1881.

Epífita de troncos y ramas de diversos árboles y arbustos mediterráneos.

No recogida para León en F.B.I.

Orthotrichum affine Schrad. *ex* Brid. *in Muscol. Cecent.* 2(2): 22. 1801.

[*Orthotrichum fastigiatum* Brid. *in Bryol. univ.* 1: 785. 1827].

Epífita de troncos y ramas de diversos árboles y arbustos, ocasionalmente sobre rocas. Corteza de *Quercus pyrenaica.*

Carbajal. Cuadros. Buiza. Almanza. Candanedo. Posada de Valdeón (pr. Cordiñanes, monte Corona). Balouta. Hayedo de Busmayor.

En LEB, MA.

Fotografía: Claire Halpin, SBB.

Orthotrichum anomalum Hedw. *in Sp. Musc. Frond.* 162. 1801.

Saxícola, indiferente edáfica y raramente epífita.

Puerto de Somiedo. Sena de Luna (cola del embalse de Los Barrios de Luna). Pinar de Lillo. Buiza. Tonín. Santa Lucía.

En FCO, LEB, VAL.

Fotografía: Claire Halpin, SBB.

Orthotrichum anomalum Hedw. var. ***saxatile*** Milde *in Bryol. Siles.* 171. 1869.

Cabrillanes (Tremeu).

En FCO.

Orthotrichum columbicum Mitt. *in J. Linn. Soc. Bot.* 8: 24. 1864.

Epífita en troncos y ramas de árboles (*Quercus robur, Quercus pyrenaica, Fagus sylvatica, Acer campestre*) y grandes arbustos (*Sambucus nigra, Crataegus monogyna, Corylus avellana, Salix atrocinera*).

Pinar de Lillo.

En FCO.

Fotografía: Claire Halpin, SBB.

Orthotrichum cupulatum Hoffm. *ex* Brid. *in Muscol. Recent.* 2(2): 25. 1801 var. **cupulatum.**

Saxícola, preferentemente calcícola.

La Cueta. Peña del Seo. Filiel. Balouta. Caín. Pinar de Lillo. Posada de Valdeón (pr. Cordiñanes, monte Corona).

En FCO, LEB, MA.

Categoría LR: LC.

Fotografía: Claire Halpin, SBB.

Orthotrichum diaphanum Schrad. *ex* Brid. *in Muscol. Recent.* 2(2): 29. 1801.

Epífita de troncos y ramas de diversos árboles y arbustos, en ocasiones saxícola. Sobre *Populus nigra*.

Cuadros. Villa de Soto.

En LEB.

Fotografía: Sharon Pilkington, SBB.

Orthotrichum lyellii Hook. & Taylor *in Muscol. Brit.* 76. 1818.

[*Pulvigera lyellii* (Hook. & Taylor) Plášek, Sawicki & Ochyra *in Acta Mus. Siles. Sci. Nat.* 64: 171. 2015].

Epífita en troncos y ramas de diversos árboles y arbustos. Sobre *Salix* x *spectata*, *Salix atrocinerea*, *Fagus sylvatica*, *Quercus petraea*, *Ilex aquifolium*, *Quercus* x *rosacea*.

Burbia. Valle de Hormas. Puerto de Ancares. Campo del Agua. Balouta. Tejedo de Ancares. Hayedo de Busmayor. Hayedo de Chano. Pinar de Lillo.

En FCO, LEB, MA, VAL.

Fotografía: Claire Halpin/Sharon Pilkington, SBB.

Orthotrichum pallens Bruch *ex* Brid. *in Bryol. Univ.* 1(2): 788. 1827.

Epífita sobre ramas y troncos de árboles y arbustos preferentemente templados supra y orotemplados.

Citado por F.B.I. para Le.

Categoría LR: DD.

Fotografía: Claire Halpin, SBB.

Orthotrichum philibertii Venturi *in Rev. Bryol.* 5: 45. 1878.

Epífita generalmente en bases y troncos de encinas y alsinas, así como de quejigos, alcornoques, olivos y pino halepo.

Citado por F.B.I. para Le.

Orthotrichum pulchellum Brunt. *in* Winch & Thornhill *in Bot. Guide Northumberland & Durham* 2: 23. 1807.

Sobre *Salix x expectata*.

Puerto de Ancares.

En LEB.

No citada por F.B.I. para Le.

Categoría LR: VU. Criterio: D1.

Fotografía: Claire Halpin, SBB.

Orthotrichum pumilum Sw. *in Monthly Rev.* 34: 538. 1801.

[*Orthotrichum schimperi* Hammar *in Monogr. Orthotrich. Ulot. Suec.* 9, 9, 1852].

Sobre cortezas de árboles y arbustos en bosques xerofíticos, ocasionalmente saxícola.

No citada para Le por F.B.I.

Categoría LR: NT.

Fotografía: Jean Faubert, SQB-Bryoquel.

Orthotrichum rivulare Turner _in Muscol. Hibern. Spic._ 96. 1804.

Epífita sobre raíces descubiertas, bases y partes bajas del tronco de árboles y arbustos riparios.

Aliseda del río Selmo en Corullón y Vegarienza, aliseda del río Omañón (Omañas).

Citada por F.B.I. para Le.

Fotografía: Claire Halpin, SBB.

Orthotrichum rupestre Schleich. _ex_ Schwägr. _in Sp. Musc. Frond., Suppl._ 1(2): 27. 1816.

[_Lewinskya rupestris_ (Schleich. _ex_ Schwägr.) F. Lara, Garilleti & Goffinet _in Cryptog. Bryol._ 37(4): 377. 2016].

Saxícola y epífita sobre gran variedad de árboles.

Puerto de las Señales. Millaró. Portilla de la Reina. Catoute. Buiza. Catoute. La Cuieta. Puerto de Somiedo. Candín. Hayedo de Busmayor.

En FCO, LEB, MA, MACB.

Fotografía: Sharon Pilkington, SBB.

Orthotrichum scanicum Grönvall _in Bidr. Känned. Nord. Orthotrichum & Ulota_: 13. 1885.

Epífita en troncos, ramas y ramillas de diferentes coníferas y arbustos y árboles planocaducifolios.

Citada por F.B.I. para Le.

Categoría LR: VU. Criterio: D2.

Orthotrichum speciosum Nees *in Deutschl. Fl., Abt. II, Cryptog.* 5 (17): 5. 1819 var. ***speciosum.***

[*Lewinskya speciosa* (Nees) F. Lara, Garilleti & Goffinet *in Cryptog. Bryol.* 37(4): 377. 2016].

Epífita de troncos y ramas de diversos árboles y arbustos preferentemente de bosques montanos con sequía estival moderada.

Hayedo de Chano. Hayedo de Busmayor. Pinar de Lillo.

En FCO, MA.

Fotografía: Jean Faubert, SQB-Bryoquel.

Orthotrichum stramineum Hornsch. *ex* Brid. *in Bryol. Univ.* 1: 789. 1827.

Epífita sobre ramas y troncos de árboles y arbustos preferentemente de hayedos y robledales.

Hayedo de Chano. San Isidro (Ancares). Pinar de Lillo.

En FCO, MA, VAL.

Fotografía: Claire Halpin, SBB.

Orthotrichum striatum Hedw. *in Sp. Musc. Frond.* 163. 1801.

Epífita en troncos y ramas de diversos árboles y arbustos.

San Isidro (Ancares).

En VAL.

Fotografía: Claire Halpin, SBB.

Orthotrichum tenellum Bruch *ex* Brid. *in Bryol. Univ.* 1: 786. 1827.

Epífita de troncos y ramas de diversos árboles y arbustos preferentemente de bosques mediterráneos.

Citada por F.B.I. para Le.

Fotografía: Claire Halpin, SBB.

Orthotrichum tortidontium F. Lara, Garilleti & Mazimpaka *in Nova Hedwigia* 63 (3-4): 517. 1996.

Epífita sobre troncos y ramillas de *Juniperus thurifera*.

Citada por F.B.I. para Le.

Orthotricum vittii F. Lara, Garilleti & Mazimpaka *in Bryologist* 102: 53. 1999.

Epífita sobre troncos y ramillas de *Juniperus thurifera*.

Mirantes de Luna.

En MA.

Ulota bruchii Hornsch. *ex* Brid. *in Bryol. Univ.* 1: 794. 1827.

Sobre troncos y ramas de árboles de bosques planifolios templados o submediterráneos.

Posada de Valdeón (hayedo del pico Cuatatín a Caldevilla). Sierra de Ancares.

En MA.

Fotografía: Jonathan Sleath, SBB.

Ulota coarctata (P. Beauv.) Hammar *in Monogr. Orthotrich. Ulot. Suec.:* 25. 1852.

Sobre troncos y ramas de árboles de bosques planifolios templados o submediterráneos.

Valle del Cuiña.

Citado por F.B.I. para Le.

Categoría LR: VU. Criterio: D1.

Fotografía: Jean Faubert, SQB-Bryoquel.

Ulota crispa Bridel *in Muscol. Recent. Suppl.* 4:112. 1819 [1818].

Sobre troncos y ramas de árboles de bosques planifolios templados o submediterráneos.

Burbia. Puerto de Ancares. Trampal de Tejedo. Los Ancares. Hayedo de Chano. Tejedo de Ancares.

En BCN, LEB, MA, VAL.

No citada para Le en F.B.I.

Fotografía: Sharon Pilkington, SBB.

Ulota crispula Bruch *in Bryol. Univ.* 1: 293. 1827.

Sobre troncos y ramas de árboles de bosques planifolios templados o submediterráneos o riparios.

Posada de Valdeón (Hayedo del pico Cuatatín a Caldevilla).

En MA.

Fotografía: Jonathan Sleath, SBB.

Ulota hutchinsiae (Sm.) Hammar *in Monogr. Orthotrich. Ulot. Suec.* 27. 1852.

Saxícola silicícola y ocasionalmente epífita sobre *Quercus robur*, *Quercus pyrenaica* y *Fagus sylvatica*.

Citado por F.B.I. para (Le).

Categoría LR: DD.

Fotografía: Claire Halpin, SBB.

Zigodon catarinoi C. García, F. Lara, Sérgio & Sim-Sim *in Nova Hedwigia* 82: 248. 2006.
Epífita sobre árboles, especialmente sobre *Quercus rotundifolia*.
Citada por F.B.I. para Le.

Zigodon rupestris Schimp. *ex* Lorentz *in Bryol. Nootizb.* 32. 1865.

[*Zygodon baumgartneri* Malta *in Latv. Univ. Raksti* 9: 147. 1924].

Epífita sobre árboles, también sobre troncos en descomposición y ocasionalmente saxícola. Sobre *Quercus pyrenaica, Quercus petraea, Quercus* x *rosacea, Fagus sylvatica.*

Crémenes. Burbia. Bárcena de la Abadía. Valle de Hormas. Puerto de Ancares. Campo del Agua. Valle de Mirva.

En LEB, MA

Fotografía: Sharon Pilkington, SBB.

Zygodon gracilis Wils. *in Edinburgh New Philos. J., n.s.* 13(2): 332. 1861.

Valgrande (Laguna).

En MA.

No citada para España en F.B.I.

Fotografía: Jonathan Sleath, SBB.

Plagiotheciaceae M. Fleisch. *in Nova Guinea* 8: 748. 1912.

[Bryopsida, Hypnales]

Plantas pleurocárpicas, de muy pequeñas a robustas, en ocasiones filiformes, que forman tapices o tramas de laxas a densas, de verde pálido a verde oscuro o verde amarillento, a veces rojizas o glaucas, con frecuencia brillantes, a veces mates. Caulidios de postrados a ascendentes, a veces estoloníferos; cordón central diferenciado o no, esclerodermis de 1-3 capas de células, hialodermis a veces diferenciada. Pelos axilares con 2-6 células, 1-2 basales cortamente rectangulares pardas o hialinas, las células apicales rectangulares, hialinas. Parafilos indiferenciados. Pseudoparafilos indiferenciados. Rizoides en grupos por encima (axilas) o por debajo de la inserción de los filidios, en la superficie dorsal del nervio, sobre las células de la lámina y al lado de los primordios de las ramas, variablemente ramificados, púrpura o de un pardo rojizo a rojo púrpura, de lisos a granular-papilosos. Yemas y propágulos rizoidales inexistentes. Filidios caulinares frecuentemente complanados, en ocasiones contortos, de erectos a patentes, más raramente escuarrosos en seco y en húmedo; lámina uniestratificada, con o sin pliegues longitudinales; ápice de obtuso a acuminado, raramente redondeado, en ocasiones apiculado, filiforme, reflexo o flexuoso. Nervio corto y doble o inconspicuo. Células medias de la lámina de romboidales a lineares o linear-vermiculares, en ocasiones de oblongo-hexagonales a rectangulares. La superiores cerca del ápice de irregularmente romboidales a lineares, ligeramente más cortas que las medias; células basales cerca de la inserción más cortas y anchas que las medias, oblongas, cuadradas, hexagonales, romboidales o rectangulares, concoloras. Propágulos en ocasiones diferenciados, agrupados en las axilas o ápices de los filidios o sobre la superficie dorsal del nervio, cilíndricos fusiformes, uniseriados, pluricelulares. Dioica o monoica. Perigonios gemiformes situados hacia la base de los caulidios y ramas; filidios perigoniales de lanceolados a ovales, acuminados. Periquecios hacia la base de los caulidios o ramas; filidios periqueciales de ovales u oval-oblongos a lanceolados. Seta generalmente 1 por periquecio, erecta, recta o algunas veces curvada o flexuosa, retorcida a la derecha en la parte superior y, a veces, ligeramente a la izquierda en la parte inferior, anaranjada, rojiza o de un pardo rojizo. Cápsula estegocárpica exerta, pardusca o de un pardo amarillento o pardo rojizo. Células exoteciales hexagonales, rectangulares, subcuadradas, cuadradas, oblatas o redondeadas. Anillo diferenciado, generalmente revoluble. Peristoma doble; exóstoma de 16 dientes lanceolados, amarillentos o de un amarillo-pálido; endóstoma de 16 segmentos, lanceolados o triangular-lanceolados estrechamente hendidos o no en la línea media, de amarillentos a hialinos, papilosos, cilios 1-3, a veces rudimentarios o inexistentes. Opérculo de cónico a rostrado. Caliptra cuculada, glabra, lisa, hialina o de un amarillo pardusco. Esporas de esféricas a ovoides, parduscas, lisas, papilosas o granulosas (CANO, 2018a, 2018b, 2018c).

Claves de géneros

1. Rizoides lisos o papilosos, que surgen por debajo de la inserción de los filidios **2**
1. Rizoides granular-papilosos, que surgen por encima de la inserción (axila) de los filidios; células basales usualmente porosas, frecuentemente parduscas; lámina frecuentemente con pliegues longitudinales, más raramente sin ellos; pelos axilares con la célula basal hialina ....***Orthothecium*** Schimp.

2. Base de los filidios decurrente; propágulos ocasionales, cilíndricos o fusiformes, en las axilas de los filidios o sobre la superficie dorsal del nervio ....***Plagiothecium*** Schimp.
2. Base de los filidios no decurrente; propágulos frecuentes u ocasionales, en forma de ramas flageliformes en las axilas de los filidios ....***Pseudotaxiphyllum*** Z. Iwats.

Orthothecium intricatum (Hartm.) Schimp. *in Bryol. Europ.* 5: 108. 1851.

En rendijas de rocas calcáreas, húmedas y sombreadas, en la boca de cuevas o simas cársticas.

Citado por F.B.I. para Le.

Fotografía: Claire Halpin, SBB.

Plagiothecium curvifolium Schlieph. *ex* Limpr. *in Laubm. Deutschl.* 3: 269. 1897.

Rocas ácidas, base de troncos y tocones.

Hayedo de Busmayor.

En MA

Fotografía: Claire Halpin, SBB.

Plagiothecium denticulatum (Hedw.) Schimp. *in Bryol. Europ.* 5: 190. 1851.

Canchal de arenisca. Suelos humíferos en formaciones boscosas.

Puerto de las Señales. Sierra de Ancares (en el circo del lago Cuiña). Hayedo de Busmayor.

En LEB, MA, MACB, MGC.

Fotografía: Claire Halpin, SBB.

Plagiothecium laetum Schimp. *in Bryol. Europ.* 5: 185. 1851.

Fisuras de roquedos silíceos y sobre troncos en descomposición.

Posada de Valdeón (sobre Sta. Marina de Valdeón, entre Pandetrave y Cadriega). Hayedo de Chano.

En MA.

Fotografía: Jean Faubert, SQB-Bryoquel.

Plagiothecium nemorale (Mitt.) A. Jaeger *in Ber. Thatigk. St. Gallischen Naturwiss. Ges. 1876-77: 451. 1878.*

Cuevas, oquedades, fisuras y rellanos de rocas silíceas.

Posada de Valdeón (pr. Caldevilla, riega del pico Cuetotín a Caldevilla). Tejedo de Ancares (cauce de río Cuiña). Posada de Valdeón (pr. Cordiñanes, monte Corona). Hayedo de Chano. Hayedo de Busmayor.

En MA.

Fotografía: Claire Halpin, SBB.

Plagiothecium piliferum (Sw.) Schimp. *in Bryol. Europ.* 5: 186. 1851.

Cuevas húmedas, roquedos de rocas ácidas.

Citado por F.B.I. para (Le).

Plagiothecium platyphyllum Mönk. *in Laubm. Eur.:* 866, fig. 207b. 1927.

Bordes de arroyos y ríos, rocas ácidas en el cauce o salpicadas en cascadas.

Palacios de Sil (pr. Salentinos). Puerto de Pajares.

En MA, MNHN.

Categoría LR: VU. Criterio: D2.

Plagiothecium succulentum (Wils.) Lindb. *in Bot. Not.* 1865: 43. 1865.

Canchal de cuarcitas.

Miravalles.

En LEB.

Fotografía: Claire Halpin, SBB.

Plagiothecium undulatum (Hedw.) Schimp. *in Bryol. Europ.* 5: 195. 1851.

[*Buckiella undulata* (Hedw.) Ireland *in Novon* 11: 55 2001].

Taludes y rocas húmedos, ácidos y sombríos. Sobre *Corylus avellana* en Burbia. Sobre caliza en Pobladura de la Tercia.

Tejedo de Ancares. San Emiliano (por encima de Riolago, arroyo de Las Vegas). Pinar de Lillo. Pereda de Ancares. Hayedo de Chano. Hayedo de Busmayor.

En FCO, LEB, MA, MACB, VAL.

Fotografía: Claire Halpin, SBB.

Pseudotaxiphyllum elegans Iwatsuki *in J. Hattori Bot. Lab.* 63: 449. 1987.

[*Isopterygium elegans* (Brid.) Lindb. *in Not. Sällsk. Fauna Fl. Fenn. Förh.,* 13: 416. 1874].

Huecos, fisuras u hendiduras de rocas ácidas, en lugares sombríos o húmedos.

Pereda de Ancares. Pinar de Lillo. Hayedo de Chano. Hayedo de Busmayor. Truchas (pr. Truchillas, El Lago).

En FCO, MA, MACB.

Categoría LR: NT.

Fotografía: Claire Halpin, SBB.

Polytrichaceae Schwägr. in *Sp. Musc. Frond.* 1. 1830.

[Polytrichopsida, Polytrichales]

Plantas acrocárpicas que forman céspedes laxos o densos verdes, parduscas o glaucas. Protonema filamentoso efímero. Caulidios erectos o ascendentes, generalmente de base riziforme, simples o de escasamente ramificados a dendroides, frecuentemente rojizos o pardo oscuro. Rizoides blanquecinos o parduscos, lisos, de escasos a muy abundantes en la base o a lo largo del caulidio. Filidios inferiores espaciados, escuamiformes, adpresos, los superiores de erectos a extendidos, crespos. Lámina uni o biestratificada, plana, ondulada o cóncava, en ocasiones dentada en el dorso, ápice obtuso, agudo, acuminado subulado. Nervio sencillo percurrente o excurrente en una arista rojiza, pardusca o hialina. Células superficiales dorsales rectangulares o cuadradas, lisas. Células superiores y medias de la lámina casi isodiamétricas, cuadradas, hexagonales u oblatas. Los filidios diferenciados en vaina y limbo suelen presentar en los hombros células dispuestas en 2-3 estratos que actúan a modo de bisagra entre las dos partes del filidio. Dioica, raramente monoica. Perigonios terminales discoidales o en forma de copa, filidios perigoniales similares o diferentes de los vegetativos, anchamente ovados, apiculados, a menudo solapados formando una roseta. Periquecios terminales; filidios periqueciales largamente envainadores. Seta larga y solitaria. Cápsula exerta. Células exoteciales irregularmente cuadradas, hexagonales. Anillo inexistente. Peristoma de 32-64 dientes obtusos. Columela cilíndrica o tetragonal. Opérculo con pico. Caliptra de glabra a densamente pelosa. Esporas esféricas, amarillentas, equinuladas, aunque pueden parecer lisas al microscopio óptico, o papilosas (BRUGUÉS ET AL., 2007b).

Clave de géneros

1. Filidios con lamelas sinuosas sobre la superficie ventral del nervio ....
.... ***Oligotrichum*** Lam. & DC.
1. Filidios con lamelas rectas sobre la superficie ventral del nervio..**2**

2. Filidios no diferenciados en vaina y limbo, con un borde formado por células largas y estrechas; nervio con 2-7 lamelas en la superficie ventral..........................***Atrichum*** P. Beauv.
2. Filidios diferenciados en vaina y limbo, sin borde; nervio con más de 7 lamelas en la superficie ventral **3**

3. Células del borde de las lamelas redondeadas en sección; cápsula sin apófisis; urna de globosa a cilíndrica; peristoma formado por 32 dientes ....***Pogonatum*** P. Beauv.
3. Células del borde de las lamelas ovadas, elípticas, piriformes, emarginadas o apicalmente planas en sección; cápsula con apófisis; urna prismática, ovoide, elíptica o cilíndrica; peristoma formado por 64 dientes **4**

4. Urna prismática, con ángulos agudos; apófisis bien delimitada por una profunda constricción; células exoteciales mamilosas...***Polytrichum*** Hedw.
4. Urna ovoide, cilíndrica o prismática con los ángulos poco marcados; apófisis mal delimitada; células exoteciales lisas...***Polytrichastrum*** G.L. Sm.

Atrichum undulatum (Hedw.) P. Beauv. *in Prodr. Aethéogam.* 42. 1805.

Taludes sombríos de hayedos, robledales y encinares, en fuentes y bordes de arroyos.

Candín. Pinar de Lillo. Valle del Cuiña. Hayedo de Chano.

En BCB, FCO, MA.

Categoría LR: NT.

Fotografía: Sharon Pilkington, SBB.

Oligotrichum hercynicum (Hedw.) Lam. & DC. *in Fl. Franç.* ed. 3, 2: 492. 1805.

Suelos, taludes y rocas húmedas, indiferentes edáficamente.

Citado por F.B.I. para (Le).

Fotografía: Sharon Pilkington, SBB.

Pogonatum aloides (Hedw.) P. Beauv. *in Prodr. Aetheogam.* 84. 1805.

Suelos y taludes ácidos.

Hayedo de Chano. Hayedo de Busmayor. Pinar de Lillo. Valle del Cuiña. Tejedo de Ancares. Candín.

En BCB, FCO, MA.

Fotografía: Sharon Pilkington, SBB.

Pogonatum nanum (Hedw.) P. Beauv. *in Prodr. Aetheogam.* 84. 1805.

Suelos y taludes ácidos.

Hayedo de Busmayor. Tejedo de Ancares. Candín.

En BCB, BCN, MA.

Fotografía: Claire Halpin, SBB.

Pogonatum urnigerum (Hedw.) P. Beauv. *in Prodr. Aetheogam.* 84. 1805.

Taludes y rendijas de rocas ácidas, descubiertos y húmedos.

Tejedo de Ancares (cerca del Molino). Candín. Villasimpliz. Valle del Cuiña.

En BCB, BCN, MACB.

Fotografía: Claire Halpin, SBB.

Polytrichastrum alpinum (Hedw.) G.L. Sm. *in Mem. New York Bot. Gard.* 21(3): 37. 1971.

[*Polytrichum alpinum* Hedw. *in Sp. Musc. Frond.* 92. 1801].

Taludes, grietas, rellanos de rocas y suelos humíferos, mojados o húmedos, preferentemente ácidos. Cuarcitas, areniscas y pizarras.

Miravalles. Cuiña. Catoute. Puerto de Las Señales. Peña de Seo. Lumeras. Puebla de Lillo. Puerto del Pontón. Pico Cuiña. Truchas (pr. Truchillas, El Lago).

En BCB, LEB, MA, MGC.

Fotografía: Claire Halpin, SBB.

Polytrichastrum formosum (Hedw.) G.L. Sm. *in Mem. New York Bot. Gard.* 21(3): 37. 1971.

[*Polytrichum formosum* Hedw. *in Sp. Musc. Frond.* 92. 1801].

Taludes, suelos y rocas sombríos y húmedos preferentemente ácidos.

Sierra de Ancares. Hayedo de Chano. Hayedo de Busmayor. Boca de Huérgano. Tejedo de Ancares. Candín. Vegabaño. Pinar de Lillo. Posada de Valdeón (pr. Cordiñanes, monte Corona). Posada de Valdeón (pr. Caldevilla, monte Gildar, Horcada del Oro). Ancares de León (Valle del Cuiña). Posada de Valdeón (Parque Nacional).

En BCB, FCO, LEB, MA, MACB, MGC.

Categoría LR: NT.

Fotografía: Claire Halpin, SBB.

Polytrichastrum longisetum (Sw. *ex* Brid.) G.L. Sm. *in Mem. New York Bot. Gard.* 21(3): 35. 1971.

[*Polytrichum longisetum* Sw. *ex* Brid. *in J. Bot.* 1800 (1): 286. 1801]

Suelos encharcados en bordes de lagunas y arroyos.

Laguna de Cuiña.

En BCB, BCN.

Categoría LR: CR. Criterio: B2ab(iii); D.

Fotografía: Sharon Pilkington, SBB.

Polytrichum commune Hedw. *in Sp. Musc. Frond.* 88. 1801.

Suelos húmedos y encharcados, turbosos, bordes de cursos de agua o lagos.

Pinar de Lillo. Los Ancares. Laguna de Cuiña. Catoute. Villavandín. Puerto de Ventana. Boca de Huérgano (El Boquerón de Bobias). Puerto de Leitariego. Puerto de las Señales. Puerto Lumeras. Palacios del Sil (pr. Salentinos, turbera del pico Catoute). Puebla de Lillo (por encima de Isoba, hacia el Lago del Ausente). Posada de Valdeón (pr. Caldevilla, riega del pico Cautatín a Caldevilla). Tejedo de Ancares. Candín. Villablino (laguna del Fontanón). Truchas (pr. Truchillas, El Lago).

En BCB, BCN, FCO, MA, MAB, MGC, SANT, VAL.

Categoría LR: NT.

Fotografía: Claire Halpin, SBB.

Polytrichum juniperinum Hedw. *in Sp. Musc. Frond.* 89. 1801.

Suelos de secos a húmedos, brezales pedregosos.

Filiel. Camposagrado. Cerecedo. Santa Lucía. Bárcena de la Abadía. Pinar de Lillo. Balouta, Candín. Portilla de la Reina. El Boquerón de Bobias.

En BCB, FCO, LEB, MA, MACB, SANT.

Fotografía: Sharon Pilkington, SBB.

Polytrichum piliferum Hedw. *in Sp. Musc. Frond.* 90. 1801.

Suelos ácidos, pedregosos y secos o suelos arenosos calcáreos. Muy abundante en la provincia.

Puerto de Ancares. Catoute. Miravalles. Portilla de la Reina. Teleno. Puerto de Peñas Blancas. Pinar de Lillo. Posada de Valdeón (pr. Caldevilla, monte Gildar, Horcada del Oro). Balouta. Tejedo de Ancares. Puerto Lumeras.

En BCB, FCO, LEB, MGC.

Fotografía: Claire Halpin, SBB.

Polytrichum strictum Menzies *ex* Brid. *in J. Bot. (Schrader)* 1800(1): 286. 1801.

En brezales y prados higroturbosos.

Citada por F.B.I. para (Le).

Fotografía: Claire Halpin, SBB.

Biodiversidad botánica leonesa: Briófitos

Pottiaceae Schimp. *in Coroll. Bryol. Eur.* 24 (1856).

[Bryopsida, Pottiales]

Plantas acrocárpicas, que forman céspedes más o menos extensos o almohadillas, a veces gregarias de verdes a amarillentas o parduscas. Caulidios simples o ramificados; sección transversal circular, pentagonal, triangular o formas intermedias entre ellas; cordón central diferenciado o no. Pelos axilares uniseriados, de 2-15 células, usualmente hialinas, a veces 1-3 parduscas o amarillentas. Rizoides generalmente parduscos y lisos, o ligeramente papilosos. Yemas rizoidales frecuentes. Filidios diversamente retorcidos o crespos, de adpresos a reflejos en seco, de erectos a escuarrosos en húmedo, de linear-lanceolados a lingüiformes espatulados; lámina de uni a pluriestratificada, aquillada o no, diversamente coloreada de amarillo a rojizo con KOH; ápice de acuminado a redondeado u obtuso, a veces apiculado o termina en un pelo o arista más o menos largos. Nervio sencillo, a veces con ramificaciones laterales hacia el ápice, que termina desde cerca del ápice hasta excurrente en un largo pelo hialino o pardusco. Células superficiales dorsales de cuadrado-rectangulares a lineares, lisas o papilosas. Células superiores y medias de los filidios de redondeadas a romboidales u oblongas, a veces sinuosas, clorofílicas, lisas, mamilosas o pluripapilosas. Propágulos pluricelulares de forma diversa. Dioica o monoica (autoica, paroica o sinoica). Perigonio terminal o lateral, generalmente gemiforme; filidios perigoniales generalmente más pequeños que los vegetativos. Periquecio terminal o lateral; filidios periqueciales diferenciados o no de los vegetativos. Seta desde muy corta, que deja la cápsula inmersa o emergente, a larga con la cápsula exerta. Cápsula cleistocárpica o estegocárpica. Células exoteciales de cuadradas a rectangulares o diversamente poliédricas. Anillo de vestigial a formado por varias filas de células vesiculosas, en ocasiones no desarrollado. Gimnóstoma (cápsula sin peristoma), con peristoma de 32 dientes o 16 dispuestos en pares, de triangulares a filiformes. Caliptra usualmente cuculada, a veces mitraforme, lisa raramente papilosa. Opérculo desde plano-convexo a rostrado, que cae independiente de la columnela. Esporas esféricas o elipsoidales, de amarillentas a parduscas, diversamente ornamentadas, raramente casi lisas (Cano, 2006a, 2006b, 2006c; Ederra, 2006a, 2006b; Gallego, 2006a, 2006b; Gallego & Cano, 2006; Garilleti, 2006; Guerra, 2006a, 2006b, 2006c, 2006d, 2006e; Guerra & Brugués, 2006; Jiménez, 2006; Lara, 2006; Puche, 2006; Ron et al., 2006; Ros & Werner, 2006a, 2006b).

Clave de géneros

1. Cápsulas claistocárpicas en ocasiones con opérculo deciduo. Cápsula de emergente a exerta, raramente inmersa sin peristoma (gimnóstoma), sin opérculo o muy ligeramente diferenciado, caliptra bien desarrollada, conspicua. Nervio con solo una vaina de estereidas dorsales. Estereidas escasa, dispuestas en 1-2(3) capas .... ***Microbryum*** Schimp.

1. Cápsulas estegocárpicas, o plantas sin esporófitos..**2**

2. Filidios con lamelas o filamentos clorofílicos, o ambos a la vez, en la cara ventral **3**

2. Filidios sin lamelas o filamentos clorofílicos en la cara ventral..**5**

3. Filidios con filamentos clorofílicos sobre el nervio y la lámina; filidios de aspecto carnoso, márgenes fuertemente incurvados, con peristoma de dientes bien desarrollados ....
....***Aloina*** (Müll. Hal.) Kindb.

3. Filidios con filamentos clorofílicos sólo sobre el nervio; filidios de aspecto usualmente no carnoso, márgenes de planos a recurvados, con peristoma de dientes bien desarrollados ..**4**

4. Filidios con filamentos supranerviales de 3-12 células, ocasionalmente más cortos (1)2 células en cuyo caso las células superiores o medias de la lámina son lisas o con 1-2 papilas...***Crossidium*** Bruch & Schimp.
4. Filidios con filamentos supranerviales de (1)2 células; células superiores o medias de la lámina con 4-8 papilas... ***Tortula*** Hedw.

5. Nervio sólo con 1 banda dorsal de estereidas, si existe la ventral, que puede desarrollarse muy raramente, está formada por 1-2 células y también tienen eurocistos. **5**
5. Nervio con 2 bandas de estereidas una dorsal y otra ventral, esta puede constituir las células superficiales ventrales del mismo..**14**

6. Plantas que no presentan caulidios sin cordón central; ni células de la lámina lisas; ni son plantas de suelos ricos en metales pesados; pero con filidios generalmente lanceolados, a veces ovado-lanceolados, los periqueciales similares a los vegetativos; y son plantas que forman céspedes más o menos abiertos, sin tomento y con pelos axilares con 1-2(3) células basales pardas ....***Didymodon*** Hedw.
6. Plantas que no reúnen estos caracteres **7**

7. Arquegonios y esporófitos en ramas laterales de los caulidios principales; filidios netamente aquillados; plantas de altas montañas.......................................***Anoectangium*** Schwägr.
7. Arquegonios y esporófitos generalmente terminales en los caulidios principales; filidios no o apenas aquillados: plantas no necesariamente de altas montañas **8**

8. Lámina pigmentada (verde, pardo, etc.) en el tercio o cuarto superior, paredes dorsales de las células de la lámina no o apenas engrosadas; filidios periqueciales que no se estrechan bruscamente desde la mitad en un ápice largo y linear lanceolado; filidios de lanceolados a estrechamente triangular-lanceolados, a veces estrechamente ovado-lanceolados; márgenes marcadamente revolutos hasta 1,5 vueltas; caulidios con esclerodermis...................................***Pseudocrossidium*** R.S. Williams.
8. Filidios de otra forma, márgenes revolutos o no; caulidios con o sin esclerodermis...................**9**

9. Nervio con banda dorsal de estereidas lunuladas; células superficiales dorsales del nervio indiferenciadas; células superiores de la lámina rojizas con KOH ....***Syntrichia*** Brid.
9. Nervio con banda dorsal de estereidas semicircular o circular; células superficiales dorsales del nervio diferenciadas o no; células superiores de la lámina amarillentas o anaranjadas con KOH **10**

10. Cápsulas cleistocárpicas; sin peristoma; opérculo indiferenciado o diferenciado ligera y finalmente caduco. Estereidas escasas, dispuestas en 1-2(3) capas; cápsula de emergente a exerta, raramente inmersa...***Microbryum*** Schimp.
10. Cápsulas estegocárpicas, exertas **11**

11. Urna que no suele superar 1 mm de longitud, usualmente 0,4-1 mm de longitud; filidios anchamente ovado-lanceolados; células basales de los filidios no infladas; plantas sin propágulos protonemáticos...***Microbryum*** Schimp.
11. Urna más larga, usualmente mayor de 1,2 mm de longitud.......................................**12**

12. Peristoma de dientes incompletamente desarrollados, de hasta 180µm de longitud, de contorno estrechamente triangular o sin peristoma. Filidios con nervio netamente excurrente en un mucrón o en un largo pelo hialino o amarillento... ***Pottia*** (Ehrh. *ex* Rchb.) Fürnr.
12. Peristoma de dientes, en general bien desarrollados, usualmente filiformes, de más de180µm de longitud **13**

13. Células superiores de la lámina lisas o con alguna papila aislada ....
.... ***Pottia*** (Ehrh. *ex* Rchb.) Fürnr.
13. Células superiores de la lámina subpapilosas (1)2-6(8) papilas por célula (ocasionalmente en *Tortula atrovirens* pueden existir algunas células lisas) .... ***Tortula*** Hedw.

14. Márgenes de los filidios constituidos por 2-10(12) estratos de células que forman un borde continuo, conspicuamente engrosado y generalmente confluyente con el nervio en el ápice **15**
14. Márgenes de los filidios constituidos por 1-2(3) estratos de células, pero que no forman un borde continuo, conspicuamente engrosado, ni confluye con el nervio en el ápice **16**

15. Filidios lisos o moderadamente, traslúcidos, caulidios sin cordón central; cápsulas sin estomas .... ***Cinclidotus*** P. Beauv.
15. Filidios fuertemente papilosos, opacos, caulidios con cordón central; cápsulas con estomas .... ***Dialytrichia*** *(Schimp.)* Limpr.

16. Márgenes de los filidios marcadamente aserrados por encima de la base, en un tramo entre la zona hialina basal y la clorofílica superior .... ***Eucladium*** Bruch & Schimp.
16. Márgenes de los filidios enteros en el tramo entre la zona hialina basal y la clorofílica superior **17**

17. Células basales marginales hialinas que forman un borde de 4-6(7) hileras desde la base de los filidios hasta el tercio superior; filidios marcadamente escuarrosos en húmedo .... ***Pleurochaete*** Lindb.
17. Células basales marginales hialinas sin formar un borde de 4-6(7) hileras desde la base de los filidios hasta el tercio superior; filidios no marcadamente escuarrosos en húmedo **18**

18. Filidios con nervio que termina cerca del ápice, sólo en ocasiones de percurrente a ligeramente excurrente en los filidios periqueciales; márgenes de los filidios planos. Sólo en ocasiones ligeramente involutos o revolutos en la base: cápsula gimnóstoma; esclerodermis poco nada diferenciada .... ***Gymnostomum*** Nees & Hornsch.
18. Plantas que no reúnen estos caracteres **19**

19. Caulidios de sección triangular. Células superiores de los filidios pluripapilosas; cápsula turbinado-clariforme con opérculo sistilio; plantas de hábitat acuático ***Hymenostylium*** Brid.
19. Caulidios de sección redondeada o resondeada-pentagonal **20**

20. Filidios de márgenes irregulares y fuertemente dentados en el tercio superior ....
.... ***Leptodontium*** (Müll. Hal.) Hampe.
20. Filidios de márgenes enteros, papilosos-crenulados o débilmente denticulados.................... **21**

21. Pelos axilares con 1-2 células basales pardas, el resto hialinas........................ ***Didymodon*** Hedw.
21. Pelos axilares con todas las células hialinas..**22**

22. Células superiores de la lámina rojas con KOH .... ***Bryoerythrophyllum*** P.C. Chen.
22. Células superiores de la lámina anaranjadas o amarillentas con KOH **23**

23. Márgenes de los filidios recurvados; al menos uno de ellos en el tercio infe-rior .... ***Barbula*** Hedw.
23. Márgenes de los filidios de planos a fuertemente involutos en la parte superior **24**

24. Células basales hialinas de los filidios que ascienden por los márgenes y originan una línea de separación brusca en forma de uve entre ellas y las células medias clorofíli-cas .... ***Tortella*** (Lindb.)
24. Células basales hialinas de los filidios que no ascienden por los márgenes ni originan una línea de separación brusca en forma de uve entre ellas y las células medias clorofílicas **25**

25. Filidios de lámina quebradiza en la parte superior **26**
25. Filidios de lámina no quebradiza en la parte superior; cápsula estegocárpica, con o sin peristoma o epifragma **27**

26. Plantas de 5-20(35) mm; filidios espiralmente retorcidos en seco, de estrechamente lan-ceolados a lingüiformes, de 3-4(6) mm de longitud.................................. ***Trichostomum*** Bruch.
26. Plantas de 0,4-2 mm; filidios incurvados, ocasionalmente crespos o retorcidos en seco, de lanceolados a lingüiformes, de 1,8-5 mm de longitud................................. ***Tortella*** (Lindb.) Limpr.

27. Márgenes de los filidios de incurvados a fuertemente involutos en la parte superior, a veces planos; peristoma de 16 dientes rectos de entorno triangular, poco o nada perforados, papilosos; a veces sin peristoma, con o sin epifragma .... ***Weissia*** Hedw.
27. Márgenes de los filidios planos, a veces incurvados o ligeramente involutos en la parte superior; peristoma de 16 dientes generalmente rectos o helicoidalmente retorcidos, filiformes, perforados, espiculosos o papilosos, a veces vestigiales o sin, peristoma **28**

28. Plantas acuáticas (hidrófilas) .... ***Barbula*** Hedw.
28. Plantas terrícolas o saxícolas (no higrófilas). Dientes del peristoma siempre existentes, helicoi-dalmente retorcidos .... ***Tortella*** (Lindb.).

Aloina aloides (Schultz) Kindb. *in Bih. Kongl. Svenska Vetensk.-Akad. Handl.* 7: 136. 1883.

Todo tipo de suelos, incluso a veces nitri-ficados.

Citada por F.B.I. para Le.

Fotografía: Claire Halpin, SBB.

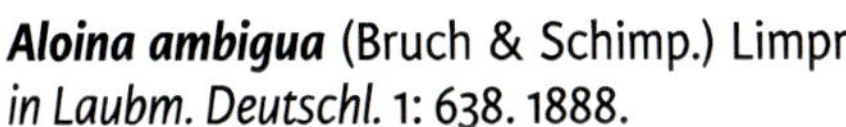

Aloina ambigua (Bruch & Schimp.) Limpr. *in Laubm. Deutschl.* 1: 638. 1888.

Suelos y protosuelos descubiertos, taludes, tierra acumulada en muros. A menudo en sustrato calcáreo, arcilloso, margoso o yesífero.

Fotografía: Claire Halpin, SBB.

Anoectangium aestivum (Hedw.) Mitt. *in J. Linn. Soc. Bot.* 12: 175. 1869.

Roquedos húmedos.

Citada por F.B.I. para Le.

Categoría LR: LC.

Fotografía: Claire Halpin, SBB.

Barbula convoluta Hedw. *in Sp. Musc. Frond.* 120. 1801 var. ***convoluta***.

Suelos secos, rocas, muros, a veces orillas de ríos.

Priaranza del Bierzo (Castillo de Cornatel).

En LEB, MA.

Fotografía: Claire Halpin, SBB.

Barbula crocea (Brid.) F. Weber & D. Mohr *in Bot. Taschenbuch* 481. 1807.

Hidrófila, calcófila, rocas sumergidas en aguas carbonatadas, tobas rezumantes.

Citada por F.B.I. para (Le).

Categoría LR: VU. Criterio: D2.

Barbula unguiculata Hedw. *in Sp. Musc. Frond.* 118. 1801.

Suelos secos, rocas, muros, a veces orillas de ríos.

Carbajal de la Legua. León.

En LEB.

Fotografía: Claire Halpin, SBB.

Bryoerythrophyllum recurvirostrum (Hedw.) P. C. Chen *in Hedwigia* 80: 5. 1941.

Suelos y taludes generalmente protegidos. Indiferente edáfico.

Posada de Valdeón (Vega de Liordes hacia cerca cima la Padiorna). Posada de Valdeón (monte Gildar, Horcada del Oro, pr. Caldevilla). Pico de la Cerra. Liegos (pico Yordas).

En FCO, MA, MUB.

Fotografía: Claire Halpin, SBB.

Cinclidotus fontinaloides (Hedw.) P. Beauv. *in Prodr. Aethéogam.* 52. 1805.

Rocas en ríos y arroyos, con preferencia en aguas calizas.

Velilla de la Reina. Posada de Valdeón (monte Corona, pr. Cordiñanes).

En LEB, MA.

Fotografía: Claire Halpin, SBB.

Cinclidotus riparius (Host *ex* Brid.) Arn. *in Mém. Soc. Linn. Paris* 7: 247. 1827.

Rocas en ríos y arroyos, con preferencia en aguas calizas.

Posada de Valdeón (Caín, canal del Cares).

En MA.

Fotografía: Des Callaghan, SBB.

Crossidium squamiferum (Viv.) Jur. *in Laubm.-Fl. Oesterr.-Ung.*: 127. 1882.

Suelos, muros, taludes y rocas preferentemente básicas.

Citado en F.B.I. para Le.

Fotografía: Ries Lindley, CHB.

Dialytrichia mucronata (Brid.) Broth. *in Nat. Pflanzenfam.* I(3): 412. 1902.

Suelos, rocas y troncos de árboles.

Citada por F.B.I. para (Le).

Fotografía: Sharon Pilkington, SBB.

Didymodon fallax (Hedw.) R.H. Zander *in Phytologia* 41: 28. 1978.

Saxícola calcárea y dolomíticola.

Citada por F.B.I. para (Le).

Fotografía: Sharon Pilkington, SBB.

Didymodon ferrugineus (Schimp. *ex* Besch.) M.O. Hill *in J. Bryol.* 11: 599. 1981 [1982].

Saxícola calcárea y dolomíticola, pero también en rocas ácidas. También terrícola.

Cabrillanes (pr. Cacabillo).

En MA.

Fotografía: Claire Halpin, SBB.

Didymodon insulanus (De Not.) M.O. Hill *in J. Bryol.* 11: 599. 1981.

[*Barbula cylindrica* (Taylor) Schimp. *in Fl. Crypt. Est. Muscin.* 430, 430, 1872].

Suelo básicos, raramente ácidos.

En LEB.

Citada por F.B.I. para (Le).

Fotografía: Claire Halpin, SBB.

Didymodon rigidulus Hedwig *in Sp. Musc. Frond.* 104. 1801.

[*Barbula mamillosa* Crundw. *in J. Bryol.* 9: 163–166].

Suelos de muy diversa textura tanto ácidos como básicos.

Picos de Europa (Macizo Central, cima del Pico de la Padiorna).

En FCO, LEB.

No citada para Le en F.B.I.

Fotografía: Jean Faubert, SQB-Bryoquel.

Didymodon sinuosus (Mitt.) Delogne *in Bull. Soc. Roy. Bot. Belgique* 12: 423. 1873.

Rocas y fisuras de rocas calizas en ambientes sombríos y márgenes de cursos de agua. A veces epífito sobre *Quercus* y *Ulmus*.

Balouta.

En MA.

No citada para Le en F.B.I.

Fotografía: Claire Halpin, SBB.

Didymodon spadiceus (Mitt.) Limpr. *in Laubm. Deutschl.* 1: 556. 1888.

Sobre rocas calizas, raramente ácidas.

Citada por F.B.I. para Le.

Fotografía: Sharon Pilkington, SBB.

Didymodon tophaceus (Brid.) Lisa *in Elenc. Musc.* 31. 1837.

Suelos, rocas o muros de naturaleza caliza con escorrentía de agua o rezumantes.

Citada por F.B.I. para Le.

Fotografía: Sharon Pilkington, SBB.

Didymodon vinealis (Brid.) R.H. Zander *in Phytologia* 41: 25. 1978.

Indiferente edáfica, sobre todo tipo de suelos.

Priaranza del Bierzo (Castillo de Cornatel).

En MA.

Citada por F.B.I. para (Le).

Fotografía: Claire Halpin, SBB.

Eucladium verticillatum (With.) Bruch & Schimp. *in Bryol. Europ.* 1: 93. 1846.

Rocas calcáreas húmedas o paredes rezumantes.

Puerto de Somiedo. Caín.

En FCO, MA.

Fotografía: Claire Halpin, SBB.

Gymnostomum aeruginosum Sm. *in Fl. Brit.* 3: 1163. 1804 var. ***aeruginosum.***

Protosuelos húmedos acumulados en paredones y rocas, a veces rezumantes.

Bajando del Puerto del Pontón. Posada de Valdeón (monte Gildar, Horcada del Oro, pr. Caldevilla).

En BCB, MA.

Fotografía: Wayne Lampa, CHB.

Hymenostylium recurvirostrum (Hedw.) Dixon *in Rev. Bryol. Lichénol.* 6: 96. 1933 var. ***recurvirostrum.***

Rocas rezumantes o salpicadas, incluso parcialmente sumergidas en fuentes, arroyos o cursos de agua.

Citada por F.B.I. para Le.

Fotografía: Sharon Pilkington, SBB.

Leptodontium flexifolium (Dicks.) Hampe *in Öfvers. Förh. Kongl. Svenska Vetensk.-Akad.* 21: 227. 1864.

Suelos y rocas ácidas.

En LEB.

Categoría LR: EN. Criterio: B2a(ii, iii, iv).

Fotografía: Claire Halpin, SBB.

Microbryum curvicollum (Hedw.) R.H. Zander *in Bull. Buffalo Soc. Nat. Sci.* 32: 240. 1993.

Suelos nitrificados de diversa naturaleza.

Citada por F.B.I. para Le.

Fotografía: Sharon Pilkington, SBB.

Microbryum davallianum (Sm.) R.H. Zander *in Bull. Buffalo Soc. Nat. Sci.* 32: 240. 1993.

Suelos nitrificados de diversa naturaleza.

Citada por F.B.I. para Le.

Fotografía: Sharon Pilkington, SBB.

Microbryum floerkeanum (F. Weber & D. Mohr) Schimp. *in Syn. Musc. Eur.* 11. 1860.

Suelos y taludes arenosos, yesíferos o calizos.

Citada por F.B.I. para Le.

Fotografía: Sharon Pilkington, SBB.

Microbryum starkeanum (Hedw.) R.H. Zander *in Bull. Buffalo Soc. Nat. Sci.* 32: 240. 1993.

Suelos nitrificados de diversa naturaleza.

Citada por F.B.I. para (Le).

Fotografía: Sharon Pilkington, SBB.

Pleurochaete squarrosa (Brid.) Lindb. *in Öfvers. Förh. Kongl. Svenska Vetensk. -Akad.* 21: 253. 1864.

Terrícola, indiferente edáfica con cierta preferencia calcícola y gipsícola.

Candanedo de Boñar. Santa Lucía. Millaró. Mirantes de Luna. Balouta.

En LEB, MA.

Fotografía: Claire Halpin, SBB.

Pottia crinita Wilson *ex* Bruch & Schimp. *in Bryol. Eur.* 2: 43 (fasc. 42 *Monogr. Suppl.* 1: 1, pl. 1). 1843.

Tierra acumulada en rocas ácidas.

Citada por F.B.I. para (Le).

Fotografía: Claire Halpin, SBB.

Pottia intermedia (Turner) Fürnr. *in Flora* 12(2) *Erganzungsblätter* 13. 1829.

Suelos básicos o ácidos, bordes de carretera, repisas de rocas con tierra acumulada.

Citada por F.B.I. para Le.

Fotografía: Claire Halpin, SBB.

Pottia lanceolata (Hedw.) Müll. Hal. *in Syn. Musc. Frond.* 1: 548. 1849.

Suelos y taludes nitrificados, indiferente edáfica.

Citada por F.B.I. para (Le).

Fotografía: Sharon Pilkington, SBB.

Pottia truncata (Hedw.) Bruch & Schimp. *in Bryol. Eur.* 2: 37. 1843.

Taludes y suelos ácidos a veces nitrificados.

Citada por F.B.I. para (Le).

Fotografía: Claire Halpin, SBB.

Pseudocrossidium hornschuchianum (Schultz) R.H. Zander *in Phytologia* 44: 205. 1980.

[*Barbula hornschuchiana* Schultz *in Syll. Pl. Nov.* 1: 35. 1824].

Taludes, pastizales, suelos ácidos, básicos, yesíferos.

Tonín. Carbajal.

En LEB.

Citada por F.B.I. para (Le).

Fotografía: Sharon Pilkington, SBB.

Syntrichia laevipila Brid. *in Muscol. Recent.* 4: 98. 1818 [1819].

Corticícola.

Citada por F.B.I. para (Le).

Fotografía: Jonathan Sleath, SBB.

Syntrichia latifolia (Bruch *ex* Hartm.) Hübener *in Muscol. Germ.* 342. 1833.

Generalmente epífita.

Citada por F.B.I. para (Le).

Fotografía: Jonathan Sleath, SBB.

Syntrichia montana Nees *in Flora* 2: 301. 1819 var. **montana.**

[*Tortula intermedia* (Brid.) De Not. *in Syllab. Musc.*, 181. 1838].

Saxicola, indiferente edáfica.

La Cueta. Priaranza del Bierzo. Castillo de Cornatel. Posada de Valdeón (r. Caldevilla, monte Gildar, Horcada del Oro).

En LEB, MA.

Citada por F.B.I. para Le.

Fotografía: Jonathan Sleath, SBB.

Syntrichia norvegica F. Weber *in Arch. Syst. Naturgesch.* 1: 130. 1804.

[*Tortula norvegica* (F. Weber) Lindb. *in Öfvers. Kongl. Vetensk.-Akad. Förh.* 21: 245. 1864].

Terrícola en suelos pedregosos. También saxícola preferentemente en sustratos calcáreos.

Maraña, Base del Mampodre, Valle de Valverde. Posada de Valdeón; pr. Caldevilla, monte Gildar, Horcada del Oro.

En FCO, MA, MACB.

Syntrichia papillosa (Wilson) Jur. *in Laubm.-Fl. Oesterr.-Ung.*: 141. 1882.

Epífita.

Citada por F.B.I. para Le.

Fotografía: Claire Halpin, SBB.

Syntrichia princeps (De Not.) Mitt. *in J. Proc. Linn. Soc., Bot. Suppl.* 1: 39. 1859.

[*Tortula princeps* De Not. *in Mem. Reale Accad. Sci. Torino*, 40: 288. 1838].

Saxícola, indiferente edáfica.

Posada de Valdeón (pr. Cordiñanes, monte Corona). Posada de Valdeón (pr. Caldevilla, monte Gildar, Horcada del Oro)

En MA.

citada por F.B.I. para Le.

Fotografía: Rory Hodd, SBB.

Syntrichia ruralis (Hedw.) F. Weber & D. Mohr *in Index Mus. Pl. Crypt.* 2. 1803 var. ***ruralis.***

[*Tortula ruralis* (Hedw.) G. Gaertn., B. Mey. & Scherb. *in Oekon. Fl. Wetterau* 3(2): 91. 1802].

Terrícola. A veces saxícola.

Balouta. Macizo Central de Picos de Europa (cima del Pico de la Padiorna). Posada de Valdeón (Vega de Liordes hacia cima la Padiorna). Pinar de Lillo. Liegos (pico Yordas).

En FCO, MA, MACB.

No citada por F.B.I. para Le.

Fotografía: Claire Halpin, SBB.

Syntrichia ruralis var. ***ruraliformis*** (Besch.) Delogne *in Ann. Soc. Belge. Microscop.* 9: 177. 1885.

Terrícola. A veces saxícola.

Balouta.

En MA.

Fotografía: Sharon Pilkington, SBB.

Syntrichia subpapillosissima (Bizot & R.B. Pierrot *ex* W.A. Kramer) M.T. Gallego & J. Guerra *in Bot. J. Linn. Soc.* 138: 221. 2002.

Saxícola indiferente edáfica.

Citada por F.B.I. para Le.

Syntrichia virescens (De Not.) Ochyra *in Fragm. Florist. Geobot.* 37: 213. 1992.

[*Tortula virescens* (De Not.) De Not. *in Mem. Reale Accad. Sci. Torino* 40: 286. 1838].

Epífita. También saxícola.

En MA.

Fotografía: Claire Halpin, SBB.

Tortella inclinata var. ***densa*** (Lorentz & Molendo) Limpr. *in Laubm. Deutschl.* 1: 604. 1888.

Posada de Valdeón (Vega de Liordes hacia cima la Padiorna).

En FCO.

No citada por F.B.I. para Le.

Fotografía: Claire Halpin, SBB.

Tortella inflexa (Bruch) Broth. *in Nat. Pflanzenfam.* 1(3): 397. 1902.

Rocas y suelos de naturaleza caliza.

No citada por F.B.I. para Le.

Fotografía: Claire Halpin, SBB.

Tortella nitida (Lindb.) Broth. *in Nat. Pflanzenfam.* 1(3): 197. 1902.

Calizas.

Puerto de las Señales. Santa Lucía. Mirantes de Luna. Candanedo.

En LEB.

No citada por F.B.I. para Le.

Fotografía: Claire Halpin, SBB.

Tortella tortuosa (Hedw.) Limpr. *in Laubm. Deutschl.* 1: 604. 1888 var. **tortuosa.**

Grietas de rocas, principalmente calizas.

Peña del Seo. Rodrigatos de las Regueras. Lago de la Baña. Millaró. Portilla de la Reina. Parque Nacional Picos de Europa (Torre de Salinas). Balouta. Crémenes. Hayedo de Busmayor. Picos de Europa (Macizo Central, cima del Pico de la Padiorna). Posada de Valdeón (Vega de Liordes hacia cerca de la cima la Padiorna). Cabrillanes (Tremeu). Balouta. Boca de Huérgano. Vega de Tarna. En LEB, MA.

Fotografía: Claire Halpin, SBB.

Tortula atrovirens (Turner *ex* Sm.) Lindb. *in Öfvers. Förh. Kongl. Svenska Vetensk.-Akad.* 21(4): 236. 1864.

Taludes, fisuras, muros, suelos de muy distinta naturaleza.

Priaranza del Bierzo. Castillo de Cornatel. En MA.

Fotografía: Sharon Pilkington, SBB.

Tortula brevissima Schiffn. *in Ann. Naturhist. Hofmus.* 27: 481. 1913.

Suelos calcáreos, yesíferos y salinos.

Citada por F.B.I. para (Le).

Tortula muralis Hedw. *in Sp. musc. frond.:* 123. 1801.

Rocas calizas, taludes y suelos básicos.

Cuadros. Vega. Candanedo. Bárcena de la Abadía. Muy abundante en toda la provincia.

En BCN, FCO, LEB, MA.

Fotografía: Sharon Pilkington, SBB.

Tortula subulata Hedwig *in Sp. Musc. Frond.* 122. 1801.

Suelos, taludes, repisas o hendiduras de rocas. Sobre *Fagus sylvatica*.

Pinar de Lillo. Valle de Mirva. Posada de Valdeón (monte Gildar, pr. Caldevilla, Horcada del Oro). Posada de Valdeón (monte Corona, pr. Cordiñanes). Teleno.

Liegos (pico Yordas).

En LEB, MA,MACB, MGC.

Fotografía: Claire Halpin, SBB.

Trichostomum brachydontium Bruch *in Flora* 12: 393. 1829.

Suelos generalmente básicos, a veces también ácidos.

Balouta.

En MA.

Fotografía: Sharon Pilkington, SBB.

Trichostomum crispulum Bruch *in Flora* 12: 395. 1829.

Suelos de naturaleza diversa incluso rocas y muros artificiales.

Citado por F.B.I. para (Le).

Fotografía: Claire Halpin, SBB.

Weissia controversa Hedw. *in Sp. Musc. Frond.* 67. 1801 var. **controversa.**

Indiferente edáfica. Taludes, fisuras de rocas.

Posada de Valdeón (Mata de los Llanos, pr. Posada de Valdeón).

En MA.

Fotografía: Claire Halpin, SBB.

Pterigynandraceae Schimp. *in Syn. Musc. Eur. (ed. 2).* 618. 1876.

[Bryopsida, Hypnales]

Plantas de pequeñas a medianas, raramente robustas, que forman tapices o tramas densos o laxos de un verde amarillento a oscuro o pardusco, mates o brillantes. Caulidios rastreros o postrados, irregularmente ramificados, pinnados o subpinnados; cordón central diferenciado o inexistente. Parafilos escasos o inexistentes. Pseudoparafilos foliosos, filamentosos o inexistentes. Rizoides escasos, dispersos o agrupados en caulidios y ramas. Filidios caulinares, de adpresos a escuarrosos en seco y también en húmedo, de anchamente ovales o suborbiculares a lanceolados; lámina uniestratificada; ápice de obtuso a acuminado o filiforme, en ocasiones apiculado, márgenes enteros denticulados o dentados en la parte superior, de planos a recurvados o revolutos. Nervio simple o doble, corto y a menudo bifurcado, o que llega hasta la mitad del filidio o algo más, en ocasiones indiferenciado. Células superiores y medias de la lámina de romboidales a lineares, lisas o papilosas; células basales rectangulares, oblongas o lineares, lisas o papilosas, porosas o no; células alares de poco a muy diferenciadas, lisas. Filidios rameales generalmente poco diferenciados de los caulinares, algo más pequeños. Propágulos caulinares y rameales en ocasiones desarrollados. Dioica. Seta larga, erecta, retorcida, recta o ligeramente curvada, lisa. Cápsula estegocárpica exerta de erecta a horizontal, pardusca. Células exoteciales cuadradas a rectangulares. Anillo caedizo, en ocasiones indiferenciado. Peristoma doble, en ocasiones reducido, a veces simple; exóstoma de 16 dientes, de lineares a estrechamente triangulares; endóstoma de 16 segmentos, lineares, más corto que los dientes del exóstoma. Opérculo cónico o rostrado. Caliptra cuculada, glabra. Esporas esféricas o subesféricas lisas o finamente papilosas (BRÚGUES ET AL., 2018; PUCHE, 2018a, 2018b).

Clave de géneros

1. Filidios caulinares oblongo-elípticos, de ápice obtuso y apiculado o agudo ....***Pterigynandrum*** Hedw.
1. Filidios caulinares de ovales a lanceolados, de ápice agudo, acuminado o filiforme **2**

2. Células superiores y medias de la lámina lisas; márgenes de los filidios enteros en la parte posterior, denticulados o crenulados en la parte inferior.............................***Habrodon*** Schimp.
2. Células superiores y medias de la lámina proradas, al menos las marginales; márgenes de los filidios dentados ....***Heterocladium*** Bruch & Schimp.

Habrodon perpusillus (De Not.) Lindb. *in Öfvers. Förh. Kongl. Svenska Vetensk.-Akad. 20:* 401. 1863.

Epífita sobre troncos y ramas de diferentes forófitos.

Citada en F.B.I. con (Le).

Fotografía: Claire Halpin, SBB.

Heterocladium dimorphum (Brid.) Schimp. *in Bryol. Europ.* 5: 153. 1852.

Rocas, suelos pedregosos, grietas, taludes, en lugares sombreados y base de árboles, generalmente sobre sustratos ácidos.

Posada de Valdeón (monte Gildar, Horcada del Oro, pr. Caldevilla). Valdeón. Monte Corildar.

En MA, MO.

Fotografía: Martine Lapointe, SQB-Bryoquel.

Heterocladium heteropterum (Brid.) Schimp. *in Bryol. Europ.* 5: 154. 1852.

Rocas y taludes húmedos, ácidos y sombreados.

La Cueta. Hayedo de Busmayor.

En LEB, MA.

Fotografía: Sharon Pilkington, SBB.

Heterocladium wulfsbergii I. Hagen *in Kongel. Norske Vidensk. Selsk. Skr. (Trondheim)* 1908: 74. 1909.

Rocas ácidas, húmedas y sombreadas y en taludes cerca de cursos de agua.

Citada de Le en F.B.I.

Categoría LR: NT.

Fotografía: Claire Halpin, SBB.

Pterigynandrum filiforme Hedw. *in Sp. Musc. Frond.* 81. 1801.

Sobre *Fagus sylvatica, Quercus petraea, Corylus avellana, Ilex aquifolium, Salix x expectata.*

Valle de Hormas. Catoute. Puerto de Ventana. Burbia. La Cueta. Puerto de Ancares. Valle de Mirva. Illarga (Puebla de Lillo). Campo del Agua. San Isidro. Pinar de Lillo. Posada de Valdeón (pr. Caldevilla, hayedo del pico Cuatatín a Caldevilla). Burón. Hayedo de Chano. Hayedo de Busmayor. Boca de Huérgano. Vega de Tarna.

En LEB, FCO, MA, MACB, SALA, VAL.

Categoría LR: NT.

Fotografía: Des Callaghan, SBB.

Ptychomitriaceae Schimp. *in Syn. Musc. Eur.* 241. 1860.

Plantas de pequeñas a robustas, que forman almohadillas, céspedes densos o laxos o gregarios verdes, de un verde amarillento o parduscas, en ocasiones negruzcas. Caulidios erectos, simples o ramificados, con cordón central. Rizoides parduscos o rojizos, escasos en la base de los caulidios, lisos. Pelos axilares formados por 2-3 células basales cortas y 5-7 distales largas. Filidios de erectos a retorcidos en seco; lámina uniestratificada o parcialmente biestratificada, en ocasiones plegada en la base; ápice de obtuso a acuminado, en ocasiones cuculado. Nervio simple, grueso, generalmente percurrente. Células superiores y medias de la lámina de redondeadas, cuadradas o rectangulares. Células basales subcuadradas, rectangulares o lineares. Yemas axilares uniseriadas o ramificadas. Autoica, paroica o gonioautoica. Perigonios gemiformes, axilares o pedunculados. Periquecios terminales; filidios periqueciales similares a los vegetativos. Una seta o varias por periquecio, recta, flexuosa o sigmoide. Cápsula erecta, exerta o emergente, de amarillenta a pardusca inmersa, exerta o emergente de un amarillo pajizo, pardusco, pardo oscuro o rojizo. Anillo generalmente bien desarrollado, caduca o persistente, en ocasiones indiferenciado. Peristoma simple, de 16 dientes la mayoría irregularmente divididos en 2-3 segmentos papilosos. Caliptra mitraforme, plegada o lisa. Opérculo rostrado, en ocasiones cónico, pico recto. Esporas esféricas, papilosas, en ocasiones lisas (Brugués & Ruiz, 2015i).

Ptychomitrium polyphyllum (Dicks. *ex* Sw.) Bruch & Schimp. *in Bryol. Europ.* 3: 82. 1837.

Rocas y taludes ácidos.

Citada por F.B.I. para Le.

Categoría LR: NT.

Fotografía: Claire Halpin, SBB.

Rhabdoweisiaceae Limpr. *in Laubm. Deutschl.* 1. 271. 1886.

[Bryopsida, Dicranales]

Plantas acrocárpicas de pequeñas a medianas, que forman céspedes densos o laxos, en ocasiones almohadillas, de amarillentas a un verde pálido o verde oscuro o parduscas. Caulidios erectos o ascendentes, simples o ramificados, con o sin cordón central. Rizoides en la base de los caulidios o que asciendes por estos. Yemas rizoidales ocasionalmente desarrolladas. Filidios erectos en general; ápice agudo, acuminado, raramente obtuso o redondeado. Nervio sencillo, que termina por debajo del ápice o excurrente; células ventrales y dorsales rectangulares, en ocasiones cuadradas. Células superiores y medias de la lámina de cuadradas o redondeadas a rectangulares o lineares. Propágulos ocasionales. Autoica, raramente paroica o dioica. Perigonios terminales o situados debajo de los periquecios. Periquecios terminales o laterales; filidios periqueciales similares a los vegetativos, en ocasiones con base envainadora. Seta larga o corta. Cápsula generalmente estegocárpica, de inmersa a exerta. Células exoteciales de cuadradas a rectangulares o poligonales largas. Anillo caedizo o persistente en ocasiones indiferenciado. Peristoma simple, de 16 dientes enteros, perforados o profundamente divididos en dos segmentos, verticalmente estriados, rojizos. Caliptra cuculada, lisa o algo rugosa en el ápice. Opérculo convexo o cónico. Esporas esféricas a subtriangulares, de amarillentas a verdosas, lisas o finamente papilosas (Brugués & Ruiz ,2015c, 2015e, 2015g, 2015h; Cros, 2015a; Heras & Infante, 2015a, 2015c).

Clave de géneros

1. Filidios escuarrosos en húmedo .... *Dichodontium* Schimp.
1. Filidios no escuarrosos en húmedo **2**

2. Lámina en su parte media con líneas longitudinales discontinuas (son engrosamientos circulares que en sección transversal parecen papilas)...**3**
2. Lámina sin líneas longitudinales...**4**

3. Células superficiales dorsales y ventrales del nervio diferenciada (ver en sección transversal); células alares a menudo diferenciadas; cápsula con peristoma ....*Hymenoloma* Dusén.
3. Células superficiales dorsales y ventrales del nervio indiferenciadas (ver en sección transversal); células alares indiferenciadas; cápsula sin peristoma (gimnóstoma) ....
....*Amphidium* Schimp.

4. Células alares diferenciadas. Estereidas indiferenciadas (ver sección transversal del nervio). Cápsulas de suberecta a inclinada, de urna asimétrica; seta 8-13 mm de longitud...*Kiaeria* I. Hagen.
4. Células alares indiferenciadas **5**

5. Células medias de la lámina papilosas o mamilosas...**6**
5. Células medias de la lámina lisas **9**

6. Células medias de la lámina pluripapilosas ....*Amphidium* Schimp.
6. Células medias de la lámina unipapilosas..**7**

7. Lámina uniestratificada o parcialmente biestratificada; márgenes de los filidios biestratificados; ápice de los filidios acuminado ....*Cynodontium* Bruch & Schimp.

7. Lámina generalmente uniestratificada; márgenes de los filidios uniestratificados; ápice de los filidios de agudo a redondeado **8**

8. Filidios de erecto-patente a reflexos en húmedo; plantas que se encuentran en márgenes de riachuelos y fuentes .... ***Dichodontium*** Schimp.

8. Filidios erectos en húmedo; plantas que se encuentran en grietas de rocas .... ***Cynodontium*** Bruch & Schimp.

9. Lámina parcialmente biestratificada, al menos en los márgenes ....***Dicranoweisia*** Lindb. *ex* Milde.

9. Lámina uniestratificada **10**

10. Ápice de los filidios acuminado; células medias de la lámina 15-21 x 15-16 µm .... ***Cynodontium*** Bruch & Schimp.

10. Ápice de los filidios agudo; células medias de la lámina 7-14 x 9-14 µm .... ***Rhabdoweisia*** Bruch & Schimp.

Amphidium mougeotii (Bruch & Schimp.) Schimp. *in Coroll. Bryol. Eur.* 40. 1856.

Rocas silíceas húmedas.

Villasimpliz. Vega de Tarna. Hayedo de Busmayor. Monte Gildar.

En BCB, MA.

Fotografía: Des Callaghan, SBB.

Cynodontium bruntonii (Sm.) Bruch & Schimp. *in Bryol. Europ.* 1: 103. 44. 1846.

[*Oreoweisia bruntonii* (Sm.) Mild. *in Bryol. Siles.* 54: 1869].

Preferentemente en fisuras de roquedos silíceos.

Sierra del Teleno. Miravalles. Catoute. Buiza. Boca de Huérgano. Posada de Valdeón (monte Gildar, Horcada del Oro, pr. Caldevilla). Tejeda de Ancares. El Molino. Hayedo de Busmayor. Balouta. Candín. Pinar de Lillo. Villafranca del Bierzo.

En BCB, FCO, LEB, MA, MACB, MGB, MUB.

No citada para Le por F.B.I.

Fotografía: Claire Halpin, SBB.

Cynodontium polycarpum (Hedw.) Schimp. *in Coroll. Bryol. Eur.* 12. 1856.

Arenisca.

Teleno.

En LEB.

Fotografía: Jean Faubert, SQB-Bryoquel.

Boca de Huérgano. Vega de Tarna.

En BCB, MA, MUB.

Fotografía: Claire Halpin, SBB.

Dichodontium palustre (Dicks.) M. Stech *in Nova Hedwigia* 69: 239. 1999.

[*Dicranella palustris* (Dicks.) Crundw. *in Trans. Brit. Bryol. Soc.* 4: 247. 1962 [1963].

[*Anisothecium palustre* I. Hagen *in Kongel. Norske Vidensk. Selsk. Skr. (Trondheim)* 1914: 35. 1915].

Borde de arroyos. Suelos ácidos, muy húmedos o periódicamente inundados, cerca de fuentes y riachuelos.

Villasimpliz. Valle de Cuiña. Ancares de León.

Dichodontium pellucidum (Hedw.) Schimp. *in Coroll. Bryol. Eur.* 12. 1856.

Indiferente edáfica. En rocas, taludes o márgenes de cursos de agua y fuentes.

Valgrande. Posada de Valdeón (monte Gildar, Horcada del Oro, pr. Caldevilla). Posada de Valdeón (Vega de Liordes).

En MA.

Fotografía: Claire Halpin, SBB.

Dicranoweisia cirrata (Hedw.) Lindb. *in Bryol. Siles.* 49. 1869.

Rocas ácidas, bases de árboles y madera en descomposición.

Las Médulas. Portilla de la Reina. Puerto de Ventana. Tonín. Balouta.

En LEB, MA, MO, MUB.

Fotografía: Sharon Pilkington, SBB.

Hymenoloma crispulum (Hedw.) Ochyra *in Biodivers. Poland* 3: 114. 2003

[*Dicranoweisia crispula* (Hedw.) Milde *in Bryol. Siles.* 49. 1869].

Sobre cuarcitas.

Catoute.

En LEB.

Fotografía: Claire Halpin, SBB.

Kiaeria starkei (F. Weber & D. Mohr) I. Hagen *in Kongel. Norske Vidensk. Selsk. Skr. (Trondheim)* 1914(1): 114. (1915).

En canchal de areniscas.

Puerto de las Señales. Posada de Valdeón (pr. Caldevilla, monte Gildar, Horcada del Oro). Boca de Huérgano (Boquerón de Bobias). Lago Cuiña. Tejedo de Ancares.

En BCB, LEB, MA, MACB.

Rhabdoweisia fugax (Hedw.) Bruch & Schimp. *in Bryol. Eur.* 1: 98. 1846.

Fisurícola en roquedos silíceos húmedos, raramente terrícola.

Citado por F.B.I. para Le.

Fotografía: David T. Holyoak, SBB.

Rhytidiaceae Broth. *in Nat. Pflanzenfam. (ed. 2)* 11: 475. 1925.

[Bryopsida, Hypnales]

Plantas acrocárpicas grandes, generalmente robustas, que forman tapices o tramas laxos, de un verde amarillento o parduscas, en ocasiones brillantes. Caulidios de ramificación generalmente pinnada, a veces esparcidamente ramificados, de procumbentes a erectos-ascendentes, en ocasiones con ramificaciones estoloníferas; ramas generalmente no muy cortas, más o menos atenuadas; cordón central diferenciado, esclerodermis por lo común de 5-10 capas de células pequeñas, hialodermis inexistente. Pelos axilares de 4-7 células hialinas o con un ligero tono rojizo. Parafilos inexistentes. Pseudoparafilos foliosos, de lanceolados a estrechamente lanceolados. Rizoides raros, simples o poco ramificados, de un pardo rojizo, lisos, que se originan en la base de las ramas, más raramente en los caulidios. Filidios caulinares generalmente de erectos a erecto-patentes en seco y en húmedo; lámina uniestratificada, marcadamente rugosa desde la base; ápice en general largamente acuminado, a veces acanalado. Nervio simple, alcanzando 2/3-3/4 de la longitud de los filidios, superficie dorsal espinuloso-prorada, en ocasiones termina en una espina dorsal. Células superiores de la lámina linear-flexuosas proradas; células medias de largamente oblongas a linear-flexuosas, a veces anaranjadas, células alares pequeñas, de cuadradas a rectangulares o lineares. Filidios rameales homomórficos, sólo más pequeños que los caulinares y más acusadamente falcado-secundos. Dioica. Perigonios en los caulidios; filidios perigoniales generalmente ovales. Periquecios laterales, situados sobre los caulidios; filidios periqueciales lanceolados o largamente oval-lanceolados, plegados longitudinalmente, con nervio; vagínula pilosa. Una seta por periquecio, usualmente muy larga, erecta, ligeramente flexuosa-sinuosa, retorcida, de un rojo oscuro, lisa. Cápsula estegocárpica, exerta, de pardusca a rojiza o anaranjada. Células exoteciales ovales cortamente rectangulares u oblongas. Anillo diferenciado, formado por 2-3 filas de células, revoluble. Peristoma doble; exóstoma de 16 dientes triangular-lanceolados, unidos en la base por una membrana basal corta, de amarillentos a parduscos; endóstoma de 16 segmentos, estrechamente hundidos en la línea media, de un amarillo pálido, dispersamente papilosos, cilios 2-4, tan largos como los segmentos. Caliptra cuculada, glabra. Opérculo de cónico o cónico-apiculado a cónico-rostrado. Esporas más o menos esféricas, parduscas, finamente papilosas, a veces casi lisas (GUERRA, 2018g).

Familia con un sólo género monoespecífico.

Rhytidium rugosum (Hedw.) Kindb. *in Bih. Kongl. Svenska Vetensk.-Akad. Handl.* 7(9): 15. 1883.

Márgenes de bosques preferentemente basófilos.

Citado por F.B.I. para Le.

Fotografía: Claire Halpin, SBB.

<h1 style="text-align:center">Seligeriaceae Schimp. in Coroll. Bryol. Eur. 22. 1856.</h1>

[Bryopsida, Grimmiales]

Plantas acrocárpicas, que forman céspedes más o menos extensos, generalmente gregarias. De un verde claro, verde amarillento, verde oscuro o parduscas. Protonema a veces persistente. Caulidios erectos o ascendentes, generalmente simples, a veces ramificados con ramas cortas, con o sin cordón central. Rizoides de un pardo a pardo rojizo. Filidios de erectos a patentes; lámina uniestratificada; márgenes planos, enteros, a veces denticulados o crenulados raramente serrulados. Nervio robusto o débil, que termina debajo del ápice, percurrente o excurrente. Células superiores de la lámina cuadradas, romboidales rectangulares, redondeadas o cortamente oblongas. Células medias cuadradas, rectangulares, oblongas o lineares. Dioica o autoica. Anteridios en pequeños grupos en la axila de los filidios vegetativos bajo el periquecio, a veces perigonios situados en cortas ramas laterales, o bien gemiformes, en ocasiones en la axila de los filidios vegetativos superiores. Periquecios terminales. Seta generalmente más larga que la cápsula amarillenta o parda, lisa. Cápsula estegocárpica de exerta a inmersa. Células exoteciales cuadradas, rectangulares, hexagonales, oblongas. Anillo indiferenciado o caedizo. Gimnóstoma o peristoma compuesto por 16 dientes cortos, triangulares, truncados o divididos en el ápice, a veces perforados, lisos o papilosos, hialinos, amarillentos o de un anaranjado rojizo. Caliptra mitrada, cónico-mitrada o cuculada, glabra, lisa, a veces rugosa en el ápice. Opérculo rostrado, de pico recto u oblicuo. Esporas esféricas, reniformes o tetraédricas, amarillentas o pardas, lisas, ligeramente papilosas o con lamelas (Cros, 2015b; Puche, 2015d).

Clave de Géneros

1. Caliptra cuculada, peristoma cuando existe, de dientes generalmente lisos. Filidios con células alares bien diferenciadas, de un naranja oscuro a rojo, hialinas en filidios jóvenes, plantas hasta de 3,8(7) cm ....***Blindia*** Fürnr.

1. Caliptra cuculada, peristoma cuando existe, de dientes generalmente lisos. Filidios con células alares indiferenciadas, plantas hasta de 0,5 cm ....
....***Seligeria*** Bruch & Schimp.

Blindia acuta (Hedw.) Bruch & Schimp. *in Bryol. Eur.* 2: 19. 1846.
Rocas ácidas húmedas, en prados, márgenes de cursos de agua o sumergidas.
Villablino.
En MNHN.
Fotografía: Claire Halpin, SBB.

Seligeria acutifolia Lindb. *in Handb. Skand. Fl. (ed. 9)* 2: 75. 1864.

Rocas calizas verticales o extraplomadas en ambientes protegidos o algo húmedos.

Citada por F.B.I. para Le.

Fotografía: Claire Halpin, SBB.

Seligeria pusilla (Hedwig) Bruch & Schimper *in Bryol. Eur.* 2: 10. 1846.

Rocas calizas tanto verticales como extraplomadas.

Valdeón (Monte Corona, próximo a Cordiñanés).

En MA.

No citada por F.B.I. para Le.

Fotografía: Robert Klips, CHB.

Sphagnaceae Dumort. *in Anal. Fam. Pl. 68.* 1829.

Plantas verdes, amarillentas, parduscas, rojizas, más raramente púrpuras, violáceas o negruzcas que formas céspedes o almohadillas. Protonema taloso. Caulidios erectos, en los que se suelen diferenciar tres zonas concéntricas, la más interna de células parenquimatosas e incoloras, la intermedia de células pequeñas esclerenquimatosas y coloreadas y la más interna, denominada hialodermis, formada por 1-4 células grandes hialinas que pueden tener poros y estar reforzadas por fibrillas helicoidales. Rizoides inexistentes, excepto en las formas juveniles. Ramas de ordinario diferenciadas en divergentes o péndulas, que en grupos de 2-7 se reúnen en fascículos dispuestos helicoidalmente alrededor del caulidio y se agrupan densamente en la parte apical para formar el capítulo. Yema apical prominente y visible en el centro del capítulo. Filidios caulinares de erectos a péndulos, pudiendo ser cóncavos o planos, espatulados, desde lingüiformes hasta triangulares con ápice de redondeado a agudo. Los filidios rameales imbricados, rectos o curvados, a veces esquarrosos, dispuestos en 5 hileras o esparcidos, cóncavos, de ovados a estrechamente lanceolados; ápice truncado o redondeado; márgenes enteros o erosos. Nervio inexistente. Células de la lámina de tres tipos: los clorocistes, células lineares, clorofilosas; los hialocistes, células romboidales, huecas, que acumulan agua; y células alargadas que en algunas especies forman un margen de 1-9 hileras. Dioica o autoica. Perigonios con filidios semejantes a los rameales, aunque más cóncavos más densamente imbricados y con una coloración más intensa; anteridios solitarios, axilares, pediculados, ovoides o globosos. Periquecios situados en el punto de inserción de algunos fascículos, antes de la fertilización limitados a unas pequeñas yemas inconspicuas con 1-5 arquegonios, después de la fertilización los filidios periqueciales crecen hasta alcanzar un tamaño mucho mayor que los rameales y formar una vaina que rodea al esporófito. Seta inexistente. Cápsula estegocárpica, exerta, elevada en la madurez por un pseudopodio, globosa en estado húmedo, cilíndrica en seco, de un pardo rojizo a negruzco. Células exoteciales redondeadas, de paredes muy engrosadas, estomas numerosos, poco diferenciados, no funcionales (pseudoestomas). Anillo inexistente. Gimnóstoma. Caliptra delgada, transparente, que rodea la cápsula hasta la madurez. Opérculo convexo. Esporas tetraédricas, desde lisas hasta muy papilosas (Brugués et al., 2007a).

Familia con un solo género.

Clave de especies

1. Hialodermis caulinar y rameal con fibrillas helicoidales; filidios rameales cuculados y de dorso escabroso hacia el ápice: plantas robustas **2**

1. Hialodermis caulinar y rameal sin fibrillas helicoidales; filidios rameales diferentes, agudos, redondeados o truncados y de dorso liso; plantas robustas o no **6**

2. Hialocistes de los filidios rameales con paredes laterales papilosas ....
....***Sphagnum papillosum*** Lindb.

2. Hialocistes de los filidios rameales con paredes laterales lisas **3**

3. Clorocistes de los filidios rameales totalmente incluidos entre los hialocistes; plantas manchadas de rojo o púrpura ....***Sphagnum magellanicum*** Brid.

3. Clorocistes de los filidios rameales expuestos por una o ambas caras; plantas verdes, amarillentas o pardas, nunca rojizas **4**

4. Clorocistes de los filidios rameales de sección elíptica expuestos en ambas caras y con la paredes externas engrosadas ....***Sphagnum centrale*** C. Jens.

4. Clorocistes de los filidios rameales de sección elíptica, triangular, ovalada o trapezoidal expuestos exclusiva o más anchamente en la cara ventral...**5**

5. Sección de los clorocistes de los filidios rameales en forma de triángulo isósceles, de paredes delgadas y rectas ....***Sphagnum palustre*** L.

5. Sección de los clorocistes de los filidios rameales elíptica, ovalada o trapezoidal, de paredes gruesas, especialmente expuestas, las laterales curvadas..................................
....***Sphagnum papillosum*** Lindb.

6. Caulidios con más de tres ramas bien desarrolladas por fascículo, capítulo claramente diferenciado; sección de los clorocistes de los filidios rameales triangular o trapezoidal, con la base o base mayor en la cara ventral **7**

6. Caulidios con más de tres ramas bien desarrolladas por fascículo, capítulo claramente diferenciado; sección de los clorocistes de los filidios rameales de forma diferente y si es triangular o trapezoidal, con la base o base mayor en la cara dorsal **15**

7. Filidios caulinares de márgenes fimbriados al menos en la mitad apical...........................
....***Sphagnum fimbriatum*** Wilson & Hooker f.

7. Filidios caulinares enteros, erosos o fimbriados sólo en parte del ápice...........................**8**

8. Márgenes de los filidios rameales denticulados ....***Sphagnum molle*** Sull.

8. Márgenes de los filidios rameales enteros...**9**

9. Plantas pardas ....***Sphagnum fuscum*** (Schimp) Kilkngr.

9. Plantas verdes o variegadas de rojo a violeta...**10**

10. Filidios caulinares fimbriados apicalmente en más de 1/4 de su anchura; hialocistes del tercio apical de los filidios caulinares romboidales o en forma de cruz...............................**11**

10. Filidios caulinares no fimbriados, a lo sumo erosos apicalmente en menos de 1/2 de su anchura (de ordinaro 1/4), con los hialocistes basales intermarginales indiferenciados; hialocistes del tercio apical de los filidios caulinares romboidales o en forma de cruz; ramas externas del capítulo erecto-patentes; plantas más o menos variegadas de rojo.........
....***Sphagnum russowii*** Warnst.

11. Fascículos con 3 ramas divergentes, rara vez con 2; hialodermis caulinar con 1 poro semicircular, elíptico o redondo en el 10-30% de las células...
....***Sphagnum quinquefarium*** (Braithw.) Warnst.

11. Fascículos con 2 ramas divergentes; hialodermis caulinar sin poros, o estos extremadamente raros...**12**

12. Filidios caulinares de ápice acanalado y de aspecto netamente mucronado; filidios de las ramas centrales del capítulo de acumen muy largo, de más de 0,5 mm y tubuloso.........
....***Sphagnum subnitens*** Russow & Warnst.

12. Filidios caulinares de ápice más o menos plano, obtuso o acuminado; filidios de las ramas centrales del capítulo obtusos o muy cortamente acuminados, no tubulosos **13**

13. Filidios caulinares con un borde de 3-8 hileras de células en el tercio apical y que en la base ocupa el 50-85% de su anchura total......................***Sphagnum subtile*** (Russow) Warnst.
13. Filidios caulinares con un borde de 2-5 hileras de células en el tercio apical y que en la base menos el 60% de su anchura total **14**

14. Filidios caulinares 1,2-1,5 mm de longitud, de triangulares a lingüiformes-triangulares; hialocistes de los filidios caulinares 75-100 µm de longitud, normalmente con un único septo; superficie dorsal de los hialocistes de los filidios rameales con poros de 10-20 µm de diámetro..***Sphagnum capillifolium*** (Ehrh.) Hedw.
14. Filidios caulinares menores de 1,25 mm de longitud, de oblongos a lingüiformes; hialocistes de los filidios caulinares 70-80 µm de longitud, con 1-3 septos; superficie dorsal de los hialocistes de los filidios rameales con poros de 5-13 µm de diámetro......................................
....***Sphagnum rubellum*** Wilson.

15. Hialodermis rameal monomorfa; márgenes de los filidios rameales denticulados por resorción de la pared externa de las células marginales ....
.... ***Sphagnum compactum*** Lam. & DC.
15. Hialodermis rameal dimorfa; márgenes de los filidios rameales enteros salvo en el ápice, donde es eroso **16**

16. Sección de los clorocistes rectangular o elíptica, expuesta en ambas caras....................**17**
16. Sección de los clorocistes triangular o trapezoidal, con la base o base mayor en la cara dorsal..**19**

17. Hialodermis caulinar formada por 1 capa de células **18**
17. Hialodermis caulinar formada por 2-3 capas de células. Filidios caulinares de 1,2-2,0 mm de longitud, fibrilosos en un 80-100% apical; yema apical muy prominente..........................
....***Sphagnum platyphyllum*** (Lindb. *ex* Braithw.) Sull. *ex* Warnst.

18. Filidios caulinares de 0,5-1,1 mm de longitud, fibrilosos en el 10-35% apical; plantas pequeñas o de tamaño medio ....***Sphagnum subsecundum*** Nees *in* Sturm
18. Filidios caulinares de 1,2-2,0(4) mm de longitud, fibrilosos en el 35-90% apical; plantas de tamaño medio a robustas ....***Sphagnum denticulatum*** Brid.

19. Filidios caulinares con los márgenes ensanchados en la base; poros del cara dorsal de los filidios rameales de 12 µm **20**
19. Filidios caulinares con los márgenes no ensanchados en la base; poros de la cara dorsal de los filidios rameales de 12-40 µm **24**

20. Hialocistes apicales de los filidios rameales de 20-40 µm de anchura; 1-4 veces más largos que anchos ....***Sphagnum tenellum*** (Brid.) Brid.
20. Hialocistes apicales de los filidios rameales menores de 20 µm de anchura; más de 4 veces más largos que anchos; hialocistes de los filidios rameales con 0-2 poros en la cara dorsal...**21**

21. Filidios caulinares de ápice acuminado, agudo o mucronado; hialodermis caulinar diferenciada...**22**

21. Filidios caulinares de ápice obtuso o redondeado; hialodermis caulinar indiferenciada**23**

22. Filidios rameales lanceolados, de 1,3-2,0 mm de longitud; filidios caulinares de ápice involuto y aspecto netamente mucronado .... ***Sphagnum fallax*** (H. Klinggr.) H. Klinggr.

22. Filidios rameales de lanceolados a lineares, de 1,6-5,0 mm de longitud; filidios caulinares acuminados o agudos ....***Sphagnum cuspidatum*** Hoffm.

23. Ramas de los fascículos dimorfas, las péndulas claramente más largas que las divergentes; filidios caulinares de 0,7-0,9 mm de longitud ....
....***Sphagnum angustifolium*** (Russow) C. E. O. Jensen *in* Tolf.

23. Ramas de los fascículos monomorfas, más o menos de la misma longitud; filidios caulinares de 0,8-1,2 mm de longitud. ....***Sphagnum flexuosum*** Dozy & Molk.

24. Plantas grandes y robustas, de un verde pálido; diámetro del capítulo, incluyendo las ramas externas, mayor de 2,5 cm; filidios rameales de más de 2 mm de longitud, escuarrosos..***Sphagnum squarrosum*** Crome.

24. Plantas pequeñas o de tamaño mediano, de un pardo oscuro, amarillo dorado o pálido, rara vez totalmente verdes en plantas de sombra; diámetro del capítulo, incluyendo las ramas externas, menor de 2,0 cm; filidios rameales de menos de 1,8 mm de longitud, imbricados o escuarrosos ....***Sphagnum teres*** (Schimp.) Ångstr.

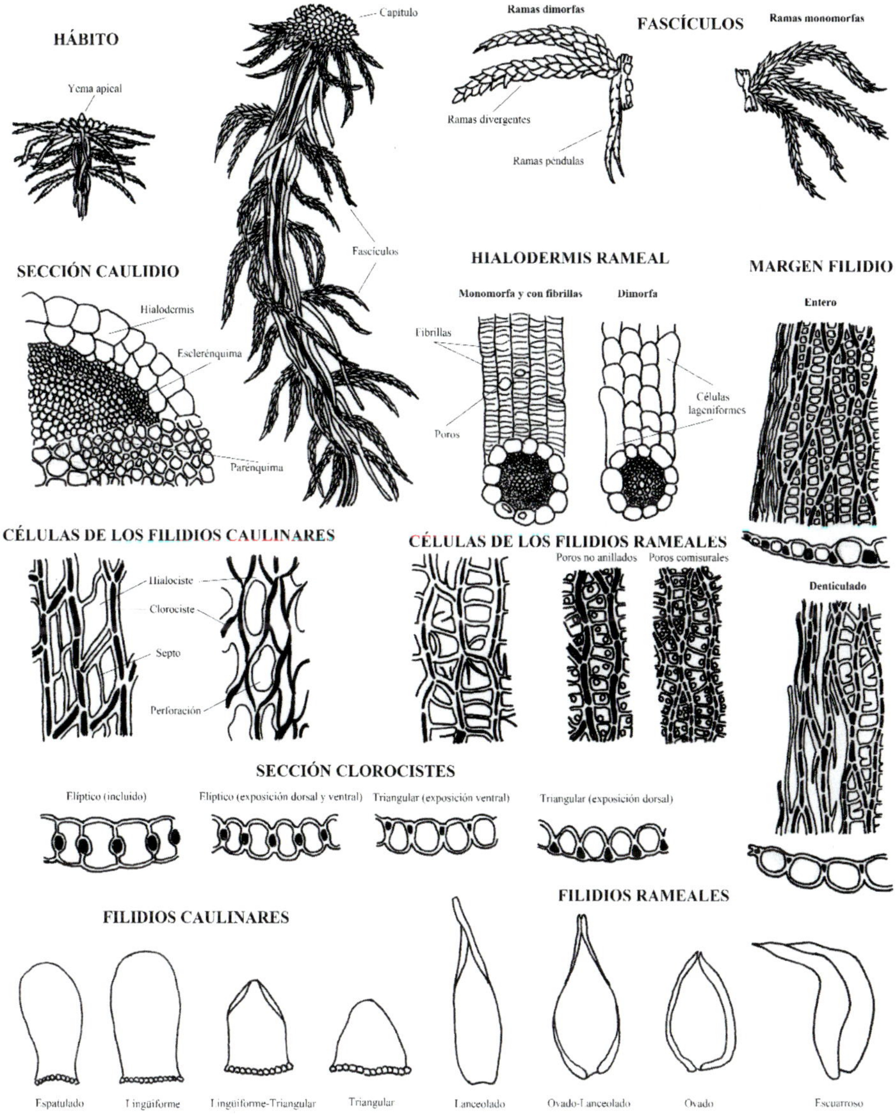

Figura 1. Caractéres morfológico-anatómicos en *Sphagnum*. Modificado de Brugués et al. (2007a) por Fernández-Gutiérrez.

Sphagnum angustifolium (Russow) C.E.O. Jensen *in Bih. Kongl. Svenska Vetensk.-Akad. Handl.* 16 Afd. 3(4): 48. 1891.

Cerca del nivel del agua, raramente semi-sumergidos, a orillas de arroyos y estanques, turberas y landas turboses.

Pinar de Lillo. Puerto de las Señales. Subida a Villavandín.

En FCO, MACB.

Fotografía: Sharon Pilkington, SBB.

Sphagnum capillifolium (Ehrh.) Hedw. *in Fund. Hist. Nat. Musc. Frond.* 2: 86. 1782.

[*Sphagnum acutifolium* Ehrh. *ex* Schrad. *in Spic. Fl. Germ.* 58, 1794; *Sphagnum nemoreum* Scop. *in Fl. Carniol. (ed. 2)* 2: 305. 1772].

Forma abombamientos densos que pueden secarse en verano.

Villalbino (laguna del Fontanón). Pinar de Lillo. Candín. Puebla de Lillo. Isoba (hacia el lago del Ausente). Pereda de Ancares. Palacios de Sil (pr. Salentinos, turbera bajo el Pico Catoute). Truchas (pr. Truchillas, El Lago). El Alto (turbera a 2,7 km). Puerto Pajares (subiendo a Brañillín). Sierra de Ancares, Lago Cuiña. Villavandín.

En BCN, FCO, MA, MACB, SALA, VAL.

Fotografía: Claire Halpin, SBB.

Sphagnum centrale C.E.O. Jensen *in Bih. Kongl. Svenska Vetensk.-Akad. Handl.* 21 Afd. 3(10): 34, 1896.

Forma abombamientos o céspedes más o menos compactos en el borde de los lagos y en pastizales higroturbosos.

San Isidro (cerca de Boñar).

En MACB.

No citada por F.B.I. para Le.

Categoría LR: EN. Criterio: B2ab(ii, iv); D.

Fotografía: Jean Faubert, SQB-Bryoquel.

Sphagnum compactum Lam. & DC. *in Fl. Franç. (DC. & Lamarck), (ed. 3) 2: 443. 1805.*

En landas y prados húmedos en los márgenes de estanques y cursos de agua de alta montaña y sobre rellanos de rocas regalimosas.

Candín. Lago Cuíña.

En MA, MACB.

Fotografía: Claire Halpin, SBB.

Sphagnum cuspidatum Hoffm. *in Deutschl. Fl. 2: 22. 1796.*

[*Sphagnum viride* Flatberg in *Kongel. Norske Vi-densk. Selsk. Skr. (Trondheim).* 1: 1-64. 1988].

Estanques y balsas en turberas y landas higroturbosas.

Subida al Catoute. Puerto de las Señales. Pinar de Lillo.

En FCO, MACB, BCN, VAL, MA.

Fotografía: Claire Halpin, SBB.

Sphagnum denticulatum Brid. *in Bryol. Univ. 1: 10. 1826.*

[*Sphagnum auriculatum* Schimp. *in Mém. Hist. Nat. Spaignes:* 80, Pl. 24. 1857; *Sphagnum crassicladum* Warnst. *in Bot. Centralbl.,* 40: 165. 45. 1889; *Sphagnum inundatum* Russow *in Arch. Naturk. Liv- Ehst- Kurlands, Ser. 2, Biol. Naturk.* 10: 390. 1894; *Sphagnum auriculatum* var. *inundatum* (Russow) M.O. Hill *in J. Bryol.* 8: 439. 1975; *Sphagnum subsecundum* var. *inundatum* (Russow) C.E.O. Jensen *in Bot. Faeröes,* 1: 139, 1901; *Sphagnum subsecundum* var. *rufescens* (Nees & Hornsch.) Huebener *in Muscol. Germ.* 26. 1833].

Forma céspedes más o menos laxos, normalmente sumergidos o semisumergidos.

Subida a Villabandín. Lago cuiña (sierra de Ancares). Villablino (laguna del Fontanón). Puebla de Lillo (encima de Isoba, hacia el Lago del Ausente). Puerto de Pajares. Hayedo de Busmayor. Boca de Huérgano, Vega de Tarna. Portilla de la Reina (El Boquerón de Bobias). Pinar de Lillo. Candín. Tejedo de Ancares, Pereda de Ancares. Puerto Pajares, subiendo a Brañillín. Puerto de Ventana.

En BCN, FCO, MA, MACB, MNHN.

Fotografía: Claire Halpin, SBB.

Sphagnum fallax (H. Klinggr.) H. Klinggr. *in Vers. Topogr. Fl. Westpreuss.* 128. 1880.

Forma céspedes laxos, no muy elevados sobre el nivel del agua en humedales, landas turbosas y bordes de arroyos y estanques.

Palacios del Sil (pr. Salentinos, turbera del pico Catoute). Pinar de Lillo. Puerto de Pajares (subiendo a Brañillín). Puerto de las Señales.

En FCO, MA, MACB, SALA, VAL.

Fotografía: Claire Halpin, SBB.

Sphagnum fallax var. **brevifolium** (Lindb. *ex* Braithw.) Lönnell & K.Hassel *in Phytotaxa* 369(1): 57. 2018.

[*Sphagnum brevifolium* (Lindb.) Roell *in Bot. Centralbl.* 39: 340. 1889].

Pinar de Lillo. Puerto de Pajares (subiendo a Brañillín).

En FCO, MACB.

Fotografía: Robert Klips, CHB.

Sphagnum fimbriatum Wilson & Hooker f. *in Fl. Antarct.* 398. 1847.

Márgenes de ríos y arroyos en bosques húmedos, rocas y taludes ácidos chorreados.

Puebla de Lillo (proximidades).

En MACB.

Fotografía: Claire Halpin, SBB.

Biodiversidad botánica leonesa: Briófitos

Sphagnum flexuosum Dozy & Molk *in Prodr. Fl. Bat.* 2(1): 76. 1851.

[*Sphagnum amblyphyllum* (Russow) Warnst. *in Pflanzenr.* 51: 212 (Sphagnol. Univ. 212). 1911; *Sphagnum recurvum* var. *amblyphyllum* (Russow) Warnst. *in Bot. Gaz.* 15: 219. 1890].

Cerca del nivel del agua, raramente semisumergidos, a orillas de arroyos y estanques, turberas y landas turbosas.

Pinar de Lillo. Puerto de las Señales. Subida a Villabandín. Villablino (Laguna del Fontanón). Puerto de Lumeras. Pico Catoute. Posada de Valdeón (pr. Caldevilla, monte Gildar, Horcada del oro). Laguna de la Baña. Tejedo de Ancares. Puerto Pajares (subiendo a Brañillín).

En FCO, MA, MACB, SALA, SANT, VAL.

Fotografía: Sharon Pilkington, SBB.

Sphagnum fuscum (Schimp.) H. Klinggr. *in Schriften Königl. Phys.-Ökon. Ges. Königsberg* 13(1): 4. 1872.

Forma abombamientos compactos.

Tejedo de Ancares.

En MACB.

No citada por F.B.I. para Le.

Categoría LR: CR. Criterio: B1ab(iii)+2ab(i-ii); C2a(i, ii); D.

Fotografía: Blanka Aguero, CHB.

Sphagnum magellanicum Brid. *in Muscol. Recent.* 2(1): 24. 1798.

Céspedes compactos alejados del nivel del agua en las turberas ombrotróficas.

Pinar de Lillo.

En BCN, FCO, MA, MACB, SALA, SANT, VAL.

Categoría LR: VU. Criterio: B2ab(ii, iii, iv).

Fotografía: Blanka Aguero, CHB.

Sphagnum molle Sull. *in Musci Allegh.* 205. 1846.

Céspedes densos en taludes con escorrentía y bases de roquedos ácidos.

Pinar de Lillo.

En FCO.

No citada por F.B.I. para Le.

Categoría LR: VU. Criterio: B2ab(ii, iii, iv).

Fotografía: Claire Halpin, SBB.

Sphagnum palustre L. *in Sp. Pl.* 1106. 1753.

[*Sphagnum cymbifolium* (Ehrh.) Hedw. *in Fund. Hist. Nat. Musc. Frond.* 2: 86. 1782].

Céspedes más o menos laxos y abombamientos bajos tanto cerca del nivel del agua como por encima, en bordes de arroyos, lagos y estanques y suelos higroturbosos.

Puerto Pajares (subiendo al Brañillín). Pereda de Ancares.

En FCO, MA, MACB.

Fotografía: Claire Halpin, SBB.

Sphagnum papillosum Lindb. *in Acta Soc. Sci. Fenn.* 10: 280. 1872.

En ambientes descubiertos, bordes de arroyos, estanques, humedales y prados turbosos.

Ancares (Puerto de Lumeras). Pinar de Lillo. Puerto Pajares (subiendo a Brañilín). Torrestío (km 2,7 del Puerto de Ventana a Torrebarrio). Collada del Cuervo (a 2,7 km del alto del Puerto Ventana). Puerto de las Señales.

En BCN, FCO, MA, MACB, MGC, SANT, VAL.

Fotografía: Sharon Pilkington, SBB.

Sphagnum platyphyllum (Lindb. *ex* Braithw.) Sull. *ex* Warnst. *in Flora.* 67: 481. 1884.

[*Sphagnum subsecundum* subsp. *platyphyllum* (Lindb. *ex* Braithw.) Hérib. *in Mém. Acad. Sci. Clermont-Ferrand* 14: 454, 1899].

En manantiales y bordes de arroyos.

Sierra de Ancares.

En MA, FCO.

No citada por F.B.I. para Le.

Fotografía: Sharon Pilkington, SBB.

Sphagnum quinquefarium (Braithw.) Warnst. *in Hedwigia* 25: 222. 1886.

Rocas y taludes ácidos, sombreados y húmedos o chorreados.

Pinar de Lillo. Busdongo. Boca de Huérgano. Tejedo de Ancares.

En FCO, MACB.

Citada por F.B.I. para (Le).

Fotografía: Claire Halpin, SBB.

Sphagnum recurvum P. Beauv., *in Prodr. Aethéogam.* 1805.

Tejedo de Ancares. Candín. Puerto de Lumeras. Pinar de Lillo. Río Bernesga. Arbas del Puerto (cerca de Pajares).

En BCN, MACB.

Fotografía: Blanka Aguero, CHB.

Sphagnum rubellum Wilson *in Bryol. Brit.* 19. 1855.

Forma céspedes y abombamientos más o menos laxos en las zonas abiertas y más húmedas de turberas y brezales húmedos.

Pinar de Lillo. Sierra de Ancares. Lago Cuiña.

En FCO, MA, MACB.

Fotografía: Sharon Pilkington, SBB.

Sphagnum russowii Warnst. *in Hedwigia* 25: 225. 1886.

[*Sphagnum robustum* (Warnst.) Röll *in Flora* 69: 109. 1886].

En brezales higroturbosos y praderas húmedas.

Villablino (laguna del Fontanón). Pinar de Lillo. Puerto de Leitariegos. La Puebla de Lillo. Puerto de San Glorio. Boca de Huérgano (vega de Tarna, entrada por el Puerto de San Glorio).

En FCO, MA, MACB, SALA, VAL.

Fotografía: Sharon Pilkington, SBB.

Sphagnum squarrosum Crome *in Bot. Zeitung (Regensburg)* 2: 323. 1803.

En márgenes de arroyos y zonas empapadas de los bosques húmedos.

San Emiliano (por encima de Riolago, arroyo de Las Vegas).

En MA, MACB.

Categoría LR: VU. Criterio: B2ab(ii, iii, iv).

Fotografía: Claire Halpin, SBB.

Sphagnum subnitens Russow & Warnst. *in Verh. Bot. Vereins Prov. Brandenburg* 30: 115. 1888.

[*Sphagnum plumulosum* Röll *in Flora* 69: 89. 1886].

Forma céspedes más o menos laxos y abombamientos bajos en turberas, brezales higroturbosos y praderas inundadas. Manantiales.

Pinar de Lillo (Fuente Pinar de Lillo). Pereda de Ancares. Tejedo de Ancares. Torrestío (km 2,7 del Puerto de Ventana a Torre barrio). Puerto de las Señales. Posada de Valdeón (pr. Caldevilla, monte Gildar, Horcada del oro). Subida a Villavandín. Los Ancares. Laguna de Cuiña. En BCN, FCO, MA, MACB, SANT.

Fotografía: Claire Halpin, SBB.

Sphagnum subsecundum Nees *in* Sturm *in Deutschl. Fl. Abt. II, Cryptog.* 2 (17): 3. 1819.

[*Sphagnum subsecundum* var. *obesum* (Wilson) Schimp. *in Syn. Musc. Eur.* (ed. 2) 844. 1876].

Forma céspedes más o menos lasos justo por encima del nivel del agua, más raramente sumergido, en turberas, y brezales y pastizales higroturbosos.

Villablino (laguna del Fontanón). Subida a Villavandín. Pinar de Lillo. Boñar. Boca de Huérgano (Vega de Tarna). Puerto Pajares (subiendo a Brañillín). En FCO, MA, MACB, SALA, VAL.

Fotografía: JC Schou, CHB.

Sphagnum subtile (Russow) Warnst *in Krypt.-Fl. Brandenburg, Leber- & Torfm.* 1: 409. 1903.

Turberas continentales.

Posada de Valdeón (pr. Caldevilla, monte Gildar, Horcada del oro).

En MA.

Categoría LR: EN. Criterio: B2ab(ii, iii, iv).

Sphagnum tenellum (Brid.) Brid. *in Muscol. Recent. Suppl.* 4: 1. 1819.

Forma céspedes laxos en áreas poco encharcadas alrededor de fuentes, bordes de estanques, bases, arroyos y landas turbosas.

Posada de Valdeón (pr. Caldevilla, monte Gildar, Horcada del oro). Puerto de las Señales. Subida a Villavandín.

En FCO, MA, MACB.

Fotografía: Sharon Pilkington, SBB.

Sphagnum teres (Schimp.) Ångstr. *in Handb. Skand. Fl.* (ed. 8) 417. 1861.

En prados turbosos, bordes de lagos o pequeños cursos de agua, a menudo en lugares descubiertos a más de 1500 m de altitud.

Posada de Valdeón (pr. Caldevilla, monte Gildar, Horcada del oro). Puerto de San Glorio. Boca de Huérnano (Vega de Tarna; El Boquerón de Bobias). Puerto Pajares (subiendo al Brañillín). Puebla de Lillo. Isoba (hacia el Lago del Ausente). Carretera a Villablino desde Piedrafita.

En FCO, MA, MACB.

Fotografía: Sharon Pilkington, SBB.

Tetraphidaceae Schimp. *in Coroll. Bryol. Eur.* 37. 1856.

[Tetraphidopsida, Tetraphidales]

   Plantas acrocárpicas, de medianas a diminutas, a veces gemiformes, gregarias o que forman céspedes. Protonema filamentoso, persistente o efímero. Filidios protonemáticos lanceolados. Caulidios erectos, flexuosos o no, generalmente simples. Rizoides basales de pardos a blancuzcos o hialinos, lisos o papilosos. Filidios caulinares escasos o numerosos, en ocasiones dispuestos en 3-5 filas, adpresos, erectos, patentes de muy diversas formas, con ápice agudo, obtuso o acuminado. Lámina uniestratificada, muy raramente biestratificada. Nervio sencillo, que termina a la mitad de la lámina o cerca del ápice o inexistente. Células superficiales ventrales redondeadas, cuadradas o rectangulares cortas, lisas; células superficiales dorsales rectangulares, lisas. Células superiores y medias de la lámina redondeadas o irregularmente hexagonales, de oblongo-romboidales a rectangulares. Autoica. Perigonios terminales, en ramas cortas situadas en la base del caulidio o sobre el protonema. Periquecio único. Filidios periqueciales erectos de oblongo-lanceolados a lineares. Seta terminal, larga. Cápsula exerta, cuello indiferenciado. Células exoteciales rectangulares, pentagonales u oblongas. Anillo indiferenciado. Peristoma simple de 4 dientes en general triangulares o casi. Opérculo cónico. Caliptra mitriforme. Esporas esféricas, lisas o finamente papilosas (CROS, 2007b; HERAS & INFANTE, 2007).

Tetraphis pellucida Hedw. *in Sp. Musc. Frond.* 45. 1801.

Troncos caídos, principalmente de abeto y de haya; raramente humícola.

Trampal de Tejedo. Los Ancares. Pereda de Ancares.

En BCN, MA, MACB.

Fotografía: Claire Halpin/Sharon Pilkington, SBB.

Thuidiaceae Schimp. *in Syn. Musc. Eur.* 493. 1860.

[Bryopsida, Hypnales]

Plantas acrocárpicas, de pequeñas a robustas, que forman tramas densas o laxas de un verde amarillento a verde oscuro o parduscas, en ocasiones de un pardo dorado. Caulidios postrados o ascendentes, en general regularmente ramificados, de uni a tripinnados; ramas complanadas. Pelos axilares con 1(2) células basales y 1-7 células apicales, célula basal corta, pardusca o anaranjada, las apicales alargadas, generalmente hialinas, en ocasiones amarillentas o parduscas. Parafilos abundantes, sobre los caulidios, ramas y base de filidios, filamentosos, estrechamente foliosos o lanceolados, simples o ramificados, papilosos. Pseudoparafilos foliosos. Rizoides en las zonas de los caulidios que están en contacto con el sustrato, generalmente por la parte basal y la apical, agrupados justo bajo la inserción de los filidios caulinares, de un pardusco rojizo o anaranjado, simples o ramificados, lisos o finamente papilosos. Filidios caulinares adpresos o erectos en seco, erectos o erecto-patentes en húmedo, cóncavos, ovales, oval-triangulares u oval-lanceolados. Lámina longitudinalmente plegada o no; ápice acuminado, agudo o filiforme; márgenes dentados o crenuloso-papilosos, planos, recurvados o revolutos. Nervio simple, grueso. Células superiores y medias de la lámina redondeadas, romboidales, elípticas u oblongo-hexagonales, de paredes engrosadas, uni o pluripapilosas en ambas superficies o sólo en la dorsal. Dioica o autoica. Perigonios en los caulidios; filidios perigoniales cóncavos, ovales u oval-lanceolados, acuminados. Periquecios situados en la parte media y basal de los caulidios; filidios periqueciales erectos, en ocasiones plegados, largamente acuminados, rectos o flexuosos, de base envainadora. Seta larga, generalmente rojiza, lisa o papilosa. Cápsula estegocárpica, exerta, de inclinada a horizontal. Células exoteciales de paredes delgadas o engrosadas. Anillo diferenciado. Peristoma doble; exóstoma de 16 dientes lanceolados, bordeados, de parduscos a un pardo amarillento o rojizo; endóstoma de 16 segmentos aquillados, estrechamente hendidos o enteros, cilios 1-4, nodulosos. Opérculo cónico o rostrado. Caliptra cuculada, lisa o rugosa, glabra. Esporas de globosas a esféricas a menudo papilosas (Brugués & Ruiz, 2018b).

Clave de Géneros

1. Caulidios unipinnados ....**Abietinella** Müll. Hal.
1. Caulidios bipinnados o tripinnados .... **Thuidium** Bruch & Schimp.

Abietinella abietina (Hedw.) M. Fleisch. *in Musci Buitenzorg* 4: 1497. 1922[1923].

Suelos, rocas y taludes calcáreos descubiertos, en claros de bosques y matorrales.

Citada en F.B.I.

Fotografía: Claire Halpin, SBB.

Abietinella abietina var. **hystricosa** (Mitt.) Sakurai *in Arctoa* 11 (Suppl. 2): 886. 2004.

Garganta del Cares (entre Caín y Camarmeña).

En MA.

Fotografía: Sharon Pilkington, SBB.

Thuidium abietinum var. **hystricosum** (Mitt.) Loeske & Lande *in Bryol. Eur.* 5: 165. 485 (fasc. 49–51 Mon. 9. 5). 165. 1852.

Suelo básico de sabinar.

Mirantes de Luna. Garganta del Cares (entre Caín y Camarmeña). Posada de Valdeón (pr. Cordiñanes, Monte Corona; pr. Posada de Valdeón, Mata de los Llanos).

En LEB, MA, MACB.

Thuidium assimile Jaeger *in Ber. Thatigk. St. Gallischen Naturwiss. Ges.* 1876-77: 260.1878.

[*Thuidium philibertii* Limor. *in Laubm. Deutschl.* 2: 835. 1895].

Suelos húmedos y rocas sombreados, generalmente calcáreos, en hayedos, robledales.

Boca de Huérgano.

Fotografía: Sharon Pilkington, SBB.

Thuidium delicatulum (Hedw.) Schimp. *in Bryol. Eur.* 5: 164. 1852.

[*Thuidium erectum* Duby *in Flora*, 61: 284. 1878].

Rocas y suelos sombreados y húmedos.

Posada de Valdeón (pr. Cordiñanes, Monte Corona).

En MA.

Fotografía: Claire Halpin, SBB.

Thuidium tamariscinum (Hedw.) Schimp. *in Bryol. Eur.* 5: 163. 1852.

Suelos, base de árboles y rocas, húmedos y sombreados.

Puerto de las Señales. Puerto de Ventana. Tejedo de Ancares. Posada de Valdeón (pr. Caldevilla, arroyo Raicedo). Hayedo de Busmayor. Hayedo de Nacho. Pereda de Ancares.

En LEB, MA, MACB.

Fotografía: Claire Halpin, SBB.

Timmiaceae Schimp. *in Coroll. Bryol. Eur.* 87. 1856.

Plantas acrocárpicas, de mediano tamaño a robustas, que forman céspedes laxos o densos de verde a un verde amarillento o pardusco. Caulidios erectos, simples o poco ramificados; cordón central bien diferenciado, esclerodermis diferenciada, formada por 3-5 capas de células, hialodermis indiferenciada. Rizoides distribuidos principalmente en la zona basal de los caulidios y excepcionalmente en la axila de los filidios, muy ramificados, pardos, densamente papilosos. Yemas rizoidales no desarrolladas. Filidios crespos, imbricados o incurvados en seco, de erectos a erecto-patentes en húmedo, diversamente lanceolados, a veces oblongos, en ocasiones caedizos; lámina uniestratificada; ápice agudo o acuminado. Nervio robusto, percurrente o que acaba por debajo del ápice. Células superiores y medias del limbo cuadradas, redondeadas o diversamente poligonales, clorofílicas, lisas, papilosas o mamilosas. Monoica o dioica. Perigonios terminales; filidios perigoniales semejantes a los vegetativos. Periquecios terminales; filidios periqueciales semejantes a los vegetativos, en general más pequeños. Seta 1(2) por periquecio, alargada, erecta, ligeramente retorcida en seco, pardusca, lisa. Cápsula estegocárpica exerta, de horizontal a inclinada, a veces péndula, pardusca. Células exoteciales rectangulares, irregularmente cuadradas cerca de la boca. Anillo diferenciado, ancho, revoluble. Peristoma doble; exóstoma de 16 dientes triangular-lanceolados, a veces ligeramente unidos en la base, en la mitad inferior amarillentos, más pálidos en la mitad superior, lisos o esparcidamente papilosos en la mitad inferior, fuertemente papilosos en la parte superior con papilas dispuestas en hileras más o menos verticales; endóstoma con membrana basal alta hasta la mitad de la altura del endóstoma, cilios 64 irregularmente anastomosados de 2 en 2, nodulosos, papilosos en la superficie externa, lisos o apendiculados en la interna. Opérculo de hemisférico acónico. Caliptra cuculada, excepcionalmente adherida a la seta en la madurez. Esporas esféricas, amarillentas, finamente papilosas (ÁLVARO, 2010).

Familia que comprende un solo género, del que 4 taxones se encuentran en la Península Ibérica y 1 sólo en la provincia de León.

Timmia austriaca Hedw. *in Sp. Musc. Frond.* 176. 1801.

Suelos de bosques, en taludes expuestos, fisuras y rellanos de rocas calizas.

Torre de Salinas (Parque Nacional Picos de Europa).

En FCO.

No citada por F.B.I. para Le.

Categoría LR: VU. Criterio: D2.

Fotografía: Des Callaghan, SBB.

3
MARCHANTIOPHYTA
(Hepáticas)

Diplophyllum albicans (L.) Dumort.
Claire Halpin

3.1 Características generales

Gametófito taloso (*hepáticas talosas*) o folioso (*hepáticas foliosas*), de simetría dorsiventral o bilateral, respectivamente. Cuando es taloso, frecuentemente presenta ramificación dicotómica; cuando es folioso, los filidios son típicamente bilobulados, sin nervio y dispuestos a uno y otro lado del caulidio, con células hexagonales que, a menudo, contienen cuerpos oleíferos; muchas especies presentan una tercera fila de filidios situados en la cara ventral del caulidio, conocidos como anfigastros. Los rizoides, que sirven de fijación y, a menudo, para el transporte de agua por capilaridad, son unicelulares.

Respecto a las estructuras reproductoras (anteridios y arquegonios), los gametófitos pueden ser monoicos o dioicos y la situación de éstas sobre el gametófito varía según el orden sistemático que tratemos.

El **esporófito** se desarrolla en el interior del arquegonio que ha resultado fecundado, manteniéndose en el interior de la caliptra hasta que maduran las esporas. Consta de la cápsula o esporangio, de un pedúnculo o seta, incolora, que puede ser corta o muy larga y de un pie, anclado en el gametófito. A veces, la seta falta y la cápsula es sésil. En general, la cápsula presenta dehiscencia por 4 valvas o por un opérculo, pero sin peristoma en la boca; tampoco presenta columela y en su interior junto con las esporas maduran los eláteres, que son células estériles con la membrana reforzada por bandas en espiral que provocan la apertura de la cápsula y facilitan la dispersión de las esporas, las cuales, al germinar, originan un protonema tubular o laminar efímero. Es muy frecuente, la reproducción vegetativa por propágulos, yemas, diásporas (Fernández Ordóñez & Collado Prieto, 2003).

3.2 Ordenación sistemática

Existen dos grandes grupos: Jungermanniopsida y Marchantiopsida.

Jungermanniopsida Stotler & Crand. -Stotl. *in Bryologist* 80: 425. 1977. Se corresponden en gran parte con las llamadas "hepáticas foliosas", aunque también las hay que son hepáticas talosas. Rizoides siempre lisos. El esporófito está provisto de una seta larga. Las que son talosas son más simples que las Marchantiopsida y no presentan anteridióforos, ni arquegonióforos.

Marchantiopsida Cronquist, Takht. & W. Zimm. *in Taxon* 15 (4): 132. 1966. Se corresponden con las denominadas "hepáticas talosas". Presentan rizoides con lapilas o lisos. El esporófito tiene una seta muy corta y los anteridios y arquegonios generalmente en anteridióforos y arquegonióforos.

El resto de dicha ordenación sistemática está establecida hasta el nivel género en la Tabla 3. Así mismo en el resto del texto relativo a los musgos, el orden establecido es el alfabético por familias y dentro de cada una de ellas, el correspondiente por géneros y especies. De cada familia a se hace una descripción general. Por último, de cada taxón específico o subespecífico se indican los siguientes datos, que se muestran en la siguiente ficha modelo:

Nombre, autor o autores y referencia bibliográfica

Sinónimos entre corchetes

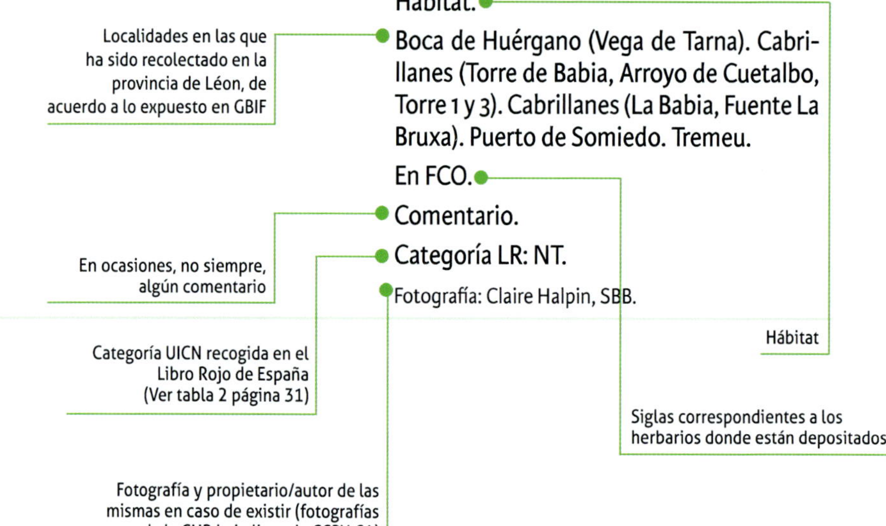
Aneura pinguis (L.) Dumort. *in Syll. Jungerm. Europ.* 86. 1831.

[=*Riccardia pinguis* (L.) Gray *in Nat. Arr. Brit. Pl.* 1: 684. 1821].

Plantas de verde amarillentas a verde oscuras, con márgenes ondulados. Talos quebradizos, nervio medio muy mal definido y con abundantes rizoides, simples o ramificados irregularmente, de 3-6 cm de largo por 3-7 mm de ancho, de extremos redondeados y márgenes a veces ± crispados. S.T. del talo, a nivel del nervio medio, con 10-12 células, siendo las epidérmicas de menor tamaño que las internas.

Hábitat.

Boca de Huérgano (Vega de Tarna). Cabrillanes (Torre de Babia, Arroyo de Cuetalbo, Torre 1 y 3). Cabrillanes (La Babia, Fuente La Bruxa). Puerto de Somiedo. Tremeu.

En FCO.

Comentario.

Categoría LR: NT.

Fotografía: Claire Halpin, SBB.

Somera descripción del taxon, si hemos podido hallarla

Localidades en las que ha sido recolectado en la provincia de Léon, de acuerdo a lo expuesto en GBIF

En ocasiones, no siempre, algún comentario

Hábitat

Categoría UICN recogida en el Libro Rojo de España (Ver tabla 2 página 31)

Siglas correspondientes a los herbarios donde están depositados

Fotografía y propietario/autor de las mismas en caso de existir (fotografías de la CHB bajo licencia CCBY-SA)

Clase	Orden	Familia	Género
Jungermanniopsida	Jungermanniales	Anastrophyllaceae	*Barbilophozia* *Neoorthocaulis* *Sphenolobus*
		Blepharostomataceae	*Blepharostoma*
		Calypogeiaceae	*Calypogeia*
		Cephaloziaceae	*Cephalozia* *Fuscocephaloziopsis*
		Jungermanniaceae	*Jungermannia* *Leiocolea* *Mesoptychia*
		Lepidoziaceae	*Kurzia* *Lepidozia*
		Lophocoleaceae	*Chiloscyphus* *Lophocolea*
		Lophoziaceae	*Lophozia*
		Plagiochilaceae	*Plagiochila*
		Saccogynaceae	*Saccogyna*
		Scapaniaceae	*Diplophyllum* *Douinia* *Scapania*
		Solenostomataceae	*Solenostoma*
		Southbyaceae	*Southbya*
	Metzgeriales	Aneuraceae	*Aneura* *Riccardia*
		Metzgeriaceae	*Metzgeria*
		Pallaviciniaceae	*Pallavicinia*
	Pelliales	Pelliaceae	*Pellia*
	Porellales	Frullaniaceae	*Frullania*
		Gymnomitriaceae	*Gymnomitrion* *Marsupella* *Nardia*
		Lejeuneaceae	*Cololejeunea* *Lejeunea*
		Porellaceae	*Porella*
		Radulaceae	*Radula*

Clase	Orden	Familia	Género
Jungermanniopsida	Ptilidiales	Ptilidiaceae	*Ptilidium*
Marchantiopsida	Lunulariales	Lunulariaceae	*Lunularia*
	Marchantiales	Aytoniaceae	*Reboulia*
		Cleveaceae	*Athalamia*
		Dumortieraceae	*Dumortiera*
		Marchantiaceae	*Marchantia*
		Oxymitraceae	*Oxymitra*
		Ricciaceae	*Riccia*

Anastrophyllaceae L. Söderstr., De Roo & Hedd. *in Phytotaxa* 3: 48. 2010.

Tallos postrados de ascendentes a erectos, simples o con ramas laterales o terminales. Tallos en sección transversal con pequeñas células corticales de paredes gruesas y grandes células medulares de paredes finas (no en *Sphenolobopsis*). Hojas alternas, de 2-4 lóbulos, sucubescentes a transversales. Hojas inferiores ausentes, simples o grandes y bilobuladas. Células de tamaño pequeño a mediano con trígonos indistintos a abultados, a veces de paredes gruesas. Cuerpos oleosos variables. Yemas ausentes, u ovoides a poligonales, 1-2-células, amarillo-verde a marrón anaranjado o rojo vinoso. Dioicas. Androecios en el ápice o intercalares, compuestos por varios pares de brácteas. Gineceo en el ápice del brote principal con una sola innovación subginoecial. Periantos grandes, inflados, largamente exsertos, ovoides-cilíndricos, profundamente multiplicados a plicados sólo en la parte distal; boca ligeramente contraída, entera o con dientes de 3-6 células de largo o débilmente dentados.

Barbilophozia barbata (Schmidel *ex* Schreb.) Loeske *in Verh. Bot. Vereins Prov. Brandenburg* 49: 37. 1907.

Caulidios robustos, 2-5 cm, postrados o ascendentes, poco ramosos y con numerosos rizoides en la parte inferior. Filidios con 3-5 lóbulos, generalmente 4, desiguales.

Posada de Valdeon (proximidades de Caldevilla, arroyo Raicedo).

En MA.

Fotografía: Claire Halpin, SBB.

Barbilophozia hatcheri (A. Evans) Loeske *in Verh. Bot. Vereins Prov. Brandenburg* 49: 37. 1907.

Caulidios de 1-4 cm de longitud, poco ramosos y con muchos rizoides cortos. Filidios con 3-4 lóbulos subiguales, semiovalados, acuminados y, en su mayoría, mucronados; anfigastros bífidos, por lo general ciliados. Propágulos bicelulares, frecuentes en el vértice de los lóbulos de los filidios superiores.

Cuarcitas y areniscas.

Pico Catoute. Brañacaballo. Sierra de Ancares.

En LEB, MGC.

Fotografía: Sharon Pilkington, SBB.

Barbilophozia lycopodioides (Wallr.) Loeske *in Verh. Bot. Vereins Prov. Brandenburg* 49: 37. 1907.

Suelo y Rocas.

Boca de Huérgano (Vega de Tarna). Cuiña. Miravalles. Posada de Valdeón (Vega de Liordes).

En LEB, FCO.

Fotografía: Jean Faubert, SQB-Bryoquel.

Neoorthocaulis attenuatus (Mart.) L. Söderstr., De Roo & Hedd. *in Phytotaxa* 3: 49. 2010.

[*Barbilophozia attenuata* (Mart.) Loeske in *Verh. Bot. Vereins Prov. Brandenburg* 49: 37. 1907].

Brotes de 1-5 cm de longitud. Hojas (2-)3(-4) lobuladas, lóbulos en su mayoría agudos, sin cilios en el margen postical. Trígonos pequeños a abultados. Hojas inferiores ausentes o grandes y bífidas. Gemas ausentes o verdes a rojas. Dioicas. Perianto largamente exvasado, cilíndrico, plicado.

Pinar de Lilo.

En FCO.

Categoría LR: VU. Criterio: D2.

Fotografía: Jean Faubert, SQB-Bryoquel.

Neoorthocaulis floerkei (F. Weber & D. Mohr) L. Söderstr., De Roo & Hedd. *in Phytotaxa* 3: 50. 2010.

[*Barbilophozia floerkei* (F. Weber & D. Mohr) Loeske *in Verh. Bot. Vereins Prov. Brandenburg* 49: 37. 1907].

Cuarcitas y areniscas.

Teleno. Cuiña. Pico Catoute. Miravalles. Brañacaballo. Puerto de las Señales. Pinar de Lillo. Salentinos.

En FCO, LEB, MA, MGC.

Fotografía: Claire Halpin, SBB.

Sphenolobus minutus (Schreb. *ex* Cranz) Berggr. *in New Zealand Hepat.* 22. 1898.

[*Anastrophyllum minutum* (Schreb. *ex* Cranz) R.M. Schust. *in Amer. Midl. Naturalist* 42: 576. 1949].

Hepática pequeña que puede presentarse individualmente entre otras muscíneas o formando pequeños céspedes, de color verde oscuro o pardo; por su porte tiene aspecto de *Marsupella*, y resulta difícil, a veces, distinguirla de especies pequeñas de este género en estado estéril. Caulidios de 1-3 cm, poco ramosos; renuevos erectos o ascendentes, surgiendo de la parte postrada basal, por debajo de los periantos. Filidios pequeños, dispuestos transversalmente en dos filas regularmente dispuestas, aparentemente conduplicados, muy acanalados por la cara superior, de contorno oval o subcuadrado, bilobulados en 1/3 de su longitud, lóbulos agudos u obtusos, siendo el lóbulo dorsal o anterior agudo y, generalmente, más pequeño que el ventral; células pequeñas de 14-18 μm, de paredes gruesas y sin trígonos. Propágulos frecuentes en el ápice de los filidios superiores, de color pardo rojizo, angulares o nudosos, de 1-2 células y 20-32 μm de largo.

Cuarcitas y areniscas.

Pico Catoute. Miravalles. Puerto de las Señales. Sierra de Ancares. Pinar de Lillo.

En FCO, LEB, MA, MGC.

Fotografía: Claire Halpin, SBB.

Aneuraceae H. Klinggr. *in Höh. Crypt. Preuss.* 11. 1858.

[Jungermanniopsida, Metzgeriales]

Presentan el talo postrado, simple o escasamente ramificado, 2-8 mm de ancho, márgenes ondulados o crespos y más de 6 cuerpos oleosos por célula. Ramas masculinas con anteridios en 2-6 filas.

Aneura pinguis (L.) Dumort. *in Syll. Jungerm. Europ.* 86. 1831.

[*Riccardia pinguis* (L.) Gray *in Nat. Arr. Brit. Pl.* 1: 684. 1821].

Plantas de verde amarillentas a verde oscuras, con márgenes ondulados. Talos quebradizos, nervio medio muy mal definido y con abundantes rizoides, simples o ramificados irregularmente, de 3-6 cm de largo por 3-7 mm de ancho, de extremos redondeados y márgenes a veces ± crispados. S.T. del talo, a nivel del nervio medio, con 10-12 células, siendo las epidérmicas de menor tamaño que las internas.

Boca de Huérgano (Vega de Tarna). Cabrillanes (Torre de Babia, Arroyo de Cuetalbo, Torre 1 y 3). Cabrillanes (La Babia, Fuente La Bruxa). Puerto de Somiedo. Tremeu.

En FCO.

Categoría LR: NT.

Fotografía: Claire Halpin, SBB.

Riccardia chamedryfolia (With.) Grolle *in Trans. Brit. Bryol. Soc.* 5(4): 772. 1969.

[*Riccardia sinuata* (Dicks. *ex* Hook.) Trevis. *in Mem. Reale Ist. Lombardo Sci., Ser.* 3, *Cl. Sci. Mat.* 4: 431. 1877].

Planta con talos de color verde pálido, irregularmente 1-3 pinnados y de 4-6 células de grosor en S.T.; margen unistrato, con 1-2 células de ancho; células epidérmicas, casi aisladas, con oleocuerpos. Monoica.

Puerto de Ventana.

En FCO.

Categoría LR: LC.

Fotografía: Claire Halpin, SBB.

Riccardia latifrons (Lindb.) Lindb. *in Acta Soc. Sci. Fenn.* 10: 513. 1875.

[*Aneura latifrons* Lindb. *in Helsingfors Dagblad* 1873(67): 2. 1873].

Autoica, muy raramente paroical, más grande, transparente; tallo largo y lateral, dividido en ramas anchas, cervicorniformes, más o menos en cuña oblonga, muy delgados y emarginados, plano-convexos, casi nunca llevan gonidios en la parte anterior, células grandes, oblongas-rómbicas, no engrosadas; algunas placas periquetales; caliptra grande y menos verrugosa; androceo estrechamente oblongo, casi siempre adherido al costado del periqueta.

San Adrián. Pinar de Lillo.

En FCO, MNHN.

Fotografía: Jonathan Sleath, SBB.

Riccardia multifida (L.) S. Gray *in Nat. Arr. Brit. Pl.* 1: 684. 1821

Planta muy parecida a la anterior especie. Talos de color verde oscuro a marrón-verdoso, regularmente 2-3 pinnados, con las últimas divisiones lineares y de bordes translúcidos; S.T. biconvexa, con 4-6 células de grosor en el centro. Autoica.

Pinar de Lillo.

En FCO.

Categoría LR: NT.

Fotografía: Claire Halpin, SBB.

Aytoniaceae Cavers *in New Phytologist* 10: 42. 1911.

[Marchantiopsida, Marchantiales]

Talos opacos, sin nervio medio manifiesto, con poros simples, muy pequeños y cámaras aeríferas en 2 o más capas. Escamas ventrales de color rojo o violeta.

Reboulia hemisphaerica (L.) Raddi *in Opusc. Sci.* 2(6): 357. 1818.

Talos de aspecto muy variado según se encuentre en lugares más húmedos y sombríos o más secos y soleados; sin embargo, todos son mates o poco brillantes, lisos, de ápice bilobulado por la estrecha y profunda escotadura apical. Poros simples, en conos de poca altura, rodeados por 4-6 círculos concéntricos de 6-9 células cada uno, muy regularmente dispuestas y con las paredes radiales, de modo que parecen irradiar del centro del poro; escamas grandes, fuertemente coloreadas, anchamente semilunares, oblicuas, con dos apéndices anteriores estrechamente lanceolados, casi filiformes. Receptáculos masculinos sésiles y centrales, en la cara dorsal del talo. Carpocéfalos comunes, arrancando de entre los dos lóbulos del extremo del talo por un estípite de 0,5-3 cm, con pelos escamiformes en ambos extremos; cápsulas esféricas, de pedicelo casi nulo, paredes capsulares de una capa de células. Esporas pardas o amarillentas, con margen crenulado, areolado y papiloso, de 70-100 µm; eláteres grandes, retorcidos, biespiralados.

Cavidades en roca caliza.

Presa de Peñarrubia (Bierzo). Sierra de Ancares.

En MACB, MGC, SANT.

Fotografía: Claire Halpin, SBB.

Blepharostomataceae W.Frey *in Nova Hedwigia* 87(1–2): 263. 2008.

[Jungermanniopsida, Jungermanniales]

Blepharostoma trichophyllum (L.) Dumort *in Recueil Observ. Jungerm.* 18. 1835.

Pequeña y delicada hepática que puede formar céspedes pequeños, de color verde claro, aunque normalmente se encuentra mezclada con otras muscíneas, sobre tierra humífera y al pie de los árboles, viviendo también sobre madera en descomposición. Caulidios filiformes de 0,5-2 cm, postrados o ascendentes, poco e irregularmente ramificados; rizoides largos y hialinos; filidios de base estrecha, insertos transversalmente y divididos hasta la base en 3-4 lóbulos filiformes, uniseriados, con células ± alargadas, de cutícula finamente verrugosa; anfigastros parecidos a los filidios, pero más pequeños y con 2-3 lóbulos filiformes. Perianto ovoideo, alargado y exserto, de boca contraída y ciliada.

Sierra de Ancares (cauce del río Cuiña, 900 m.).

En MA.

Fotografía: Sharon Pilkington/Claire Halpin, SBB.

Calypogeiaceae Arnell *in Hartmans Handbok i Skandinaviens Flora* 2(a): 189. 1928.

[Jungermanniopsida, Jungermanniales]

Pertenece al grupo de las hepáticas frondosas. Son de tamaño pequeño a mediano, y poco o nada ramificadas. Estolones ausentes. Los tallos tienen bordes enteros, hojas de borde en parte premolares.

Calypogeia arguta Nees & Mont. *in Naturgesch. Eur. Leberm.* 3: 24. 1838.

Planta muy pequeña. Caulidios de 1-2 cm, postrados, ramosos. Filidios íncubos, translúcidos, insertos muy oblicuamente, emarginados, bilobulados, con lóbulos pequeños, agudos, separados por una escotadura poco profunda y relativamente ancha; anfigastros bisbífidos.

Candín.

En MA, MACB.

Fotografía: Claire Halpin, SBB.

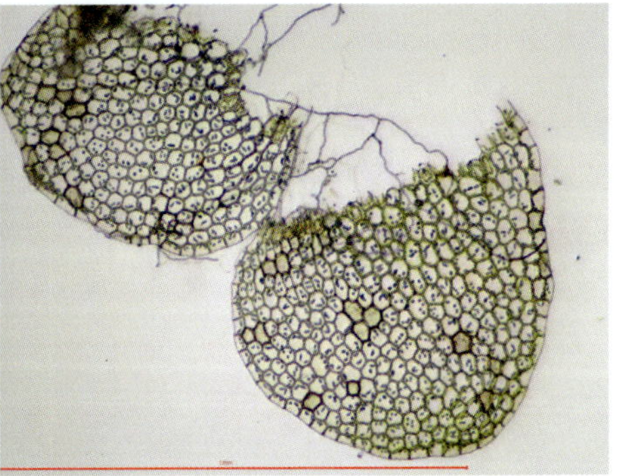

Calypogeia azurea Stotler & Crotz *in Taxon* 32: 74. 1983.

Tienen hojas cordiformes a ampliamente cordiformes, generalmente más anchas que largas, con un ápice ampliamente redondeado o subagudo. Las hojas inferiores eran más anchas que el tallo, de suborbiculares a ovadas, divididas por un seno agudo, con márgenes laterales uniformemente redondeados o raramente con angulaciones vagas.

Tejedo de Ancares.

En MA, MACB.

Fotografía: Jonathan Sleath/Claire Halpin, SBB.

Calypogeia fissa (L.) Raddi *in Jungermannio-gr. Etrusca* 33. 1818.

[*Calypogeia trichomanis* (L.) Corda *in Natura-lientausch 12 [Opiz, Beitr. Naturgesch.]*: 653. 1829].

Planta de color verde azulado. Filidios divididos en el ápice, casi todos, por una pequeña escotadura redondeada; anfigastros del doble de anchura que el caulidio, divididos en dos lóbulos romos hasta la mitad. Frecuentemente mezclada con otras muscíneas.

Puebla de Lillo (Pinar de Lillo). Sierra de Ancares (Taludes de la carretera en la entrada a Tejedo de Ancares).

En FCO, MA, MACB.

Fotografía: Claire Halpin, SBB.

Calypogeia muelleriana (Schiffn.) Müll. Frib. *in Beih. Bot. Centralbl.* 10: 217. 1901.

Planta de tamaño medio, de color oscuro, de verde amarillento a verde pardusco. Caulidios postrados, irregularmente ramificados. Filidios imbricados, un poco convexos, de ápice redondeado; anfigastros ± patentes, de emarginados a bilobados.

Talud húmedo.

Boca de Huérgano (Vega de Tarna).

Fotografía: Claire Halpin, SBB.

Calypogeia neesiana (Mass. & Carest.) Müll. Frib. *in Verh. Bot. Vereins Prov. Brandenburg* 47: 320. 1905.

Puebla de Lillo (Pinar de Lillo).

En FCO.

Categoría LR: VU. Criterio: D2.

Fotografía: David Holyoak, SBB.

Calypogeia sphagnicola (Arnell & J. Perss.) Warnst. & Loeske *in Verh. Bot. Vereins Prov. Brandenburg* 47: 320. 1906.

Boca de Huérgano (Vega de Tarna). Puebla de Lillo (Pinar de Lillo). Puerto de Las Señales.

En FCO, MACB.

Fotografía: Etienne Lacroix-Carignan, SQB-Bryoquel.

Cephaloziaceae Mig. *in Kryptogamen-Flora von Deutschland*, Moose 465. 1904.

Las hepáticas de esta familia son plantas dioicas de formas rastreras o erectas. Son de color verde, marrón, rojizo o violáceo. Las hojas están dispuestas alternativamente y son suculentas. Los cuerpos oleosos son poco frecuentes. Se reproducen sexual o vegetativamente por gemación.

Cephalozia bicuspidata (L.) Dum. *in Recueil Observ. Jungerm.* 18. 1835.

Planta polimorfa, que crece entre otras muscíneas formando céspedes deprimidos, de color verde pálido. Filidios ± cóncavos, de ovales a subcuadrados, algo estrechados en la base, bilobulados hasta la mitad, con lóbulos triangulares agudos.

Puebla de Lillo (Pinar de Lillo).

En FCO.

Categoría LR: LC.

Fotografía: Claire Halpin, SBB.

Cephalozia bicuspidata subsp. ***lammersiana*** (Huebener) R.M. Schust. *in Hepat. Anthocerotae N. Amer.* 3: 730. 1974.

[*Cephalozia lammersiana* (Hueb.) Spruce *in Cephalozia* 43. 1882].

Puebla de Lillo (Pinar de Lillo).

En FCO.

Fuscocephaloziopsis connivens (Dicks.) Váňa & L. Söderstr. *in Phytotaxa* 112(1): 9. 2013.

[*Cephalozia connivens* (Dicks.) Lindb. *in Contr. Fl. Crypt. As.* 238 [*Acta Soc. Sci. Fenn.* 10]. 1872].

Puebla de Lillo (Pinar de Lillo).

En FCO.

Categoría LR: LC.

Fotografía: Claire Halpin, SBB.

Fuscocephaloziopsis lunulifolia (Dumort.) Váňa & L. Söderstr. *in Phytotaxa* 112(1): 10. 2013.

[*Cephalozia lunulifolia* (Dumort.) Dumort. *in Recueil Observ. Jungerm.* 18. 1835; *Cephalozia media* Lindb. *in Helsingfors Dagblad* 1880 (98): 3. 1880].

Caulidios de 1-2 cm, postrados o ascendentes, poco ramosos. Filidios súcubos, ± decurrentes, suborbiculares y bilobados hasta cerca de la mitad, con lóbulos conniventes y separados por una escotadura redondeada.

Tejedo de Ancares. Tejedo (garganta del río Cuiña).

En MA, VAL.

Fotografía: Claire Halpin, SBB.

Cleveaceae Cavers *in New Phytologist* 10: 42. 1911.

Presencia de poros con paredes radiales engrosadas en las células circundantes, cámaras de aire del talo sin filamentos fotosintéticos, escamas ventrales con un único apéndice mal definido, cápsula con dehiscencia irregular y pared de la cápsula con bandas anulares bien definidas.

Athalamia hyalina (Sommert.) Hatt. *in J. Hattori Bot. Lab.* 12: 54. 1954.

Hepática de tamaño pequeño a mediano (hasta unos 6 mm de ancho) con talos delicados, carnosos, dicotómicamente ramificados, de color verde grisáceo, no aromáticos. La superficie superior está poco estriada, con una delicada red de líneas en la superficie superior y poros de aire poco visibles. Las partes más viejas de la superficie del talo se desintegran pronto. Las plantas masculinas no tienen receptáculos, sino una línea de salientes altos a lo largo de la mitad del talo. Las plantas femeninas tienen receptáculos con tallos cortos que nacen a lo largo de la mitad del talo (no terminalmente). Cada receptáculo consta únicamente de 2-4 lóbulos lisos, sin disco ni poros de aire.

Parque Nacional Picos de Europa (Torre de Salinas).

En FCO.

Fotografía: Wayne Lampa, CHB.

Dumortieraceae D. G. Long *in Edinburgh Journal of Botany* 63(2–3): 260. 2006.

[Marchantiopsida, Marchantiales]

Talo indiferenciado pero con pocas cámaras de aire vestigiales; poros de aire ausentes o pocos, simples, en el ápice del talo; escamas ventrales rudimentarias, en 2 filas, sin apéndice; rizoides dimórficos, lisos y con espigas, también con cerdas unicelulares (rizoides modificados) presentes en la superficie ventral; células oleíferas presentes (pocas), con un solo cuerpo oleífero grande; estructuras asexuales especializadas ausentes; monoica; anteridios en receptáculo disciforme terminal con pecíolo corto; esporofitos en receptáculo con pecíolo; involucro tubular, erizado, abierto por una hendidura; seta presente, exsertada brevemente; eláteres presentes; capsuledehiscencia por válvulas irregulares; esporas irregularmente tuberculadas.

Dumortiera hirsuta (Sw.) Nees *in Nova Acta Phys.-Med. Acad. Caes. Leop.-Carol. Nat. Cur.* 12(1): 410. 1825.

Los talos acintados, de 6-12 mm de ancho y hasta de más de 10 cm de largo, pueden ser simples, bifurcados o irregularmente ramificados, con la cara ventral provista de escamas laciniadas, difíciles de ver por su reducido tamaño y rizoides muy largos, pardo-amarillentos. El tejido aerífero superficial sólo es perceptible en el ápice de algunos ramos, siendo la areolación restante, de la cara dorsal del talo, poco marcada debido a los restos del tejido aerífero que se destruye fácilmente. Receptáculos masculinos terminales, con un pedúnculo muy corto que les da apariencia de sésil, cóncavos y con una hilera de pelos cortos alrededor del margen. Carpocéfalos cónicos y vellosos cuando son jóvenes, más aplanados o lampiños en la madurez, con 6 lóbulos cortos; debajo de cada lóbulo aparece un involucro carnoso con una sola cápsula semiexserta en la madurez y dehiscente por cuatro valvas que, más tarde, se subdividen; esporas marrones, toscamente papilosas de 24- 35 µm. Dioica o monoica.

Categoría LR: NT.

Fotografía: Sharon Pilkington, SBB.

Frullaniaceae Lorch *in Krypt.-Fl. Anf.* 6:174. 1914.

[Jungermanniopsida, Porellales]

  Plantas opacas a lustrosas, de color verde, marrón amarillento, rojo cobrizo o negro, con coloración rojo púrpura, formando manchas o esteras; ramas intercalares esporádicas y abreviadas; ramas terminales en la base ventral del lóbulo, sustituyendo al lóbulo, la media hoja resultante insertada principalmente en el tallo, ocasionalmente en la rama; los primeros apéndices de la rama están formados por hojas ventrales de orientación variada, bífidas o trífidas, en su mayoría planas, con un lóbulo a menudo modificado en un lóbulo galeado, sacado o cilíndrico. Hojas laterales asimétricamente 3-fidas, con un lóbulo dorsal incubo a sub-transverso y a menudo dos lóbulos ventrales modificados (lóbulo y estilete, aunque el estilete ocasionalmente está ausente). Hojas ventrales emarginadas o bífidas. Rizoides escasos, parduscos, ramificados, agrupados cerca del centro o la base de las hojas ventrales. Reproducción asexual especializada en forma de gemas discoidales multicelulares en los márgenes del lóbulo dorsal, plantas con hojas caducas en brotes vegetativos o ramas especializadas o ausentes. Gineceo con o sin ramas subflorales. Perianto bien desarrollado, a veces comprimido dorsiventralmente, a menudo de débil a marcadamente quillado con quillas laterales y posticales, a veces con quillas suplementarias, la mayoría contraídas en forma de pico, periginio ausente. Esporas con rosetas de tubérculos.

Frullania dilatata (L.) Dumort. *in Recueil Observ. Jungerm.* 13. 1835.

Ramas procumbentes de hasta 4 cm, caulidios 1-3 pinnadamente ramificados. Filidios imbricados, lóbulo dorsal oblicuamente orbicular, sin ocelos, ápice redondeado, abarquillado; lóbulo ventral en forma de capuchón hemisférico, ± tan largo como ancho; células mediales de 16-20 mm de ancho, de paredes ± engrosadas y trígonos grandes. Anfigastros de 1,5-2 veces la anchura del caulidio, bilobados, con lóbulos agudos, de margen plano. Periantos comunes, con pico y paredes tuberculadas, sin ocelos. Forma tapices de color oscuro, marrón rojizos o casi negros.

Roca descubierta, arenisca. Sobre *Quercus petraea* e *Ilex aquifolium*.

Pinar de Lillo. Candín. Campo del Agua. Puerto de Ancares. Suárbol.

En LEB, MA.

Fotografía: Claire Halpin, SBB.

Frullania fragilifolia (Tayl.) Gottsche, Lindenb. & Nees *in Syn. Hepat.* 437. 1845.

Ramas procumbentes de 2,5 cm, caulidios 1-2 (3) pinnadamente ramificados. Filidios de aproximados a imbricados, algunas veces caducos, lóbulo dorsal de orbicular a oblicuamente ovado, ocelos esparcidos, raramente en una hilera central, en la mayoría de los filidios; lóbulo ventral en forma de casco, estrechándose en la base, 1,2-1,6 veces más largo que ancho, más estrecho que los anfigastros. Anfigastros pequeños, espatulados, planos en los bordes, bilobados, de contorno sinuoso. Periantos raros, picudos, con paredes lisas y sin ocelos.

Pinar de Lillo.

En FCO, MACB, SALA, SANT, VAL.

Fotografía: Claire Halpin, SBB.

Frullania microphylla (Gott.) Pears. *in J. Bot.* 32: 328. 1894.

Fotografía: Claire Halpin, SBB.

Frullania tamarisci (L.) Dumort. *in Recueil Observ. Jungerm.* 13. 1835).

Ramas de procumbentes a ascendentes de hasta 10 cm, irregularmente bipinnados. Filidios bastante variables en forma y tamaño, imbricados, lóbulo dorsal anchamente oval, obtusamente apiculado y abarquillado en el extremo, de inserción breve y base cordiforme, con 1 (2) hileras de ocelos en el eje del lóbulo; lóbulo ventral en forma de saco oblongo, estrechado en la base, más largo que ancho; células mediales de 16-24 mm de ancho, de paredes ± engrosadas y pequeños trígonos. Anfigastros de anchura doble a la del caulidio, irregularmente cuadrangulares, bilobados, con una pequeña escotadura en el extremo superior, de margen estrechamente abarquillado por todo el contorno casi hasta la base. Perianto con pico, de paredes lisas, sin ocelos. Forma tapices relativamente grandes de color oscuro, marrón-rojizos y rara vez verde oscuro.

Cuarcitas, conglomerados, sobre *Quercus petraea, Corylus avellana, Salix atrocinerea, Ilex aquifolium.*

Porcarizas. Burbia. Puerto de Ancares. Suárbol. Portilla de la Reina. Rodrigatos de las Regueras. Villafranca del Bierzo. Tejedo de Ancares.

En FCO, LEB, MA, MACB, VAL.

Fotografía: Claire Halpin, SBB.

Gymnomitriaceae H. Klinggr. *in Die Höheren Cryptogamen Preussens* 16. 1958.

[Jungermanniopsida, Porellales]

Se caracterizan por tener los márgenes de las hojas blanquecinos enteros, o plantas generalmente blanco-plateadas o grises en *Gymnomitrion* y los márgenes de las hojas no blanquecinos, plantas verdes, pardas, negras, rojizas, o púrpura en *Marsupella*.

Gymnomitrion concinnatum (Lightf.) Corda *in Deutschl. Fl., Abt. II, Cryptog.* 19–20: 23. 1830.

Cuarcita con suelo.

Cuiña.

En LEB.

Fotografía: Jean Faubert, SQB-Bryoquel.

Gymnomitrion obtusum Lindb. *in Morgonbladet (Helsinki)* 1877(30): 2. 1877.

Esta especie corresponde a una de las cuatro reconocidas en la península Ibérica. Se caracteriza y diferencia de las demás por su color blanquecino, así como por los lóbulos de sus filidios que son redondeados.

Areniscas y cuarcitas.

Cuiña. Miravalles. Puerto de Las Señales. Cueto de Arbas.

En BCN, LEB, MA, MACB, MGC, MUB.

Fotografía: Claire Halpin, SBB.

Marsupella aquatica (Lindenb.) Schiffn. *in Sitzungsber. Deutsch. Naturwiss.-Med. Vereins Böhmen "Lotos" Prag* 44 [n.s. vol. 16]: 267. 1896.

[*Marsupella emarginata* var. *aquatica* (Lindenb.) Dumort. *in Bull. Soc. Roy. Bot. Belgique* 13: 126. 1874].

Areniscas y cuarcitas.

Puerto de Las Señales. Miravalles. Portilla de la Reina. Bárcena del Bierzo.

En LEB.

Fotografía: Claire Halpin, SBB.

Marsupella emarginata (Ehrh.) Dumort. *in Recueil Observ. Jungerm.* 24. 1835 var. ***emarginata***.

Caulidios estoloníferos y ramosos en la base. Filidios patentes, cóncavos, acanalados, redondeados y emarginados en el ápice, con una escotadura obtusa que alcanza sólo 1/20-1/5 de su longitud; lóbulos triangulares y de punta roma. Forma céspedes extensos de color cobrizo, sobre tierra húmeda y rocas silíceas.

Sierra de Ancares (proximidades del lago Cuiña, 1800 m).

En MA, MACB.

Fotografía: Claire Halpin, SBB.

Marsupella sphacelata (Giesecke *ex* Lindenb.) Dumort. *in Recueil Observ. Jungerm.* 24. 1835.

Caulidios flexibles, simples o poco ramosos. Filidios grandes, de base abrazadora, cóncavos, erecto-patentes, redondeados-cordiformes, con una escotadura poco profunda, que alcanza hasta 1/3- 1/2 de su longitud; lóbulos redondeados, teñidos frecuentemente de color cobrizo.

Areniscas y pizarras.

Puerto de Las Señales. Peña del Seo. Catoute. Pico de Cuiña. Sierra de Ancares. Salentinos (Palacios del Sil, turbera del Catoute).

En LEB, MA, MACB.

Fotografía: Robert Gauthier, SQB-Bryoquel.

Nardia scalaris Gray *in Nat. Arr. Brit. Pl.* 1: 694. 1821.

[*Alicularia scalaris* (Schrad.) Corda in *Deutschl. Fl., Abt. II, Cryptog.* 19–20: 32. 1830].

Caulidios postrados, de 1-3 cm de largo, simples o poco ramificados, con rizoides en la cara ventral. Filidios súcubos, aproximados y erecto-patentes, algo comprimidos contra el caulidio, de contorno casi circular; anfigastros pequeños, ligulados, de punta subulada.

Manzanal del Puerto. Sierra de Ancares (próximo al Lago Cuiña). Tejedo de Ancares.

En MA, MACB, MNHN.

Categoría LR: LC.

Fotografía: Claire Halpin, SBB.

Jungermanniaceae Rchb. *in Botanik fur Damen* 256. 1828.

[Jungermanniopsida, Jungermanniales]

Se trata de un grupo de pequeñas plantas que se distribuyen ampliamente. La mayoría de las especies de esta familia se encuentran en regiones templadas. Las principales características de la familia son: Las hojas superpuestas. Las hojas sin lóbulos y nunca decurrentes a lo largo del tallo. El perianto terminal en el vástago principal. Los rizoides se encuentran dispersos a lo largo del tallo. Cuando la planta tiene ramas, estas no crecen desde la parte inferior del vástago. Las hojas son sin lóbulos y tienen un borde liso. Los rizoides están dispersos a lo largo de la parte inferior del vástago, y no se restringen a los parches específicos cerca de las hojas inferiores.

Jungermannia exsertifolia subsp. ***cordifolia*** (Dumort.) Váňa *in Folia Geobot. Phytotax.* 8: 268, pl. 5. 1973.

Jungermannia grande y muy aromática (brotes de hasta 5 mm de ancho), que suele crecer en grandes montículos hinchados en brotes. Las hojas son de unos 2 mm de largo y ancho, característicamente en forma de corazón, con una base ancha que se estrecha rápidamente hacia el tallo y una punta estrecha y redondeada. *J. exsertifolia* suele tener tonos rojo-marrón en su color verde, diferente del verde oscuro de *J. atrovirens*. Es dioica, tiene rizoides incoloros y el perianto carece de brácteas hasta la mitad de su exterior.

Sumergida y borde de arroyos.

Boca de Huérgano (Vega de Tarna).

Fotografía: Claire Halpin, SBB.

Jungermannia gracillima Smith *in Engl. Bot.* 32: pl. 2238. 1811.

Planta pequeña. Caulidios postrados, de 0,5-2,5 cm de longitud, con numerosos rizoides incoloros. Filidios inferiores pequeños, de distantes a próximos, los superiores mayores, imbricados, erecto-patentes y orbiculares; células del margen de mayor tamaño y con paredes ± engrosadas formando un borde manifiesto.

Los Ancares. Candín.

En BCN.

Fotografía: Claire Halpin, SBB.

Jungermannia polaris Lindb. *in Öfvers. Kongl. Vetensk.-Akad. Förh.* 23: 560. 1867.
Posada de Valdeon (Vega de Liordes).
En FCO.

Leiocolea badensis (Gott. ex Rabenh.) Jørg. *in Bergens Mus. Skr.* 16: 166. 1934.
Parque Nacional Picos de Europa (Torre de Salinas). Cabrillanes (La Babia, Fuente La Bruxa).
En FCO.

Fotografía: Claire Halpin, SBB.

Mesoptychia turbinata (Raddi) L.Söderstr. & Váňa *in Phytotaxa* 65: 55. 2012.
[*Leiocolea turbinata* (Raddi) H. Buch *in Ann. Bryol.* 10: 4. 1938].
Parque Nacional Picos de Europa (Torre de Salinas). Posada de Valdeón (Vega de Liordes, hacia cima de la Padiorna).
En FCO.

Fotografía: Claire Halpin, SBB.

Lepidoziaceae Limpr. *in Kryptogamen-Flora von Schlesien* 1: 310. 1877

La familia se caracteriza por las plantas pinnadas, bifurcadas o ramificadas irregularmente (en el último caso, los brotes foliosos a menudo emergen desde un sistema de rizoma ramificado), rizoides en manojos en las bases de los anfigastros, hojas generalmente divididas en segmentos, anfigastros a menudo bien desarrollados, ausencia de yemas, ginoecios siempre en ramas ventrales muy cortas, setas bastante delgadas, con una epidermis formada por un número limitado de células rodeando a numerosas células internas pequeñas (rara vez sólo 4).

Kurzia trichoclados (Müll.Frib.) Grolle *in Rev. Bryol. Lichénol.* 32: 171. 1963 [1964].

Subida a Villabandín.

En FCO.

Categoría LR: VU. Criterio: D2.

Fotografía: David T. Holyoak/Sharon Pilkington, SBB.

Lepidozia reptans (L.) Dumort. *in Recueil Observ. Jungerm.* 19. 1835.

Forma céspedes pequeños, flojos, de color verde-pálido pardusco, sobre tierra humífera o madera vieja, y frecuentemente se la encuentra con otras muscíneas sin formar verdaderos céspedes. Caulidios de 1-3 cm de largo, delgados, postrados, más o menos regularmente pinnados. Filidios íncubos, alternos, aproximados o poco imbricados, ± tan anchos como largos, divididos en cuatro lóbulos hasta la mitad o un tercio (los rameales, generalmente con tres lóbulos); anfigastros grandes, anchos, divididos hasta la mitad en cuatro lóbulos romos semejantes a los de los filidios. Autoica.

Puerto del Pontón. Sierra de Ancares.

En MA, MGC.

Fotografía: Claire Halpin, SBB.

Lejeuneaceae Cas.-Gil. *in Flora Ibérica Briofita, Hepáticas* 1: 703. 1919.

[Jungermanniopsida, Porellales]

Familia tropical por excelencia, cuenta con 1.800 especies en esas latitudes. En Europa sólo está representada por dieciséis taxones y en la Península Ibérica por trece repartidos en siete géneros. Se caracterizan por ser hepáticas foliosas, muy pequeñas, en general, de color verde pálido, rara vez rojizas o pardas. Caulidios flácidos, postrados, por lo común poco ramosos, naciendo los renuevos por debajo de los filidios normales. Filidios alternos, por lo general dístico-patentes, íncubos, con un lóbulo ventral pequeño, abombado, que se inserta en el caulidio y está unido en toda su longitud inferior con el borde inferior del lóbulo dorsal, formando una bolsa acuífera en el ángulo inferior del filidio. Anfigastros grandes, pequeños o nulos. Periantos muy variados, la mayoría piriformes, de boca muy pequeña terminada por un corto tubito, y con cinco pliegues salientes en la parte superior.

Lejeunea cavifolia (Ehrh.) Lindb. *in Acta Soc. Sci. Fenn.* 10: 43. 1871.

[*Eulejeunea cavifolia* (Ehrh.) Lindb. *in Fl. Ibér. Brióf., Hepát.* 707. 1919].

Caulidios postrados o procumbentes, de hasta 2 cm, frágiles e irregularmente ramificados. Filidios imbricados y bilobados; lóbulo dorsal anchamente aovado, ligeramente convexo, ápice redondeado y margen entero; lóbulo ventral aproximadamente 1/5 del dorsal, oval, ahuecado formando una bolsa acuífera de abertura acropetal, con un dientecito cerca del extremo externo. Anfigastros grandes, 2-3 veces más ancho que el caulidio, situados muy próximos, casi orbiculares y divididos hasta la mitad en 2 lóbulos separados por una escotadura triangular. Forman céspedes deprimidos, de color verde claro o amarillento.

Pinar de Lillo.

En FCO, MA, MACB.

Fotografía: Claire Halpin, SBB.

Cololejeunea rossettiana (C. Massal.) Schiffn. *in Hepat. (Engl.-Prantl)* 122. 1893

Fotografía: Claire Halpin, SBB.

Lophocoleaceae Müll.Frib. ex Vanden Berghen *in Fl. Gén. Belgique, Bryoph.* 1(2): 208. 1956

[Jungermanniopsida, Jungermanniales]

Plantas de color verde a marrón o marrón rojizo, ascendentes. Ramas variables, (laterales y ventrales), estolones generalmente ausentes. Caulidio sin hialodermis. Filidios, línea de inserción casi horizontal, alcanza la línea media dorsal del caulidio, filidios con 2 lóbulos o márgenes enteros o dentados. Células de paredes delgadas, triangulares, cutícula lisa o rugosa, cuerpos oleosos. Anfigastros presentes, pequeños o grandes, generalmente bilobulados, dentados. Rizoides en haces desde la base del anfigastro, rara vez dispersos. Gametangios en las ramas principales, cortos. Esporófito rodeado por un perianto, con 3 quillas o comprimido lateralmente. Seta con varias celdas en sección transversal. Cápsula con una pared formada por 3-8 capas de células.

Chiloscyphus polyanthos (L.) Corda *in Naturalientausch* 12 *[Opiz, Beitr. Naturgesch.]*: 651. 1829.

Especie muy polimorfa. Caulidios de procumbentes a ascendentes, generalmente ramificados, con rizoides fasciculados en la cara ventral o en la base de algún anfigastro. Filidios alternos, insertados muy oblicuamente, de oblongo a rectangulares, ápice redondeado a emarginado, con el margen dorsal decurrente. Anfigastros bilobados, de 1/2-2/3 del ancho del caulidio, a veces con un diente cerca de la base y a menudo con la parte superior destruida quedando reducidos sólo a la base.

Suelo inundado.

Boca de Huérgano (Vega de Tarna). Posada de Valdeon (Vega de Liordes). Cabrillanes (La Babia, Fuente La Bruxa). Burón. Candín. Los Ancares.

En BCN, FCO, SALA.

Fotografía: Claire Halpin, SBB.

Lophocolea bidentata (L.) Dumort. *in Recueil Observ. Jungerm.* 17. 1835.

[*Lophocolea cuspidata* (Nees) Limpr. *in Hedwigia* 15(2): 18. 1876].

Caulidios postrados, con escasos rizoides en la cara ventral, emergiendo en fascículos de la base de los anfigastros. Filidios súcubos, planodísticos, insertados muy oblicuamente e imbricados solo en una pequeña parte, semiovales, de base muy ancha, bilobados en el ápice, con lóbulos triangulares, acuminados, separados por un seno que no penetra más que 1/4 de la longitud del filidio, borde posterior curvo y más corto que el anterior, el cual es decurrente. Anfigastros bilobados aproximadamente hasta los 3/4. Plantas de color verde pálido, casi hialinas.

Taludes y suelo de zonas boscosas.

Boca de Huérgano (Vega de Tarna). Cuiña. Pinar de Lillo. Tejedo de Ancares.

En FCO, LEB, MA, MACB.

Fotografía: Claire Halpin, SBB.

Lophocolea minor Nees *in Naturgesch. Eur. Leberm.* 2: 330. 1836.

Cabrillanes (Tremeu).

En FCO.

Fotografía: Wayne Lampa, CHB/Carole Beauchesne, SQB-Bryoquel.

Lophoziaceae Cavers *in New Phytologist* 9: 293. 1910.

[Jungermanniopsida, Jungermanniales]

Hojas sucubosas o insertadas transversalmente, enteras o con dos lóbulos; hojas inferiores ausentes o pequeñas; perianto generalmente epigonanto (es decir, de sección triangular, con un ángulo dorsal y dos ventrales).

Lophozia guttulata (Lindb. & Arnell) A. Evans *in Proc. Wash. Acad. Sci.* 2(17): 302. 1900.

[*Lophozia porphyroleuca* (Nees) Schiffn. *in Sitzungsber. Deutsch. Naturwiss.-Med. Vereins Böhmen "Lotos" Prag* 51: 273. 1903].

Puebla de Lillo (Pinar de Lillo).

En FCO.

Lophozia sudetica (Nees *ex* Hüb.) Grolle *in Trans. Brit. Bryol. Soc.* 6(2): 262. 1971.

Caulidios de procumbentes a ascendentes, de 0,5-2 cm de longitud. Filidios cóncavos, bilobados (raramente con 3 lóbulos), con el seno poco profundo; raramente con anfigastros. Propágulos abundantes, con 1-2 células.

Cuarcitas.

Miravalles. Cuiña. Pico Catoute.

En LEB.

Fotografía: Claire Halpin, SBB.

Lophozia ventricosa (Dicks.) Dumort. *in Recueil Observ. Jungerm.* 17. 1835.

Caulidios postrados o ascendentes, de 1-3 cm de longitud, con muchos rizoides cortos y de color pardo a ± rojizos, en la cara ventral. Filidios súcubos, ligeramente acanalados y con 2 lóbulos (raramente 3), triangulares y de punta roma, separados por un seno de ángulo obtuso que penetra hasta 1/3 del filidio, bordes curvos; sin anfigastros. Propágulos verde-amarillentos, bicelulares, angulosos, situados en el vértice de los lóbulos de los filidios superiores.

Puebla de Lillo (Pinar de Lillo). Las Médulas.

En FCO, SALA.

Fotografía: Claire Halpin, SBB.

Lophozia ventricosa var. ***longiflora*** (Nees) Macoun *in Cat. Canad. Pl., Lich. Hepat.* 17. 1902.

[*Lophozia longiflora* (Nees) Schiffn. *in Sitzungsber. Deutsch. Naturwiss.-Med. Vereins Böhmen "Lotos" Prag* 51: 257. 1903].

Caulidios oblicuamente ascendentes, de 2-5 cm de longitud, de color rojo oscuro por la cara ventral. Filidios grandes, acanalados por la cara superior, de lóbulos anchos separados por un seno obtuso, ancho y poco profundo.

Sierra de Ancares. Puebla de Lillo (Pinar de Lillo).

En FCO, MACB, MGC, MUB.

Lunulariaceae H. Klinggr. *in Die Höheren Cryptogamen Preussens* 9. 1858.

[Marchantiopsida, Lunulariales]

Talos con poros simples, cámaras aeríferas con filamentos clorofilosos que emergen de su base y la llenan casi completamente. Receptáculo masculino sésil y discoide. Receptáculo femenino con un corto estípite que sostiene un disco, con cuatro lóbulos pubescentes al principio y lampiños después. Cápsula dehiscente por 4 valvas.

Lunularia cruciata (L.) Dum. *ex* Lindb. *in Not. Sällsk. Fauna Fl. Fenn. Förh.* 9: 298. 1868.

Sus talos, de color verde brillante y escasamente ramificados, forman céspedes generalmente extensos y compactos sobre tierra húmeda, y se caracterizan por presentar sobre la cara dorsal, casi constantemente, conceptáculos semilunares de propágulos, verdes y de forma lenticular; en la cara ventral aparecen abundantes rizoides y escamas semilunares, anchas, hialinas, con apéndice redondeado y dispuestas en dos filas. Cápsulas elipsoidales, con pedicelo corto y grueso, que encierran esporas de 20 μm, verdosas y lisas, y eláteres muy largos y delgados, biespiralados. Dioica. Frecuente en taludes húmedos y rezumantes, sombríos.

Oseja de Sajambre (Parque Nacional Picos de Europa, Vierdes, río Zalambral).

En FCO.

Fotografía: Claire Halpin, SBB.

Marchantiaceae Lindl. *in A Natural System of Botany* 412. 1836.

[Marchantiopsida, Marchantiales]

Talo robusto, de hasta 8 cm de longitud, bifurcado, márgenes ondulados, uniestratificado. Epidermis dorsal con o sin poros, cuando están presentes poros en forma de barril formados por uno a varios anillos concéntricos de células. Cámaras aeríferas en una capa, con o sin filamentos de clorofila. Escamas ventrales en 2-10 filas a cada lado de la costa. Anteridios y arquegonios en receptáculos pediculados. Arquegonios en filas en los receptáculos, cada uno rodeado por un involucro. Esporófito con seta corta. Cápsula abierta por 4 valvas. Esporas pequeñas o grandes. Yemas producidas en estructuras en forma de copa en la superficie del tallo o ausentes. Dioica.

Marchantia polymorpha L. *in Sp. Pl.* 2: 1137. 1753 subsp. *polymorpha.*

Pedúnculo mediano, 4-6 mm de ancho, verde claro a amarillento, margen rojo claro a púrpura. Epidermis con poros formados por células fuertemente convexas en el margen. Escamas ventrales en 4 filas a cada lado de la costa, con apéndices de color naranja a púrpura, ovadas a orbiculares, ápice redondeado, agudo a corto-apiculado, margen irregular-angular a crenulado. Anteridióforo con receptáculo palmeado, 4-8 radios irregulares, sin papilas. Arquegonióforo con receptáculo cóncavo, casi simétrico, con 7-11 lóbulos. Esporas pardo-amarillentas, con aréolas tuberculadas. Dioica.

Borde de riachuelo con agua sobre arenisca.

Buiza. Pinar de Lillo. Puerto de las Señales. Cabrillanes (La Babia, Fuente La Bruxa). Entre el Puerto de Montejo y Basande.

En FCO, LEB, MA, MACB.

Categoría LR: NT.

Fotografía: Sharon Pilkington, SBB.

Marchantia polymorpha subsp. *montivagans* Bischl. & Boissel.-Dub. *in J. Bryol.* 16: 364. 1991.

Cabrillanes (La Babia, Fuente La Bruxa).

En FCO.

Fotografía: Claire Halpin, SBB.

Marchantia quadrata Scop. *in Fl. Carniol.* (ed. 2) 2: 355, pl. 63 [upper]. 1772.

Fotografía: Claire Halpin, SBB.

Metzgeriaceae H. Klinggr. *in Die Höheren Cryptogamen Preussens* 10. 1858

Talo diferenciado en una nervadura media distinta y un ala unistratosa, con pelos setosos unicelulares en el margen del talo y/o en la superficie ventral de la nervadura media; papilas limosas ventrales unicelulares, en 2 filas; ramificación vegetativa furcada o endógena ventral; ausencia de cuerpos oleosos; anteridios en 2 filas en ramas exógenas ventrales abreviadas, sin escamas perigoniales; arquegonios en ramas endógenas ventrales abreviadas, sin escamas periqueciales; esporofitos encerrados por una coelocaule vellosa; cápsulas ovoides a oblongas; gemas multicelulares, exógeno.

Metzgeria furcata (L.) Corda *in Naturalientausch* 12 [*Opiz, Beitr. Naturgesch.*]: 654. 1829.

Sobre *Quercus petraea* e *Ilex aquifolium.*

Forma céspedes esponjosos sobre los árboles y tierra húmeda, más raramente sobre las rocas, o pueden encontrarse talos aislados entre otros briófitos. Talos bifurcados repetidas veces, de 0,5-3 cm de largo y 0,5-1 mm de ancho, verdes, algo brillantes por la cara dorsal, que suele ser ligeramente convexa; translúcidos, con pelitos esparcidos en la cara ventral. Nervadura poco prominente por la cara dorsal, donde está cubierta únicamente por dos filas de células, más prominente por la cara ventral y cubierta en esta cara por cuatro filas de células.

Burbia. Puerto de Ancares. Balouta. Tejedo de Ancares.

En LEB, MA, VAL.

Fotografía: Claire Halpin, SBB.

Metzgeria pubescens (Schrank) Raddi *in Jungermanniogr. Etrusca* 35. 1818.

Roca caliza en hayedo.

Puerto de Ventana.

En LEB.

Fotografía: Claire Halpin, SBB.

Oxymitraceae Müll. Frib. *ex* Grolle *in Journal of Bryology* 7: 215. 1972.

[Marchantiopsida, Marchantiales]

Talo diferenciado, con poros de aire simples; escamas ventrales en 2 hileras, con 1 apéndice; células oleíferas idioblásticas ausentes; cámaras perigoniales incrustadas en el surco dorsal del talo; esporofitos en una depresión dorsal del talo; involucros piriformes, a veces fusionados para formar una cresta; pseudoperiantios ausentes; seta ausente; eláteres ausentes; cápsulas cleistocarpóreas; estructuras asexuales especializadas ausentes.

Oxymitra paleacea Bisch. *in Nova Acta Phys.-Med. Acad. Caes. Leop.-Carol. Nat. Cur.* 14 (2, Suppl.): 124. 1829.

Pallaviciniaceae Migula *in Krypt. -Fl. Deutschl., Moose* 423. 1904.

[Jungermanniopsida, Metzgeriales]

Talos postrados o erectos, con o sin estipe, a veces dendroides; margen alar del talo a menudo con dientes cortos y/o papilas limosas, nervio central con 1 o más filamentos de células hidrolizadas con paredes gruesas y picadas; célula apical lenticular o cuneada; androceos en grupos discretos o en filas alargadas sobre el nervio central del talo; gineceos anacróginos en la superficie dorsal del talo (acróginos en las ramas ventrales en *Podomitrium*); esporofitos encerrados por un caliptra brotado y un pseudoperianto periquietal, o por un coelocaule; cápsulas cilíndricas, con las paredes radiales de las células epidérmicas uniformemente engrosadas y las células de la pared interna sin engrosamientos y dehiscencia 2- o 4-valvada, con las valvas apicalmente coherentes.

Pallavicinia lyellii (Hook.) Gray *in Nat. Arr. Brit. Pl.* 1: 685, 775. 1821.

Fotografía: Martine Lapointe, SQB.

Pelliaceae H. Klinggr. *in Die Hoheren Cryptogamen Preussens*: 13. 1858.

Plantas taloides o frondosas con las hojas succubas; célula apical tetraédrica, cuneada, o hemidiscoide; apéndices ventrales con papilas pedunculadas o pelos uniseriados, dispersos o en 2 filas; rizoides hialinos o parduscos a pardo rojizo pálido; ramas ventrales raras; anteridios dispuestos en 2 filas, o dispersos o débilmente agrupados en el talo, cada uno en una cámara cónica o en forma de petaca con un ostiolo apical; arquegonios desnudos y dispuestos en un racimo acrógino, protegidos por una solapa o vaina periquetial (*Pellia*); cápsulas esferoidales, con elateróforo basal conspicuo, dehiscentes en 4 valvas; germinación de las esporas precoz y endospórica.

Pellia endiviifolia (Dicks.) Dumort. *in Recueil Observ. Jungerm.* 27. 1835.

Cabrillanes (La Babia, Fuente La Bruxa).
Cabrillanes (Tremeu).

En FCO.

Fotografía: Claire Halpin, SBB.

Pellia epiphylla (L.) Corda *in Naturalientausch* 12 [*Opiz, Beitr. Naturgesch.*]: 654. 1829.

[*Pellia fabroniana* Raddi *in Jungermanniogr. Etrusca* 38. 1818].

Forma céspedes extensos, de color verde oscuro, rara vez de color verde claro, siempre negros al secarse, aplanados sobre la tierra húmeda, esponjosos en las formas hidrófilas, viviendo casi exclusivamente en terrenos silíceos. Talos postrados o ascendentes, de 2-6 cm de largo y de 0,5 a 2 cm de ancho, algo frágiles y carnosos, ondulados y de nervadura poco prominente por la cara ventral y nada saliente por la dorsal, con refuerzos en las paredes de sus células. Numerosas cavidades anteridiales empotradas en la cara dorsal del talo, por detrás del pseudoperianto y puestas de manifiesto como pequeñas protuberancias rojizas. Involucro en forma de escama o solapa, sobre una especie de bolsa oblicua hacia delante que sobresale del involucro (la cofia) y en cuya base se encuentran los arquegonios. Cápsula esférica, pardo verdoso, sostenida por una seta muy larga, hialina, que se abre en la madurez por valvas que dejan libres las esporas, multicelulares y finamente verrugosas y los eláteres, largos, delgados y retorcidos, con 2 a 3 delgadas espirales internas.

Sierra de Ancares. Tejedo de Ancares. Pinar de Lillo. Valdeteja.

En FCO, MA, MGC.

Fotografía: Claire Halpin, SBB.

Plagiochilaceae K. Müller & Herzog *in Die Lebermoose Europas* 877. 1956.

[Jungermanniopsida, Jungermanniales]

Hojas succubas, indivisas, con los márgenes enteros o dentados a ciliados y el margen dorsal a menudo reflejado; subhojas reducidas o ausentes; rizoides dispersos o restringidos a las bases de las hojas; androecios y gineceos en ejes anteriores; esporofitos encerrados por un brote caliptra y perianto; periantos comprimidos lateralmente, bilabiados, con la boca truncada, no contraída; cápsulas ovoides a elipsoidales, con la pared de 4 a 10 estratos.

Plagiochila asplenioides (L.) Dumort. *in Recueil Observ. Jungerm.* 14. 1835.

Caulidios de 3-12 cm de largo, no presentando ramos flageliformes deshojados. Filidios de aproximados a subimbricados, de margen dentado; células mediales de paredes finas y trígonos muy pequeños o sin ellos.

Sobre *Fagus sylvatica.*

Valle de Hormas. Puebla de Lillo (Illarga). Burbia. Valle de Mirva. Puerto de Ventana. Lillo del Bierzo. Burón. Sierra de Ancares.

En LEB, MGC, SALA.

Fotografía: Claire Halpin, SBB.

Plagiochila porelloides (Torr. *ex* Nees) Lindenb. *in Sp. Hepat. (Lindenberg)* (fasc. 2–4): 61. 1840.

Muy semejante a *Plagiochila asplenioides*, pero de menor tamaño. Caulidios de 1,5-7 cm de longitud, simples u ocasionalmente ramificados, con ramos flageliformes deshojados normalmente presentes. Filidios de distantes a subimbricados, de patentes a extendidos, algunas veces secundos; células mediales de paredes finas, con trígonos de pequeños a medianos.

Tejedo de Ancares.

En MA.

Categoría LR: NT.

Fotografía: Claire Halpin, SBB.

Porellaceae Cavers *in New Phytologist* 9: 292. 1910.

[Jungermanniopsida, Porellales]

Hojas con 2 lóbulos, con el lóbulo dorsal entero o dentado, y el lóbulo ventral explanado; envés de las hojas indiviso; androecia y ginoecia en ramas abreviadas; esporofitos rodeados por un brote caliptra y perianto; periantos con 3 lóbulos, con la boca contraída (raramente con pico); cápsulas esferoidales, con la pared de 3 a 6 estratos, con células epidérmicas e internas con engrosamientos en la pared.

Porella cordaeana (Huebener) Moore *in Rep. Irish Hepat.* 618. 1877.

Caulidios postrados o ascendentes, procumbentes, irregularmente ramificados. Filidios de aproximados a imbricados; lóbulo dorsal de ampliamente ovado a ovado-orbicular con base oblicuamente cordada, ápice redondeado, margen entero excepto en la base donde presenta de 1-3 dientes grandes y espinosos; lóbulo ventral relativamente pequeño, de oblongo a lanceolado, estrecho, acuminado, de punta roma y muy decurrente por el lado interno, de margen entero por arriba, dentado y ondulado en la base, especialmente en la parte decurrente. Anfigastros poco más anchos que el caulidio, largamente decurrentes, de borde ondulado y dentado en la parte decurrente.

Rocas húmedas.

Burón.

En SALA.

Fotografía: Jonathan Sleath, SBB.

Porella platyphylla (L.) Pfeiff. *in Fl. Nieder-hessen* 2: 234. 1855.

[*Madotheca platyphylla* (L.) Dumort. *in Syll. Jungerm. Europ.* 31. 1831].

Ramos procumbentes, de unos 8 cm, caulidios 2-3 pinnadamente ramificados. Filidios imbricados y apretados al caulidio; lóbulo dorsal de mayor tamaño que el ventral, anchamente ovado, ápice redondeado; lóbulo ventral lanceolado o triangular, convexo con el margen recurvado, entero o con dientes espinosos cerca de la base. Anfigastros oval-orbiculares, márgenes recurvados, enteros, largamente decurrentes. Plantas robustas, de color verde amarillento que forman tapices en la base de los árboles en los robledales umbrófilos y bosques ribereños. Sobre *Quercus petraea, Corylus avellana, Quercus pyrenaica, Quercus rotundifolia* y *Fagus sylvatica.*

Portilla de la Reina. Puerto de Ventana. Buiza. Burbia. Valle de Mirva. Valle de Hormas. Bárcena de la Abadía. Pinar de Lillo (Illarga). Tejedo de Ancares (850 m). Balouta. Hayedo de Busmayor.

En LEB, MA, MGC.

Fotografía: Claire Halpin, SBB.

Ptilidiaceae H. Klinggr. *in Die Höheren Cryptogamen Preussens* 37. 1858.

[Jungermanniopsida, Ptilidiales]

Hojas transversas a débilmente incubas; subhojas grandes, bífidas, con los márgenes ciliados como las hojas; carecen de innovaciones subflorales; esporofitos encerrados en una caliptra y un perianto brotados; cápsulas ovoides; pared de la cápsula de 3 a 5 estratos; esporas pequeñas; germinación de las esporas exospórica.

Ptilidium ciliare (L.) Hampe *in Prodr. Fl. Hercyn.* 76. 1836.

Sobre cuarcitas.

Cuiña. Peña Trevinca.

En LEB, MA, MACB, MUB.

Fotografía: Claire Halpin, SBB.

Radulaceae K. Müller *in Die Lebermoose* 1: 404. 1909.

[Jungermanniopsida, Porellales]

Plantas irregularmente pinnadas a bipinnadas, con hojas 2-lobuladas, con el lobulillo ventral ligeramente inflado cerca de la quilla; subhojas ausentes; rizoides infasciculares desde los lobulillos foliares; androecios amentiformes, en ramas laterales, raramente intercalares en el eje principal; ginoecios terminando un eje principal, raramente en una rama lateral, con 2 a 4 arquegonias; brácteas en una sola serie; bracteolas ausentes; esporofitos encerrados por una caliptra de brote o periginio de tallo y perianto; periantos bicéfalos, comprimidos dorsiventralmente, con la boca truncada; cápsulas cilíndricas, con la pared 2-estratosa, con células epidérmicas e internas con engrosamientos de la pared; discoidógemas multicelulares en algunas especies.

Radula complanata (L.) Dumort. *in Syll. Jungerm. Europ.* 38. 1831.

Forma céspedes deprimidos, de color verde amarillento por lo general, sobre cortezas de los árboles, en los bosques, o más raramente puede colonizar las rocas. Tallos de 2-5 cm, postrados y aplicados al soporte. Filidios íncubos, planodísticos, más o menos imbricados, bilobados-conduplicados, con el lóbulo ventral, rómbico, marcadamente menor que el dorsal que es orbicular u oval, de márgenes enteros o corroídos por los propágulos, con la región carinada hinchada y rizoides saliendo solamente de la parte hinchada del lóbulo ventral; células de paredes delgadas, trígonos pequeños o ausentes. Sin anfigastros. Propágulos discoides frecuentes en el margen de los filidios. Se encontraba generalmente fértil y con periantos, comprimidos, más o menos rectangulares, con la boca truncada y entera.

Sobre *Quercus petraea*.

Suárbol. Puerto de Ancares. Burbia. Pinar de Lillo.

En FCO, LEB, MA.

Fotografía: Claire Halpin, SBB.

Ricciaceae Rchb. *in Botanik fur Damen* 255. 1828.

[Marchantiopsida, Marchantiales]

Talo diferenciado, con poros aéreos simples o con poros aéreos ausentes; escamas ventrales en 2 o varias filas, apéndices ausentes o pequeños; células oleíferas idioblásticas ausentes; cámaras perigoniales incrustadas dorsalmente en el talo, dispersas; esporofitos incrustados individualmente en el talo; involucros ausentes; pseudoperiantos ausentes; seta ausente; eláteres ausentes; cápsulas cleistocarpas; estructuras asexuales especializadas ausentes (INFANTE & HERAS, 2004).

Riccia ciliata Hoffm. *in Deutschl. Fl.* 2: 95. 1795 [1976].
Cubillos.
En MNHN.

Riccia gougetiana Durieu & Mont. *in Ann. Sci. Nat., Bot., sér.* 3, 11(1): 35. 1849.
Puerto de Ventana. Villadangos del Páramo.
En MACB, SANT.

Riccia nigrella DC. *in Fl. Franç.* (ed. 3) 6: 193. 1815.
León (CASAS ET AL., 1992).
Fotografía: Young Jun Lee, SBB.

Riccia papillosa Moris *in Stirp. Sard. Elench.* 2: App. [2]. 1828.
León (JOVET-AST & BISCHLER, 1976).

Saccogynaceae Heeg *in Verh. K.K. Zool.-Bot. Ges. Wien* 41: 571. 1891.

[Jungermanniopsida, Jungermanniales]

Saccogyna viticulosa (L.) Dumort. *in Syll. Jungerm. Europ.* 74. 1831.

Presenta caulidios postrados de 2-6 cm, poco ramosos; rizoides arrancando, en su mayoría, de la base de los anfigastros; filidios súcubos, insertos oblicuamente, planodísticos, imbricados, casi opuestos, decurrentes anteriormente y casi tocándose con los del lado opuesto, semiovalados, de ancha base y enteros; anfigastros cortos y poco más anchos que los caulidios, casi semicirculares y de contorno dentado, con dos dientecitos apicales.

Sobre rocas rezumantes (areniscas).

Desfiladero de los Beyos.

En FCO, MA, MACB, MUB, SALA, VAL.

Fotografía: Claire Halpin, SBB.

Scapaniaceae Mig. *in Kryptogamen-Flora von Deutschland*. Moose 479. 1904.

[Jungermanniopsida, Jungermanniales]

Hojas de transversas a sucubosas, conduplicadas-bilobadas con el segmento dorsal más pequeño, o con 2, 3 o 4 lóbulos (sin lóbulos en *Gottschelia*), planas a cóncavas o conduplicadas, márgenes dentados a largamente ciliados (enteros); subhojas generalmente ausentes (grandes, bífidas); rizoides generalmente dispersos; androecios y ginoecios en los ejes principales; perigonia generalmente con parafisos; esporofitos encerrados por un brote caliptra y perianto; periantos cilíndricos o aplanados dorsiventralmente, con la boca ancha, orplicada y contraída; cápsulas ovoides (esferoidales o elipsoidales), con la pared de 2 a 8 capas; gemas comunes, generalmente estrelladas.

Diplophyllum albicans (L.) Dumort. *in Recueil Observ. Jungerm.* 16. 1835.

Plantas de verde amarillento a verde oscuro que forman céspedes extensos. Caulidios simples o poco ramosos, postrados o ascendentes, de hasta 5 cm de altura. Filidios dísticos, conduplicados-bilobados hasta más de su mitad; lóbulos desiguales, aplicados uno contra el otro, siendo el ventral o posterior el de mayor tamaño, oblongo y lingüiforme, brevemente apiculado. Propágulos pequeños, con grandes verrugas dándoles apariencia de estrellas, numerosos formando pequeños acúmulos en el ápice de los lóbulos de los filidios.

Cuarcita y arenisca.

Tonín. Pico Catoute. Miravalles. Cuiña. Puerto de Las Señales. Pinar de Lillo.

En BCN, FCO, LEB, MA, MGC.

Categoría LR: LC.

Fotografía: Claire Halpin, SBB.

Diplophyllum obtusifolium (Hook.) Dumort. *in Recueil Observ. Jungerm.* 16. 1835.

Peña Cuiña. Tejedo de Ancares.

En MA. MACB.

Fotografía: J.C. Schou, CHB.

Douinia ovata (Dicks.) H. Buch *in Commentat. Biol.* 3(1): 14. 1928.

[*Jungermannia ovata* Dicks. *in Fasc. Pl. Crypt. Brit.* 3: 11, pl. 8, f. 6. 1793].

Caulidios procumbentes o ascendentes, espaciadamente ramificados. Filidios inferiores distantes, los superiores de mayor tamaño, imbricados, conduplicados cóncavos, transversalmente insertos, bilobados, de margen entero o suavemente dentado; lóbulo dorsal más pequeño, estrecho y agudo que el ventral; lóbulo ventral de oval-lanceolado a lanceolado, terminando en un ápice agudo. Sin anfigastros, ni propágulos. Planta verde oliva, verde azulada o pardusca, generalmente mezclada con otros briófitos.

Cuarcita y arenisca.

Bárcena de la Abadía. Pereda de Ancares. Sierra de Ancares (río Cuiña). Valle de la Luna.

En LEB, MA, MACB.

Fotografía: Claire Halpin, SBB.

Scapania aequiloba (Schwägr.) Dumort. *in Recueil Observ. Jungerm.* 14. 1835.

Parque Nacional Picos de Europa (Torre de Salinas).

En FCO.

Fotografía: Claire Halpin, SBB.

Scapania aspera M. Bernet & Bernet *in Cat. Hép. Suisse* 42. 1888.

Isoetion.

Valcavado del Páramo.

Fotografía: Claire Halpin, SBB.

Scapania calcicola (H. Harnell & H. Perss.) Ingh. *in Naturalist (Hull)* 564: 11. 1904.

Parque Nacional Picos de Europa (Torre de Salinas).

En FCO.

Categoría LR: LC.

Scapania compacta (Roth) Dumort. *in Recueil Observ. Jungerm.* 14. 1835.

Forma céspedes compactos, bastante rígidos, de color pardo claro, rojizo y rara vez verdes. Caulidios postrados o ascendentes, raramente ramificados, con rizoides. Filidios distantes, aproximados e imbricados en la parte superior de los caulidios, conduplicados, bilobados, con lóbulos subiguales, ovalados o cuadrados, con punta redondeada; escotadura hasta 1/4- 1/3 de la longitud del filidio; células de paredes gruesas y con trígonos ± acusados en los ángulos. Propágulos bicelulares, amarillentos. Cuarcita rezumante, granito, arenisca y conglomerados.

Miravalles. Portilla de la Reina. Candín. Bárcena de la Abadía. Pereda de Ancares. Sierra del Teleno.

En LEB, MA, MACB, MGC.

Fotografía: Claire Halpin, SBB.

Scapania nemorea (L.) Grolle *in Rev. Bryol. Lichénol.* 32: 160. 1963 [1964].

Especie muy parecida morfológicamente a *S. gracilis*, de la que se diferencia fácilmente por los pequeños y densos acúmulos ocráceos o marrones de propágulos que se forman en el ápice del lóbulo dorsal de los filidios jóvenes. Propágulos uni o bicelulares, ovoideos o elípticos y pardo-amarillentos.

Sobre areniscas.

Teleno.

En LEB.

Fotografía: Claire Halpin, SBB.

Scapania subalpina (Nees *ex* Lindenb.) Dumort. *in Recueil Observ. Jungerm.* 14. 1835.

Caulidios ascendentes o erectos, delgados, simples o poco ramosos. Filidios distantes a próximos, los superiores aproximados o imbricados, bilobados hasta cerca de la mitad en lóbulos casi iguales; lóbulo dorsal subcuadrado, generalmente algo apiculado y denticulado cerca del ápice, no decurrente, cruzando al caulidio y rebasando sus límites por el lado opuesto al de la inserción; lóbulo ventral igual o poco mayor, cóncavo posteriormente, ovalado, obtusamente apiculado y por lo general denticulado en todo el contorno. Propágulos verdes, elipsoides, ovoides o piriformes, bicelulares. Planta de pequeño a mediano tamaño.

Palacios de Sil (prox. Salentinos, turberas del pico Catoute). Posada de Valdeon (Vega de Liordes).

En FCO, MA.

Categoría LR: CR. Criterio: B2a(ii, iv).

Fotografía: Richard Lansdown, SBB.

Scapania umbrosa (Schrad.) Dumort. *in Recueil Observ. Jungerm.* 14. 1835.

Sobre areniscas.

Teleno.

En LEB.

Categoría LR: VU. Criterio: D2.

Fotografía: Claire Halpin, SBB.

Scapania undulata (L.) Dumort. *in Recueil Observ. Jungerm.* 14. 1835.

Caulidios erectos o ascendentes, de 1-10 cm, poco ramosos, denudados en la base. Filidios distantes o imbricados, a veces ventralmente secundos, ondulados, grandes, bilobados hasta la mitad, con el margen entero o más generalmente dentado; lóbulo dorsal más pequeño que el ventral, decurrente; quilla poco curva. Propágulos poco frecuentes, bicelulares, piriformes, amarillentos, pálidos agrupados en conjuntos verdosos, en los filidios superiores. Planta de tamaño medio a robusta, de color verde amarillento a verde oscuro, rojizos o púrpura, formando céspedes y cojinetes, a veces extensos.

Rocas rezumantes y bordes de arroyo.

Boca de Huérgano (Vega de Tarna). Pinar de Lillo. Sierra de Ancares. Cuenca del río Cuiña. Salentinos. Palacios del Sil (turberas del pico Catoute, 1750 m). Tejedo de Ancares.

En FCO, LEB, MA, MACB, MGC.

Fotografía: Claire Halpin, SBB.

Scapania undulata var. ***dentata*** (Dumort.) McArdle *in Proc. Roy. Irish Acad., B* 24: 447. 1904.

Sobre calizas.

Pobladura de la Tercia.

En LEB.

Solenostomataceae Stotler & Crand.-Stotl. *in Edinburgh J. Bot.* 66(1): 190. 2009.

[Jungermanniopsida, Jungermanniales]

Hojas súcubas, indivisas o superficialmente bilobadas, con los márgenes enteros; sub-hojas generalmente ausentes; rizoides dispersos; ramas laterales; androecios y ginoecios en ejes principales; esporofitos encerrados por un caliptra brotado y un complejo periginio-perianto del tallo, a veces con desarrollo incipiente del marsupio; periantos a menudo reducidos, terete por debajo, pluriplicados por encima, con la boca gradualmente contraída, raramente en pico; cápsulas de subesferoidales a ovoides o brevemente elipsoidales, con la pared de 2(4)-estratos, con las células más internas de la pared rectangulares, con engrosamientos semianulares; gemas ausentes.

Solenostoma gracillimum (Sm.) R.M. Schust. *in Hepat. Anthocerotae N. Amer.* 2: 972. 1969.

[*Solenostoma crenulatum* Mitt. *in J. Linn. Soc., Bot.* 8: 51. 1965[1964]].

Dioica. Las cápsulas son frecuentes, de enero a julio. Las gémulas son desconocidas.

Puebla de Lillo (Pinar de Lillo).

En FCO.

Fotografía: Claire Halpin, SBB.

Solenostoma sphaerocarpum (Hook.) Steph. *in Bull. Herb. Boissier, sér.* 2, 1(5): 499. 1901.

[*Jungermannia sphaerocarpa* Hook. *in Brit. Jungermann.* pl. 74. 1816[1815]].

Paroica. Los periantios son comunes y las cápsulas son frecuentes, madurando de marzo a agosto. Las gemas son desconocidas. Talud húmedo.

Pinar de Lillo.

En LEB.

Fotografía: Richard Lansdown, SBB.

Southbyaceae Váňa, Crand.-Stotl., Stotler & D.G. Long *in Nova Hedwigia* 95(1–2): 184. 2012.

[Jungermanniopsida, Jungermanniales]

Southbya tophacea (Spruce) Spruce *in Ann. Mag. Nat. Hist., ser. 2*, 3: 501. 1850.

[*Southbya stillicidiorum* (Raddi) Lindb. *in Not. Sällsk. Fauna Fl. Fenn. Förh.* 13: 368. 1874.

Las Médulas.

En SALA.

Fotografía: Jonathan Sleath, SBB.

4
ANTHOCEROPHYTA
(Antocerotas)

Anthoceros punctatus L.
Jonathan Sleath

4.1 Características generales

Son plantas que forman parte de los Briófitos y que presentan como características generales las siguientes:

Gametófito taloso, en forma de lámina de color verde oscuro que al crecer forma rosetas de 3 a 10 cm de diámetro, con bordes sinuosos, ondulados o rizados. El talo, grueso y carnoso, está formado por varias capas de células no diferenciadas que forman un tejido continuo; cada célula presenta un solo cloroplasto laminar con un pirenoide. Algunas especies pueden presentar cavidades internas mucilaginosas y/o con cianobacterias endosimbióticas (*Nostoc*) en su interior. El gametófito se une al sustrato por rizoides lisos unicelulares. Los anteridios, ovoides y cortamente pedunculados, se encuentran agrupados en unas criptas situadas en las capas superiores del talo. Los arquegonios, poco diferenciados, están profundamente hundidos en el talo, presentando sus paredes soldadas a las células de este.

Esporófito diferenciado en un pie, cónico y bulboso, clavado en el gametófito y una cápsula, que es erecta, fusiforme, verde (debido a la clorofila) y con aspecto de cuerno muy largo; la base de la cápsula está envuelta por el involucro que aparece en la superficie del talo como una prominencia que crece a medida que la cápsula va creciendo en su interior. La cápsula, que presenta en su zona axial una larga columela filiforme, comienza a abrirse en 2 valvas por la parte superior, y a medida que van madurando las esporas, las dos valvas se van separando, de arriba hacia abajo, quedando la columela como un filamento central; entre las esporas se forman también pseudoeláteres, células alargadas y estériles, uni-o pluricelulares, que facilitan la dispersión de las esporas (Fernández Ordoñez & Collado Prieto, 2003).

Anthocerotaceae Dumortier *in Analyse des Familles de Plantes* 68. 1829.

[Anthocerotopsida, Anthocerotales]

Sólo se conocen dos géneros en Europa (*Anthocerops* L. y *Phaeoceros* Prosk.) que probablemente también estén en León, pero de los que por el momento sólo conocemos uno.

Categoría LR: LC.

Fotografía: Jonathan Sleath, SBB.

Anthoceros punctatus L. *in Sp. Pl.* 1139. 1753.
Plantas terrestres, anuales o perennes. Monoicas. Sus gametófitos forman rosetas cóncavas de 1,5-3,0 cm de diámetro, con lóbulos muy divididos y crispados. Cavidades anteridiales con 6-10 anteridios de 100-130 µm de longitud en la madurez. Cápsulas de 2-10 cm de longitud. Esporas negruzcas, de 36-48 µm, reticuladas, con espinas simples o bífidas. Pseudoeláteres de 3-5 células.

Riaño. Puerto de Ventana.

Anthocerophyta (Antocerotas)

5

Biodiversidad Leonesa de los Briófitos

Polytrichum strictum Menzies *ex* Brid.
Claire Halpin

5. Biodiversidad Leonesa de los Briófitos

Para el estudio de la biodiversidad leonesa de los Briófitos se han empleado dos métricas: por un lado, el número bruto de taxones agrupados en cada categoría taxonómica (División, Clase, Orden, Familia) y, por otro lado, el valor del índice de Shannon (H). Dicho índice, cuya fórmula se muestra seguidamente, se ha calculado siguiendo las indicaciones de la publicación original (Shannon & Weaver, 1949).

$$H = -\sum_{i=1}^{N} p_i \cdot \ln\left(p_i\right)$$

Donde **N** representa el número total de géneros dentro de la categoría taxonómica analizada y p_i la abundancia relativa de taxa que posee cada género en esa categoría taxonómica. De este modo, este índice no tiene en cuenta tan sólo la biodiversidad (o la riqueza) total -de géneros en este caso-, sino también como se encuentran distribuidos los táxones. Es decir, el valor de **H** será más alto cuanto mayor número de géneros contenga la categoría taxonómica analizada, pero también cuanto mayor sea la equidad en el número de taxones que contiene cada uno de esos géneros.

Por ejemplo, dadas dos familias A y B cada una de las cuales agrupa 5 géneros y 10 especies, si en la familia A cada género contiene 2 especies, y en la familia B un género contiene 6 especies y los otros cuatro géneros tan sólo una especie cada uno, el valor de Shannon será superior en la familia A. En la Tabla 4 se muestra dicho ejemplo para una mayor comprensión del método seguido en la aproximación a la cuantificación de la biodiversidad leonesa de los Briófitos mediante el índice de Shannon. Dicho método basado en el número de géneros y de taxones presentes en cada género se aplicará indistintamente, es decir, sea cual sea el rango taxonómico analizado: Reino, División, Clase, Orden, Familia o categorías intermedias (Subdivisión, Subclase, Suborden, etc.).

Tabla 4. Ejemplo del cálculo del índice de Shannon (H) para dos familias modelo. **N:** número total de géneros dentro de cada familia; p_i: abundancia relativa de taxa de cada género.

Categoría taxonónica	Géneros	Número de táxones	Abundancia relativa	Índice de Shannon
Familia A	Género 1	2	0,2	0,32
	Género 2	2	0,2	0,32
	Género 3	2	0,2	0,32
	Género 4	2	0,2	0,32
	Género 5	2	0,2	0,32
Total		**10**	**1,00**	**1,61**

Categoría taxonónica	Géneros	Número de táxones	Abundancia relativa	Índice de Shannon
Familia B	Género 1	6	0,6	0,46
	Género 2	1	0,1	0,23
	Género 3	1	0,1	0,23
	Género 4	1	0,1	0,23
	Género 5	1	0,1	0,23
Total		**10**	**1,00**	**1,38**

Dentro de las briófitas *sensu lato*, Bryopsida es claramente la clase más biodiversa en la provincia de León en cuanto a número de taxa, alcanzando los 410, y en cuanto a valor más alto (4,5) del Índice de Shannon (H) (Figura 2). Jungermanniopsida, con 73 especies, es la segunda clase más biodiversa y destaca por un valor de H extraordinario (3,4), indicando una distribución uniforme de las especies dentro de los géneros de esta clase. Un caso semejante es el de las hepáticas (Marchantiopsida), cuyo valor de H (1,8) es superior del que cabría esperar para una categoría que agrupa tan sólo 12 especies. Esto es relevante cuando la comparamos con, por ejemplo, la clase Andreaeaopsida, que con un número de taxa semejante (8), tiene un valor de Shannon muy inferior al estar la mayoría de sus táxones (6) incluidos en el género *Andreaea*. Una circunstancia extrema es la de la clase Sphagnopsida, que si bien tiene un número de taxa considerable (26), presenta un valor de H de 0, al estar todas sus especies agrupadas en un único género (*Sphagnum*). Cabe destacar también el caso de los antoceros, que con 1 sólo taxa hallado en la provincia de León (*Anthoceros punctatus*), presenta un valor de H de 0.

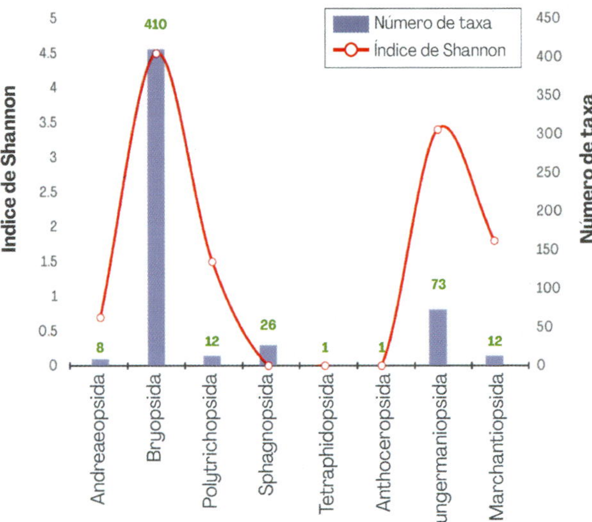

Figura 2. Número de taxa y valor del índice de Shannon para las clases de briófitos *sensu lato* de la provincia de León.

En cuanto a los órdenes (Figura 3), Hypnales destaca como el más biodiverso tanto en cuanto a número de especies (125) como en cuanto a valor de H (3,7). Jungermanniales (48 taxa), Pottiales (58) y Dicranales (37) presentan un valor de H semejante (2,5-2,8) a pesar de su desemejante número de especies, que es a su vez inferior al de otros órdenes como Bryales o Grimmiales. En estos órdenes, sin embargo, el valor de H es muy inferior, puesto que los géneros *Bryum* y *Grimmia*, respectivamente, agrupan la mayor parte de las especies del orden. Una situación semejante es la del orden Orthotrichales y el género *Orthotrichum*. Porellales (15 taxa), Polytrichales (12) y Marchantiales (8) son también ordenes biodiversos desde el punto de vista del índice de Shannon, mientras que Fissidentales (13) o Sphagnales (26), pese a contar con un considerable número de táxones, tiene un valor de H de 0 al estar dichos táxones agrupados en un género (*Fissidens* y *Sphagnum*).

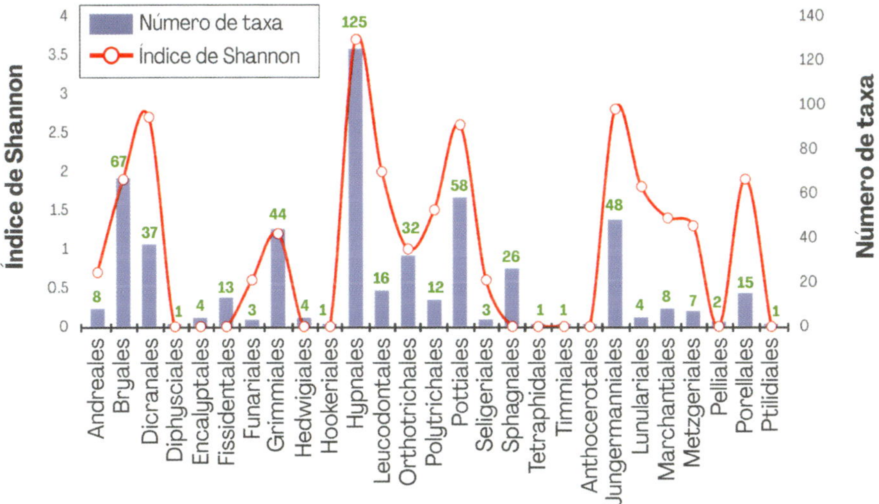

Figura 3. Número de taxa y valor del índice de Shannon para los órdenes de briófitos *sensu lato* de la provincia de León.

En la Figura 4 se muestran las familias con un número de táxones superior a 5. Pottiaceae se erige claramente como la familia con mayor número de táxones (58), destacando a su vez la buena distribución de estos en los diferentes géneros que incluye, puesto que el valor de H es superior a 2.5. Brachytheciaceae (43) y Grimmiaceae (44) son las dos siguientes en cuanto a número de especies, aunque podríamos asegurar, en base a su valor de H, que la primera de ellas es más biodiversa, al presentar 14 géneros frente a los 4 de Grimmiaceae. Amblystegiaceae (20), Hypnaceae (17), Dicranaceae (13), Ditrichaceae (10), Rhabdoweisiaceae (8), Hylocomiaceae (6) o Pterigynandraceae (5) también destacan como familias de gran biodiversidad pese a presentar un número de especies inferior.

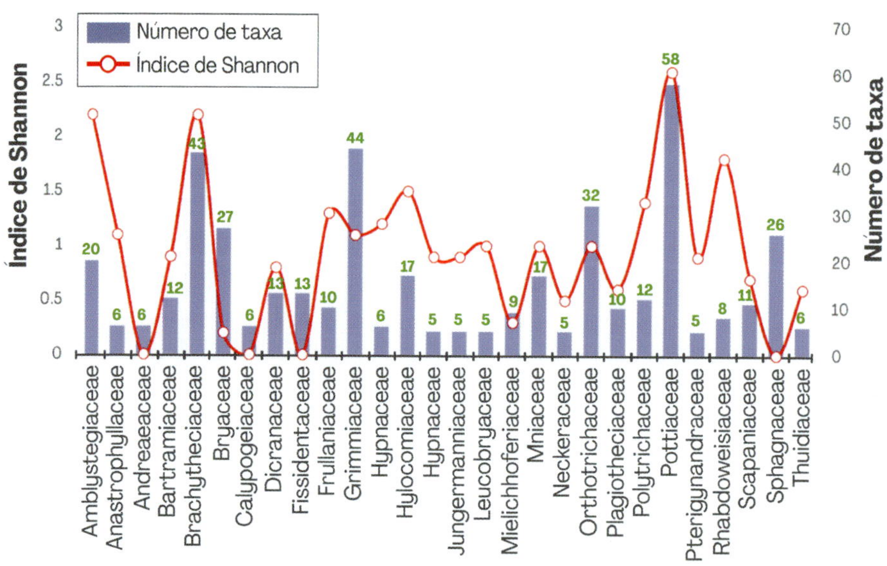

Figura 4. Número de taxa y valor del índice de Shannon para las familias con más de 5 táxones de briófitos *sensu lato* de la provincia de León.

Bibliografía

Tortula subulata Hedwig
Claire Halpin

ÁLVARO, I. (2006). *Encalypta* Hewd. En Flora Briofítica Ibérica. Volumen III. GUERRA, J.; CANO, M.J. & CROS, R.M. (Eds.). Ed. UMU & SEB. ISBN: 978-84-609-9097-4. pp. 274-283.

ÁLVARO, I. (2010). *Timmiaceae* Schimp. En Flora Briofítica Ibérica. Volumen IV. GUERRA, J.; BRUGUÉS, M.; CANO, M.J. & CROS, R.M. (Eds.). Ed. UMU & SEB. ISBN: 978-84-614-1023-1. pp. 289-295.

ÁLVARO, I. (2014). *Cryphaeaceae* Schimp. En Flora Briofítica Ibérica. Volumen V. GUERRA, J.; CANO, M.J. & BRUGUÉS, M. (Eds.). Ed. UMU & SEB. ISBN: 978-84-616-8434-2. pp. 181-186.

BRUGUÉS, M. & RUIZ, E. (2010). *Funariaceae* Schwägr. En Flora Briofítica Ibérica. Volumen IV. GUERRA, J.; BRUGUÉS, M.; CANO, M.J. & CROS, R.M. (Eds.). Ed. UMU & SEB. ISBN: 978-84-614-1023-1. pp. 33-63.

BRUGUÉS, M. & RUIZ, E. (2015a). *Ceratodon* Brid. En Flora Briofítica Ibérica. Volumen II. BRUGUÉS, M. & GUERRA, J. (Eds.). Ed. UMU & SEB. ISBN: 978-84-608-2198-4. pp. 42-44.

BRUGUÉS, M. & RUIZ, E. (2015b). *Coscinodon* Spreng. En Flora Briofítica Ibérica. Volumen II. BRUGUÉS, M. & GUERRA, J. (Eds.). Ed. UMU & SEB. ISBN: 978-84-608-2198-4. pp. 289-290.

BRUGUÉS, M. & RUIZ, E. (2015c). *Dichodontium* Schimp. En Flora Briofítica Ibérica. Vol. II. BRUGUÉS, M. & GUERRA, J. (Eds.). Ed. UMU & SEB. ISBN: 978-84-608-2198-4. pp. 56-60.

BRUGUÉS, M. & RUIZ, E. (2015d). *Dicranodontium* Bruch & Schimp. En Flora Briofítica Ibérica. Volumen II. BRUGUÉS, M. & GUERRA, J. (Eds.). Ed. UMU & SEB. ISBN: 978-84-608-2198-4. pp. 147-150.

BRUGUÉS, M. & RUIZ, E. (2015e). *Dicranoweisia* Lindb. *ex* Milde. En Flora Briofítica Ibérica. Volumen II. BRUGUÉS, M. & GUERRA, J. (Eds.). Ed. UMU & SEB. ISBN: 978-84-608-2198-4. pp. 74-76.

BRUGUÉS, M. & RUIZ, E. (2015f). *Dicranum* Hedw. En Flora Briofítica Ibérica. Volumen II. BRUGUÉS, M. & GUERRA, J. (Eds.). Ed. UMU & SEB. ISBN: 978-84-608-2198-4. pp. 105-128.

BRUGUÉS, M. & RUIZ, E. (2015g). *Hymenoloma* Dusén. En Flora Briofítica Ibérica. Volumen II. BRUGUÉS, M. & GUERRA, J. (Eds.). Ed. UMU & SEB. ISBN: 978-84-608-2198-4. pp. 60-63.

BRUGUÉS, M. & RUIZ, E. (2015h). *Kiaeria* I. Hagen. En Flora Briofítica Ibérica. Volumen II. BRUGUÉS, M. & GUERRA, J. (Eds.). Ed. UMU & SEB. ISBN: 978-84-608-2198-4. pp. 69-72.

BRUGUÉS, M. & RUIZ, E. (2015i). *Ptychomitriaceae* Schimp. En Flora Briofítica Ibérica. Volumen II. BRUGUÉS, M. & GUERRA, J. (Eds.). Ed. UMU & SEB. ISBN: 978-84-608-2198-4. pp. 326-333.

BRUGUÉS, M. & RUIZ, E. (2018a). *Leskeaceae* Schimp. En Flora Briofítica Ibérica. Volumen VI. GUERRA, J. & CROS, R.M. (Eds.). Ed. UMU & SEB. ISBN: 978-84-697-9126-4. pp. 19-35.

BRUGUÉS, M. & RUIZ, E. (2018b). *Thuidiaceae* Schimp. En Flora Briofítica Ibérica. Volumen VI. GUERRA, J. & CROS, R.M. (Eds.). Ed. UMU & SEB. ISBN: 978-84-697-9126-4. pp. 49-58.

BRUGUÉS, M.; MUÑOZ, J.; RUIZ, E. & HERAS, P. (2007a). *Sphagnaceae* Dumort. En Flora Briofítica Ibérica. Volumen I. BRUGUÉS, M.; CROS, R.M. & GUERRA, J. Ed. UMU & SEB. ISBN: 978-84-611-8462-0. pp. 17-78.

BRUGUÉS, M.; RUIZ, E. & CASAS, C. (2007b). *Polytrichaceae* Schwägr. En Flora Briofítica Ibérica. Volumen I. BRUGUÉS, M.; CROS, R.M. & GUERRA, J. Ed. UMU & SEB. ISBN: 978-84-611-8462-0. pp. 101-128.

BRUGUÉS, M.; SÉRGIO, C. & RUIZ, E. (2018). *Heterocladium* Bruch & Schimp. En Flora Briofítica Ibérica. Volumen VI. GUERRA, J. & CROS, R.M. (Eds.). Ed. UMU & SEB. ISBN: 978-84-697-9126-4. pp. 41-47.

CANO, M.J. (2006a). *Crossidium* Jur. En Flora Briofítica Ibérica. Volumen III. GUERRA, J.; CANO, M.J. & CROS, R.M. (Eds.). Ed. UMU & SEB. ISBN: 978-84-609-9097-4. pp. 90-97.

CANO, M.J. (2006b). *Pseudocrossidium* R. S. Williams. En Flora Briofítica Ibérica. Volumen III. GUERRA, J.; CANO, M.J. & CROS, R.M. (Eds.). Ed. UMU & SEB. ISBN: 978-84-609-9097-4. pp. 106-113.

CANO, M.J. (2006c). *Tortula* Hedw. En Flora Briofítica Ibérica. Volumen III. GUERRA, J.; CANO, M.J. & CROS, R.M. (Eds.). Ed. UMU & SEB. ISBN: 978-84-609-9097-4. pp. 146-176.

CANO, M.J. (2010). *Epipterygium* Lindb. En Flora Briofítica Ibérica. Volumen IV. GUERRA, J.; BRUGUÉS, M.; CANO, M.J. & CROS, R.M. (Eds.). Ed. UMU & SEB. ISBN: 978-84-614-1023-1. pp. 180-182.

CANO, M.J. (2014). *Hookeriaceae* Schimp. En Flora Briofítica Ibérica. Volumen V. GUERRA, J.; CANO, M.J. & BRUGUÉS, M. (Eds.). Ed. UMU & SEB. ISBN: 978-84-616-8434-2. pp. 229-232.

CANO, M.J. (2018a). *Orthothecium* Schimp. En Flora Briofítica Ibérica. Volumen VI. GUERRA, J. & CROS, R.M. (Eds.). Ed. UMU & SEB. ISBN: 978-84-697-9126-4. pp. 306-311.

CANO, M.J. (2018b). *Plagiothecium* Schimp. En Flora Briofítica Ibérica. Volumen VI. GUERRA, J. & CROS, R.M. (Eds.). Ed. UMU & SEB. ISBN: 978-84-697-9126-4. pp. 276-294.

CANO, M.J. (2018c). *Pseudotaxiphyllum* Z. Iwats. En Flora Briofítica Ibérica. Volumen VI. GUERRA, J. & CROS, R.M. (Eds.). Ed. UMU & SEB. ISBN: 978-84-697-9126-4. pp. 294-298.

CANO, M.J. & GUERRA, J. (2020). Novedades corológicas para la Flora Briofítica Ibérica. IX. *Anales de Biología.* 42: 1-7. DOI: http://dx.doi.org/10.6018/analesbio.42.01

CAPARRÓS, R.; LARA, F. & GARILLETI, R. (2014). *Ulota* D. Mohr. En Flora Briofítica Ibérica. Volumen V. GUERRA, J.; CANO, M.J. & BRUGUÉS, M. (Eds.). Ed. UMU & SEB. ISBN: 978-84-616-8434-2. pp. 34-50.

CASAS, C.; BRUGUÉS, M.; CROS, R.M. & SÉRGIO, C. (1992). Cartografia de briòfits. Península Ibèrica i les illes Balears, Canàries, Açores i Madeira. Fascículo III: 101-150. *Institut d'Estudis Catalans.* Barcelona.

CHB (CONSORCIO DE HERBARIOS DE BRIÓFITOS). (Acceso a través del portal https://bryophyte-portal.org/portal, 03-03-2025).

CROS, R.M. (2007a). *Diphysciaceae* M. Fleisch. En Flora Briofítica Ibérica. Volumen I. BRUGUÉS, M.; CROS, R.M. & GUERRA, J. Ed. UMU & SEB. ISBN: 978-84-611-8462-0. pp. 145-147.

CROS, R.M. (2007b). *Tetraphis* Hedw. En Flora Briofítica Ibérica. Volumen I. BRUGUÉS, M.; CROS, R.M. & GUERRA, J. Ed. UMU & SEB. ISBN: 978-84-611-8462-0. pp. 132-133.

CROS, R.M. (2015a). *Amphidium* Schimp. En Flora Briofítica Ibérica. Volumen II. BRUGUÉS, M. & GUERRA, J. (Eds.). Ed. UMU & SEB. ISBN: 978-84-608-2198-4. pp. 63-66.

CROS, R.M. (2015b). *Blindia* Bruch & Schimp. En Flora Briofítica Ibérica. Volumen II. BRUGUÉS, M. & GUERRA, J. (Eds.). Ed. UMU & SEB. ISBN: 978-84-608-2198-4. pp. 194-196.

CROS, R.M. (2015c). *Leucobryum* Hampe. En Flora Briofítica Ibérica. Volumen II. BRUGUÉS, M. & GUERRA, J. (Eds.). Ed. UMU & SEB. ISBN: 978-84-608-2198-4. pp. 130-133.

CROS, R.M. (2015d). *Pseudephemerum* (Lindb.) I. Hagen. En Flora Briofítica Ibérica. Volumen II. BRUGUÉS, M. & GUERRA, J. (Eds.). Ed. UMU & SEB. ISBN: 978-84-608-2198-4. pp. 38-40.

CROS, R.M. & SÉRGIO, C. (2007). *Andreaeaceae* Dumort. En Flora Briofítica Ibérica. Volumen I. BRUGUÉS, M.; CROS, R.M. & GUERRA, J. Ed. UMU & SEB. ISBN: 978-84-611-8462-0. pp. 81-98.

EDERRA, A. (2006a). *Cinclidotus* P. Beauv. En Flora Briofítica Ibérica. Volumen III. GUERRA, J.; CANO, M.J. & CROS, R.M. (Eds.). Ed. UMU & SEB. ISBN: 978-84-609-9097-4. pp. 257-264.

EDERRA, A. (2006b). *Eucladium* (Bruch & Schimp.). Limpr. En Flora Briofítica Ibérica. Volumen III. GUERRA, J.; CANO, M.J. & CROS, R.M. (Eds.). Ed. UMU & SEB. ISBN: 978-84-609-9097-4. pp. 29-32.

EDERRA, A. (2010a). *Aulacomniaceae* Schimp. En Flora Briofítica Ibérica. Volumen IV. GUERRA, J.; BRUGUÉS, M.; CANO, M.J. & CROS, R.M. (Eds.). Ed. UMU & SEB. ISBN: 978-84-614-1023-1. pp. 237-241.

EDERRA, A. (2010b). *Bartramia* Hedw. En Flora Briofítica Ibérica. Volumen IV. GUERRA, J.; BRUGUÉS, M.; CANO, M.J. & CROS, R.M. (Eds.). Ed. UMU & SEB. ISBN: 978-84-614-1023-1. pp. 274-282.

EDERRA, A. (2018). *Hylocomiaceae* M. Fleisch. En Flora Briofítica Ibérica. Volumen VI. GUERRA, J. & CROS, R.M. (Eds.). Ed. UMU & SEB. ISBN: 978-84-697-9126-4. pp. 375-393.

ELÍAS, M.J. (2014a). *Claopodium* (Les & James) Renauld & Cardot. En Flora Briofítica Ibérica. Volumen V. GUERRA, J.; CANO, M.J. & BRUGUÉS, M. (Eds.). Ed. UMU & SEB. ISBN: 978-84-616-8434-2. pp. 176-179.

ELÍAS, M.J. (2014b). *Leptodontaceae* Schimp. En Flora Briofítica Ibérica. Volumen V. GUERRA, J.; CANO, M.J. & BRUGUÉS, M. (Eds.). Ed. UMU & SEB. ISBN: 978-84-616-8434-2. pp. 187-190.

ELÍAS, M.J. (2018). *Lembophyllaceae* Broth. En Flora Briofítica Ibérica. Volumen VI. GUERRA, J. & CROS, R.M. (Eds.). Ed. UMU & SEB. ISBN: 978-84-697-9126-4. pp. 247-255.

FAUBERT, J.; ANIONS, M.; FAVREAU, M.; HIGGINS, K.L.; LAMOND, M.; LAPOINTE, M.; LAVOIE, A.; LECLERC, S.; NADEAU S.; ET COLLABORATEURS (2014). Base de données des bryophytes du Québec-Labrador (BRYOQUEL). (Acceso a través del portal http://societequebecoisede-bryologie.org, 01-02-2025)

FERNÁNDEZ ORDOÑEZ, M.C. & COLLADO PRIETO, M.A. (2003). *Briófitos de la Reserva Natural Integral de Muniellos.* Consejería de Medio Ambiente del Principado de Asturias. KRK ediciones. pp. 300.

FUERTES, E. (2010). *Mniaceae* Schwägr. En Flora Briofítica Ibérica. Volumen IV. GUERRA, J.; BRUGUÉS, M.; CANO, M.J. & CROS, R.M. (Eds.). Ed. UMU & SEB. ISBN: 978-84-614-1023-1. pp. 213-236.

FUERTES, E. & OLIVÁN, G. (2014a). *Climaciaceae* Kindb. En Flora Briofítica Ibérica. Volumen V. GUERRA, J.; CANO, M.J. & BRUGUÉS, M. (Eds.). Ed. UMU & SEB. ISBN: 978-84-616-8434-2. pp. 165-168.

FUERTES, E. & OLIVÁN, G. (2014b). *Leucodontaceae* Schimp. En Flora Briofítica Ibérica. Volumen V. GUERRA, J.; CANO, M.J. & BRUGUÉS, M. (Eds.). Ed. UMU & SEB. ISBN: 978-84-616-8434-2. pp. 191-201.

FUERTES, E. & OLIVÁN, G. (2018a). *Cratoneuron* (Sull.) Spruce. En Flora Briofítica Ibérica. Volumen VI. GUERRA, J. & CROS, R.M. (Eds.). Ed. UMU & SEB. ISBN: 978-84-697-9126-4. pp. 102-104.

FUERTES, E. & OLIVÁN, G. (2018b). *Depranocladus* (Müll. Hal.) G. Roth. En Flora Briofítica Ibérica. Volumen VI. GUERRA, J. & CROS, R.M. (Eds.). Ed. UMU & SEB. ISBN: 978-84-697-9126-4. pp. 110-114.

FUERTES, E. & OLIVÁN, G. (2018c). *Palustriella* Ochyra. En Flora Briofítica Ibérica. Volumen VI. GUERRA, J. & CROS, R.M. (Eds.). Ed. UMU & SEB. ISBN: 978-84-697-9126-4. pp. 105-110.

GALLEGO, M.T. (2006a). *Bryoerythrophyllum* P. C. Chen. En Flora Briofítica Ibérica. Volumen III. GUERRA, J.; CANO, M.J. & CROS, R.M. (Eds.). Ed. UMU & SEB. ISBN: 978-84-609-9097-4. pp. 113-120.

GALLEGO, M.T. (2006b). *Syntrichia* Brid. En Flora Briofítica Ibérica. Volumen III. GUERRA, J.; CANO, M.J. & CROS, R.M. (Eds.). Ed. UMU & SEB. ISBN: 978-84-609-9097-4. pp. 120-143.

GALLEGO, M.T. (2014). *Hedwigiaceae* Schimp. En Flora Briofítica Ibérica. Volumen V. GUERRA, J.; CANO, M.J. & BRUGUÉS, M. (Eds.). Ed. UMU & SEB. ISBN: 978-84-616-8434-2. pp. 139-151.

GALLEGO, M.T. (2018a). *Calliergonella* Loeske. En Flora Briofítica Ibérica. Volumen VI. GUERRA, J. & CROS, R.M. (Eds.). Ed. UMU & SEB. ISBN: 978-84-697-9126-4. pp. 331-335.

GALLEGO, M.T. (2018b). *Homomallium* (Schimp.) Loeske. En Flora Briofítica Ibérica. Volumen VI. GUERRA, J. & CROS, R.M. (Eds.). Ed. UMU & SEB. ISBN: 978-84-697-9126-4. pp. 371-373.

GALLEGO, M.T. (2018c). *Pylaisia* Schimp. En Flora Briofítica Ibérica. Volumen VI. GUERRA, J. & CROS, R.M. (Eds.). Ed. UMU & SEB. ISBN: 978-84-697-9126-4. pp. 367-370.

GALLEGO, M.T. & CANO, M.J. (2006). *Aloina* (Müll. Hal.) Kindb. En Flora Briofítica Ibérica. Volumen III. GUERRA, J.; CANO, M.J. & CROS, R.M. (Eds.). Ed. UMU & SEB. ISBN: 978-84-609-9097-4. pp. 83-88.

GARILLETI, R. & ALBERTOS, B. (Coord.). (2012). *Atlas y Libro Rojo de los Briófitos Amenazados de España*. Ministerio de Agricultura, Alimentación y Medio Ambiente. Ed. Organismo Autónomo Parques Nacionales. Madrid. ISBN: 978-84-8014-836-8. pp. 288.

GARILLETI, R. (2006). *Barbula* Hedw. En Flora Briofítica Ibérica. Volumen III. GUERRA, J.; CANO, M.J. & CROS, R.M. (Eds.). Ed. UMU & SEB. ISBN: 978-84-609-9097-4. pp. 245-252.

Granzow de la Cerda, Í. (2014). *Anomodon* Hook. & Taylor. En Flora Briofítica Ibérica. Volumen V. Guerra, J.; Cano, M.J. & Brugués, M. (Eds.). Ed. UMU & SEB. ISBN: 978-84-616-8434-2. pp. 170-176.

Guerra, J. (2006a). *Gymnostomum* Nees & Hornsch. En Flora Briofítica Ibérica. Volumen III. Guerra, J.; Cano, M.J. & Cros, R.M. (Eds.). Ed. UMU & SEB. ISBN: 978-84-609-9097-4. pp. 32-39.

Guerra, J. (2006b). *Hymenostylium* Brid. En Flora Briofítica Ibérica. Volumen III. Guerra, J.; Cano, M.J. & Cros, R.M. (Eds.). Ed. UMU & SEB. ISBN: 978-84-609-9097-4. pp. 42-44.

Guerra, J. (2006c). *Leptodontium* (Müll. Hal.) Hampe. En Flora Briofítica Ibérica. Volumen III. Guerra, J.; Cano, M.J. & Cros, R.M. (Eds.). Ed. UMU & SEB. ISBN: 978-84-609-9097-4. pp. 252-254.

Guerra, J. (2006d). *Trichostomum* Bruch. En Flora Briofítica Ibérica. Volumen III. Guerra, J.; Cano, M.J. & Cros, R.M. (Eds.). Ed. UMU & SEB. ISBN: 978-84-609-9097-4. pp. 76-83.

Guerra, J. (2006e). *Weissia* Hedw. En Flora Briofítica Ibérica. Volumen III. Guerra, J.; Cano, M.J. & Cros, R.M. (Eds.). Ed. UMU & SEB. ISBN: 978-84-609-9097-4. pp. 63-71.

Guerra, J. (2010a). *Plagiopus* Brid. En Flora Briofítica Ibérica. Volumen IV. Guerra, J.; Brugués, M.; Cano, M.J. & Cros, R.M. (Eds.). Ed. UMU & SEB. ISBN: 978-84-614-1023-1. pp. 254-256.

Guerra, J. (2010b). *Pohlia* Hedw. En Flora Briofítica Ibérica. Volumen IV. Guerra, J.; Brugués, M.; Cano, M.J. & Cros, R.M. (Eds.). Ed. UMU & SEB. ISBN: 978-84-614-1023-1. pp. 183-206.

Guerra, J. (2014a). *Fontinalaceae* Schimp. En Flora Briofítica Ibérica. Volumen V. Guerra, J.; Cano, M.J. & Brugués, M. (Eds.). Ed. UMU & SEB. ISBN: 978-84-616-8434-2. pp. 155-163.

Guerra, J. (2014b). *Neckera* Hedw., *nom. cons.* En Flora Briofítica Ibérica. Volumen V. Guerra, J.; Cano, M.J. & Brugués, M. (Eds.). Ed. UMU & SEB. ISBN: 978-84-616-8434-2. pp. 207-217.

Guerra, J. (2018a). *Ctenidium* (Schimp.) Mitt. En Flora Briofítica Ibérica. Volumen VI. Guerra, J. & Cros, R.M. (Eds.). Ed. UMU & SEB. ISBN: 978-84-697-9126-4. pp. 315-318.

Guerra, J. (2018b). *Eurhynchiastrum* Ignatov & Huttunen. En Flora Briofítica Ibérica. Volumen VI. Guerra, J. & Cros, R.M. (Eds.). Ed. UMU & SEB. ISBN: 978-84-697-9126-4. pp. 186-190.

Guerra, J. (2018c). *Hyocomium* Bruch & Schimp. En Flora Briofítica Ibérica. Volumen VI. Guerra, J. & Cros, R.M. (Eds.). Ed. UMU & SEB. ISBN: 978-84-697-9126-4. pp. 318-320.

Guerra, J. (2018d). *Pseudoscleropodium* (Limpr.) M. Fleisch. En Flora Briofítica Ibérica. Volumen VI. Guerra, J. & Cros, R.M. (Eds.). Ed. UMU & SEB. ISBN: 978-84-697-9126-4. pp. 230-232.

Guerra, J. (2018e). *Rhynchostegiella* (Schimp.) Limpr. En Flora Briofítica Ibérica. Volumen VI. Guerra, J. & Cros, R.M. (Eds.). Ed. UMU & SEB. ISBN: 978-84-697-9126-4. pp. 207-215.

Guerra, J. (2018f). *Rhynchostegium* Schimp. En Flora Briofítica Ibérica. Volumen VI. Guerra, J. & Cros, R.M. (Eds.). Ed. UMU & SEB. ISBN: 978-84-697-9126-4. pp. 217-230.

GUERRA, J. (2018g). *Rhytidiaceae* Broth. En Flora Briofítica Ibérica. Volumen VI. GUERRA, J. & CROS, R.M. (Eds.). Ed. UMU & SEB. ISBN: 978-84-697-9126-4. pp. 403-405.

GUERRA, J. (2018h). *Scleropodium* Bruch & Schimp. En Flora Briofítica Ibérica. Volumen VI. GUERRA, J. & CROS, R.M. (Eds.). Ed. UMU & SEB. ISBN: 978-84-697-9126-4. pp. 193-196.

GUERRA, J. (2018i). *Scorpiurium* Schimp. En Flora Briofítica Ibérica. Volumen VI. GUERRA, J. & CROS, R.M. (Eds.). Ed. UMU & SEB. ISBN: 978-84-697-9126-4. pp. 240-245.

GUERRA, J. & BRUGUÉS, M. (2006). *Anoectangium* Schwägr. En Flora Briofítica Ibérica. Volumen III. GUERRA, J.; CANO, M.J. & CROS, R.M. (Eds.). Ed. UMU & SEB. ISBN: 978-84-609-9097-4. pp. 47-49.

GUERRA, J. & CROS, R.M. (2010). *Plagiobryum* Lindb. En Flora Briofítica Ibérica. Volumen IV. GUERRA, J.; BRUGUÉS, M.; CANO, M.J. & CROS, R.M. (Eds.). Ed. UMU & SEB. ISBN: 978-84-614-1023-1. pp. 103-105.

GUERRA, J. & EDERRA, A. (2015). *Fissidentaceae* Schimp. En Flora Briofítica Ibérica. Volumen II. BRUGUÉS, M. & GUERRA, J. (Eds.). Ed. UMU & SEB. ISBN: 978-84-608-2198-4. pp. 153-187.

GUERRA, J. & GALLEGO, M.T. (2010). *Philonotis* Brid. En Flora Briofítica Ibérica. Volumen IV. GUERRA, J.; BRUGUÉS, M.; CANO, M.J. & CROS, R.M. (Eds.). Ed. UMU & SEB. ISBN: 978-84-614-1023-1. pp. 256-270.

GUERRA, J. & GALLEGO, M.T. (2018). *Campylophyllum* (Schimp.) M. Fleisch. En Flora Briofítica Ibérica. Volumen VI. GUERRA, J. & CROS, R.M. (Eds.). Ed. UMU & SEB. ISBN: 978-84-697-9126-4. pp. 323-328.

GUERRA, J. & ORGAZ, J.D. (2018a). *Cirriphyllum* Grout. En Flora Briofítica Ibérica. Volumen VI. GUERRA, J. & CROS, R.M. (Eds.). Ed. UMU & SEB. ISBN: 978-84-697-9126-4. pp. 196-200.

GUERRA, J. & ORGAZ, J.D. (2018b). *Eurhynchium* Bruch & Schimp. En Flora Briofítica Ibérica. Volumen VI. GUERRA, J. & CROS, R.M. (Eds.). Ed. UMU & SEB. ISBN: 978-84-697-9126-4. pp. 233-236.

GUERRA, J. & ORGAZ, J.D. (2018c). *Kindbergia* Ochyra. En Flora Briofítica Ibérica. Volumen VI. GUERRA, J. & CROS, R.M. (Eds.). Ed. UMU & SEB. ISBN: 978-84-697-9126-4. pp. 190-193.

GUERRA, J. & ORGAZ, J.D. (2018d). *Oxyrrhynchium* (Schimp.) Warnst. En Flora Briofítica Ibérica. Volumen VI. GUERRA, J. & CROS, R.M. (Eds.). Ed. UMU & SEB. ISBN: 978-84-697-9126-4. pp. 200-205.

GUERRA, J. & RUIZ, E. (2018). *Entodontaceae* Kindb. En Flora Briofítica Ibérica. Volumen VI. GUERRA, J. & CROS, R.M. (Eds.). Ed. UMU & SEB. ISBN: 978-84-697-9126-4. pp. 257-261.

GUERRA, J., ORGAZ, J.D. & SÉRGIO, C. (2018). *Homalothecium* Schimp. En Flora Briofítica Ibérica. Volumen VI. GUERRA, J. & CROS, R.M. (Eds.). Ed. UMU & SEB. ISBN: 978-84-697-9126-4. pp. 138-148.

GUERRA, J.; GALLEGO, M.T.; JIMÉNEZ, J.A. & CANO, M.J. (2010). *Bryum* Hedw. En Flora Briofítica Ibérica. Volumen IV. GUERRA, J.; BRUGUÉS, M.; CANO, M.J. & CROS, R.M. (Eds.). Ed. UMU & SEB. ISBN: 978-84-614-1023-1. pp. 105-178.

HERAS, P. & INFANTE, M. (2007). *Tetrodontium* Schwägr. En Flora Briofítica Ibérica. Volumen I. BRUGUÉS, M.; CROS, R.M. & GUERRA, J. Ed. UMU & SEB. ISBN: 978-84-611-8462-0. pp. 133-136.

HERAS, P. & INFANTE, M. (2015a). *Cynodontium* Bruch & Schimp. En Flora Briofítica Ibérica. Volumen II. BRUGUÉS, M. & GUERRA, J. (Eds.). Ed. UMU & SEB. ISBN: 978-84-608-2198-4. pp. 76-85.

HERAS, P. & INFANTE, M. (2015b). *Paraleucobryum* (Lindb. *ex* Limpr.) Loeske. En Flora Briofítica Ibérica. Volumen II. BRUGUÉS, M. & GUERRA, J. (Eds.). Ed. UMU & SEB. ISBN: 978-84-608-2198-4. pp. 101-105.

HERAS, P. & INFANTE, M. (2015c). *Rhabdoweisia* Bruch & Schimp. En Flora Briofítica Ibérica. Volumen II. BRUGUÉS, M. & GUERRA, J. (Eds.). Ed. UMU & SEB. ISBN: 978-84-608-2198-4. pp. 86-88.

INFANTE, M. & HERAS, P. (2004). Algunos datos sobre el género *Riccia* L. en el cuadrante noroccidental de España. *Bol. Soc. Esp. Briol.* 24: 1-6. DOI: https://doi.org/10.58469/bseb.2004.73.28.001

JIMÉNEZ, J.A. (2006). *Didymodon* Hedw. En Flora Briofítica Ibérica. Volumen III. GUERRA, J.; CANO, M.J. & CROS, R.M. (Eds.). Ed. UMU & SEB. ISBN: 978-84-609-9097-4. pp. 217-244.

JIMÉNEZ, J.A. (2014). *Thamnobryum* Nieuwl. En Flora Briofítica Ibérica. Volumen V. GUERRA, J.; CANO, M.J. & BRUGUÉS, M. (Eds.). Ed. UMU & SEB. ISBN: 978-84-616-8434-2. pp. 204-207.

JIMÉNEZ, J.A. (2018a). *Amblystegium* Schimp. En Flora Briofítica Ibérica. Volumen VI. GUERRA, J. & CROS, R.M. (Eds.). Ed. UMU & SEB. ISBN: 978-84-697-9126-4. pp. 126-131.

JIMÉNEZ, J.A. (2018b). *Hygroamblystegium* Loeske. En Flora Briofítica Ibérica. Volumen VI. GUERRA, J. & CROS, R.M. (Eds.). Ed. UMU & SEB. ISBN: 978-84-697-9126-4. pp. 120-123.

JIMÉNEZ, J.A. (2018c). *Leptodictyum* (Schimp.) Warnst. En Flora Briofítica Ibérica. Volumen VI. GUERRA, J. & CROS, R.M. (Eds.). Ed. UMU & SEB. ISBN: 978-84-697-9126-4. pp. 123-125.

JOVET-AST, S. & BISCHLER, H. (1976). Hépatiques de la Péninsule Ibérique: Enúmeration, notes ecologiques. *Rev. Bryol. Lichénol.* 42(4): 931-987.

LARA, F. (2006). *Dialytrichia* (Schimp.) Limpr. En Flora Briofítica Ibérica. Volumen III. GUERRA, J.; CANO, M.J. & CROS, R.M. (Eds.). Ed. UMU & SEB. ISBN: 978-84-609-9097-4. pp. 264-269.

LARA, F. & ESTÉBANEZ, B. (2014). *Nyholmiella* Holmen & E. Warncke. En Flora Briofítica Ibérica. Volumen V. GUERRA, J.; CANO, M.J. & BRUGUÉS, M. (Eds.). Ed. UMU & SEB. ISBN: 978-84-616-8434-2. pp. 30-33.

LARA, F. & GARILLETI, R. (2014). *Orthotrichum* Hedw. En Flora Briofítica Ibérica. Volumen V. GUERRA, J.; CANO, M.J. & BRUGUÉS, M. (Eds.). Ed. UMU & SEB. ISBN: 978-84-616-8434-2. pp. 50-135.

LARA, F.; GARILLETI, R.; GOFFINET, B.; DRAPER I.; MEDINA, R.; VIGALONDO, B. & MAZIMPAKA, V. (2016). *Lewinskya*, a new genus to accommodate the phaneroporous and monoicous taxa of *Orthotrichum* (Bryophyta, Orthotrichaceae). *Cryptogamie, Bryologie*, 37(4): 361-382. DOI: https://doi.org/10.7872/cryb/v37.iss4.2016.361

MAZIMPAKA, V. & LARA, F. (2014). *Zygodon* Hook. & Taylor. En Flora Briofítica Ibérica. Volumen V. GUERRA, J., CANO, M.J. & BRUGUÉS, M. (Eds.). Ed. UMU & SEB. ISBN: 978-84-616-8434-2. pp. 17-27.

MUÑOZ, J.; CEZÓN, K. & HESPANHOL, H. (2015a). *Racomitrium* Brid. En Flora Briofítica Ibérica. Volumen II. BRUGUÉS, M. & GUERRA, J. (Eds.). Ed. UMU & SEB. ISBN: 978-84-608-2198-4. pp. 261-289.

MUÑOZ, J.; CEZÓN, K.; HESPANHOL, H. & QUANDT, D. (2015b). *Grimmia* Hedw. En Flora Briofítica Ibérica. Volumen II. BRUGUÉS, M. & GUERRA, J. (Eds.). Ed. UMU & SEB. ISBN: 978-84-608-2198-4. pp. 210-261.

OLIVÁN, G. (2018). *Campyliadelphus* (Kindb.) R. S. Chopra. En Flora Briofítica Ibérica. Volumen VI. GUERRA, J. & CROS, R.M. (Eds.). Ed. UMU & SEB. ISBN: 978-84-697-9126-4. pp. 114-117.

OLIVÁN, G. & FUERTES, E. (2018a). *Calliergonaceae* Vanderp. et al. En Flora Briofítica Ibérica. Volumen VI. GUERRA, J. & CROS, R.M. (Eds.). Ed. UMU & SEB. ISBN: 978-84-697-9126-4. pp. 59-81.

OLIVÁN, G. & FUERTES, E. (2018b). *Campylium* (Sull.) Mitt. En Flora Briofítica Ibérica. Volumen VI. GUERRA, J. & CROS, R.M. (Eds.). Ed. UMU & SEB. ISBN: 978-84-697-9126-4. pp. 117-120.

OLIVÁN, G. & FUERTES, E. (2018c). *Hygrohypnum* Lindb. En Flora Briofítica Ibérica. Volumen VI. GUERRA, J. & CROS, R.M. (Eds.). Ed. UMU & SEB. ISBN: 978-84-697-9126-4. pp. 88-99.

ORGAZ, J.D. (2018). *Brachytecium* Schimp. En Flora Briofítica Ibérica. Volumen VI. GUERRA, J. & CROS, R.M. (Eds.). Ed. UMU & SEB. ISBN: 978-84-697-9126-4. pp. 148-186.

PUCHE, F. (2006). *Tortella* (Lindb.) Limpr. En Flora Briofítica Ibérica. Volumen III. GUERRA, J.; CANO, M.J. & CROS, R.M. (Eds.). Ed. UMU & SEB. ISBN: 978-84-609-9097-4. pp. 49-60.

PUCHE, F. (2015a). *Dicranella* Schimp. En Flora Briofítica Ibérica. Volumen II. BRUGUÉS, M. & GUERRA, J. (Eds.). Ed. UMU & SEB. ISBN: 978-84-608-2198-4. pp. 90-101.

PUCHE, F. (2015b). *Distichium* Bruch & Schimp. En Flora Briofítica Ibérica. Volumen II. BRUGUÉS, M. & GUERRA, J. (Eds.). Ed. UMU & SEB. ISBN: 978-84-608-2198-4. pp. 31-34.

PUCHE, F. (2015c). *Pleuridium* Rabenh. En Flora Briofítica Ibérica. Volumen II. BRUGUÉS, M. & GUERRA, J. (Eds.). Ed. UMU & SEB. ISBN: 978-84-608-2198-4. pp. 35-38.

PUCHE, F. (2015d). *Seligeria* Bruch & Schimp. En Flora Briofítica Ibérica. Volumen II. BRUGUÉS, M. & GUERRA, J. (Eds.). Ed. UMU & SEB. ISBN: 978-84-608-2198-4. pp. 196-206.

PUCHE, F. (2018a). *Habrodon* Schimp. En Flora Briofítica Ibérica. Volumen VI. GUERRA, J. & CROS, R.M. (Eds.). Ed. UMU & SEB. ISBN: 978-84-697-9126-4. pp. 37-39.

PUCHE, F. (2018b). *Pterigynandrum* Hedw. En Flora Briofítica Ibérica. Volumen VI. GUERRA, J. & CROS, R.M. (Eds.). Ed. UMU & SEB. ISBN: 978-84-697-9126-4. pp. 39-41.

Ríos, D.; Gallego, M.T. & Guerra, J. (2018). *Hypnum* Hedw. En Flora Briofítica Ibérica. Volumen VI. Guerra, J. & Cros, R.M. (Eds.). Ed. UMU & SEB. ISBN: 978-84-697-9126-4. pp. 336-367.

Ron, E.; Gómez, D. & Fernández-Mendoza, F. (2006). *Pleurochaete* Lindb. En Flora Briofítica Ibérica. Volumen III. Guerra, J.; Cano, M.J. & Cros, R.M. (Eds.). Ed. UMU & SEB. ISBN: 978-84-609-9097-4. pp. 60-63.

Ros, R.M. & Werner, O. (2006a). *Microbryum* Schimp. En Flora Briofítica Ibérica. Volumen III. Guerra, J.; Cano, M.J. & Cros, R.M. (Eds.). Ed. UMU & SEB. ISBN: 978-84-609-9097-4. pp. 197-208.

Ros, R.M. & Werner, O. (2006b). *Pottia* (Ehrh. *ex* Rchb.) Fürnr. En Flora Briofítica Ibérica. Volumen III. Guerra, J.; Cano, M.J. & Cros, R.M. (Eds.). Ed. UMU & SEB. ISBN: 978-84-609-9097-4. pp. 183-194.

SBB (Sociedad Briológica Británica). (Acceso a través del portal https://www.britishbryological society.org.uk/, 01-10-2024).

Segarra-Moragues, J.G. (2018). *Fabroniaceae* Schimp. En Flora Briofítica Ibérica. Volumen VI. Guerra, J. & Cros, R.M. (Eds.). Ed. UMU & SEB. ISBN: 978-84-697-9126-4. pp. 15-35.

Sérgio, C.; Brugués, M. & Ruiz, E. (2015). *Campylopus* Brid. En Flora Briofítica Ibérica. Volumen II. Brugués, M. & Guerra, J. (Eds.). Ed. UMU & SEB. ISBN: 978-84-608-2198-4. pp. 133-146.

Shannon, C.E. & Weaver, W. (1949). *The mathematical theory of communication.* University of Illinois Press.

Suárez, G.M. & Muñoz, J. (2015). *Schistidium* Bruch & Schimp. En Flora Briofítica Ibérica. Volumen II. Brugués, M. & Guerra, J. (Eds.). Ed. UMU & SEB. ISBN: 978-84-608-2198-4. pp. 290-325.

Índice de taxa

Syntrichia papilosa (Wilson) Jur.
Claire Halpin

Biodiversidad botánica leonesa: Briófitos

Biodiversidad botánica leonesa: Briófitos